"十四五"高等职业教育计算机类新形态一体化系列教材
安徽省"工业互联网现代产业学院"项目——校企双元合作开发教材
安徽省大规模在线开放课程"Linux网络操作系统"配套教材
国家提质培优行动计划——校企双元合作开发职业教育教材

Linux 网络操作系统实用教程

葛伟伦　葛文龙◎主　编

张　倩　李六杏　袁书萍　蔡政策　程广振◎副主编
高锦标　袁宝弼　杨寅冬　景大智　苗春雨

中国铁道出版社有限公司
CHINA RAILWAY PUBLISHING HOUSE CO., LTD.

内容简介

本书是国家提质培优行动计划、安徽省大规模在线开放课程"Linux 网络操作系统"的配套教材。本书以 RHEL 7.9/CentOS 7.9 为平台进行讲解，内容包括了解和安装 Linux 系统、管理文件和目录、管理用户和组、管理文件权限、管理磁盘存储、管理软件包和服务、配置 Linux 系统网络、配置 Samba 和 NFS 服务实现资源共享、配置 BIND 服务实现域名解析、配置 DHCP 服务自动分配 IP 地址、配置 FTP 服务实现文件传输、配置 Apache 部署 Web 服务、配置 MariaDB 实现数据库服务。本书将理论和实践高度融合，实现了"教、学、做"一体化，便于学生掌握所学内容。

本书适合作为高等职业院校计算机网络技术、云计算技术及应用、大数据技术、人工智能技术、计算机应用技术、软件技术、物联网应用技术、工业互联网技术等专业的"理实一体"教材，也可作为网络运维管理人员的自学用书或相关认证资格考试的参考书。

图书在版编目（CIP）数据

Linux 网络操作系统实用教程 / 葛伟伦，葛文龙主编 .
北京：中国铁道出版社有限公司，2025. 2. --（"十四五"高等职业教育计算机类新形态一体化系列教材）.
ISBN 978-7-113-31803-1

Ⅰ．TP316.85

中国国家版本馆 CIP 数据核字第 2025Q3V565 号

书　　名：	Linux 网络操作系统实用教程
作　　者：	葛伟伦　葛文龙

策　　划：	翟玉峰	编辑部电话：	（010）63551006
责任编辑：	于先军　彭立辉		
封面设计：	尚明龙		
封面制作：	刘　颖		
责任校对：	刘　畅		
责任印制：	赵星辰		

出版发行：中国铁道出版社有限公司（100054，北京市西城区右安门西街 8 号）
网　　址：https://www.tdpress.com/51eds
印　　刷：北京联兴盛业印刷股份有限公司
版　　次：2025 年 2 月第 1 版　2025 年 2 月第 1 次印刷
开　　本：787 mm×1 092 mm　1/16　印张：16.5　字数：379 千
书　　号：ISBN 978-7-113-31803-1
定　　价：49.80 元

版权所有　侵权必究

凡购买铁道版图书，如有印制质量问题，请与本社教材图书营销部联系调换。电话：（010）63550836
打击盗版举报电话：（010）63549461

前 言

Linux 是一个自由和开放源代码的操作系统，具有开源免费、稳定性高、兼容性好、强大的定制性、丰富的软件资源和社区支持等特点。它在服务器、嵌入式、开发、教育等领域都有广泛应用，正在改变着人们的生活和工作方式。无论是一名开发者还是一名普通用户，都应该了解和学习 Linux，因为它能给用户带来无尽的可能性和机会。

编者在近 20 年的教学实践中深刻体会到"Linux 网络操作系统"是一门实践性很强的课程，多数学生的体会是"入门感觉很轻松、提升感觉很吃力、应用感觉很可怕"。本书通过"教学做一体化"的内容体系、技能体系，"新形态一体化"的展示形式，将"理论 + 实训"高度融合，实现了"教 - 学 - 做"的有机结合，通过具体任务驱动来提高学生学习的积极性和实践能力。本书按照以下原则和特色进行编写：

1. 课程思政，服务为党育人

每个项目增加了拓展阅读内容，精选了国产欧拉操作系统、Linux 命令探究、求伯君的故事、权限管理事件、中国巨型计算机之父、中国卫星之父、超级计算机、中国互联网之父、雪人计划、天眼之父、墨菲定律、万维网之父、国产数据库 13 个主题，主要涉及计算机技术和网络技术领域发展的重要事件和先驱人物事迹，以鼓舞和激励学生努力刻苦学习、乐于奉献、家国情怀开放共享的精神，引导学生树立正确的世界观、人生观和价值观，努力成为德、智、体、美、劳全面发展的社会主义建设者和接班人。

2. 双元开发，服务为国育才

本书编写采用"校企双元合作开发"的模式，邀请合作企业新华三技术有限公司（H3C）的高级工程师袁宝弼、杭州安恒信息技术股份有限公司高级工程师苗春雨、卡奥斯工业智能研究院（青岛）有限公司高级工程师景大智等加入教材编写团队。企业工程师主要负责项目、任务及实例的遴选，使教材更加符合企业岗位需求和国家提质培优行动计划——校企双元合作开发职业教育教材的要求，同时也邀请了红帽认证架构师兼红帽讲师杨寅冬作为教材编写的审核专家，保证教学知识点的正确性、先进性和新颖性。

3. 赛证融合，服务国家战略

结合《国家职业教育改革实施方案》等国家战略，落实"1+X"证书制度，本书参考"1+X"职业技能等级证书"云计算平台运维与开发""大数据平台运维"等考试大纲，设计了多种形式的练习题目，鼓励学生多思考、多练习，提高综合能力，适应"教考分离"的教学模式，对接国家"学分银行"和终身学习的需求，促进"岗课赛证"的有机融合。

4. 结构合理，服务易学易用

从读者的实际需要出发，各项目之间既相互独立又前后联系。读者既可按照本书编排的项目顺序进行学习，也可根据自身知识情况进行有针对性的学习。此外，每个项目前有"知识、技能和素养目标"；每个项目中有"具体任务或实例"；每个项目后安排有"项目小结""项目实训"和"课后习题"，让读者学完每个项目知识后能对所学知识和技能进行总结和巩固，增强知识理解和实战能力。

5. 立体设计，服务课程建设

本书采用新形态立体化设计，配套了丰富的数字化教学资源，包括微课视频、课程标准、授课计划、电子教案、授课用 PPT、习题答案及解析等，读者可以通过扫描书中的二维码观看微课视频。丰富的学习手段和形式，既提高了学习的兴趣和效率，也可全方位立体化服务 Linux 网络操作系统课程建设。

6. 搭建 MOOC，服务线上线下

本书所配套的大规模在线开放课程（MOOC）已经在安徽省"e会学"和"智慧职教 MOOC 学院"上线，并已经运行了多期，深受师生的欢迎。教师可以调用本课程构建符合本校教学特色的 SPOC 课程，也可以搭建自己的"线上线下混合式教学"课堂，促进教学模式创新和教学质量提升。读者可以在"e会学"或"智慧职教 MOOC 学院"中搜索课程后学习。

本书由校企双元合作开发完成，由葛伟伦（安徽财贸职业学院）、葛文龙（安徽财贸职业学院）任主编，张倩（安徽财贸职业学院）、李六杏（安徽财贸职业学院）、袁书萍（安徽新华学院）、蔡政策（安徽国际商务职业技术学院）、程广振（安徽广播影视职业技术学院）、高锦标（安徽中澳科技职业学院）、袁宝弼（新华三技术有限公司）、杨寅冬（红帽认证架构师兼红帽讲师，安徽邮电职业技术学院）、景大智（卡奥斯工业智能研究院（青岛）有限公司）、苗春雨（杭州安恒信息技术股份有限公司）任副主编，郑有庆（安徽财贸职业学院）、翟莉（安徽财贸职业学院）、周姣（安徽财贸职业学院）、于纻权（江苏坤运互联科技集团有限公司）、胡超（安徽财贸职业学院）、赵立勇（苏州德创测控科技有限公司）参加编写。其中，项目一由胡超编写、项目二和项目十三由葛文龙编写，项目三和项目五由张倩编写，项目四由蔡政策编写，项目六由高锦标编写，项目七由袁书萍编写，项目八由程广振编写，项目九由于纻权编写，项目十、十一、十二由葛伟伦编写。项目、任务及实例内容由葛伟伦、袁宝弼、苗春雨、李六杏、景大智、赵立勇、杨寅冬、郑有庆精心遴选、设计、制作完成。教材微课视频等数字资源主要由葛伟伦、葛文龙、张倩、翟莉和周姣设计与制作。全书由葛伟伦统稿和定稿。

本书所配数字教学资源可从中国铁道出版社有限公司教育资源数字化平台（https://www.tdpress.com/51eds）下载或直接与编者联系（QQ:376715057；微信:13866125572；E-mail:geweilun32@126.com）。

由于时间仓促，编者水平有限，书中难免存在疏漏和不妥之处，请广大读者批评指正。

编　者
2024 年 9 月

目 录

项目一　了解和安装 Linux 系统 …… 1

项目导入 ……………………………… 1

知识准备 ……………………………… 1

 一、Linux 系统诞生 ……………… 1

 二、Linux 系统的版权 …………… 2

 三、Linux 系统的特点 …………… 3

 四、Linux 系统应用领域 ………… 3

 五、Linux 系统体系结构 ………… 4

 六、Linux 内核版本和发行版本 … 5

 七、Linux 系统安装准备 ………… 7

项目实施 ……………………………… 8

 任务一　使用 VMware 创建虚拟机 … 8

 任务二　安装 CentOS 7.9 发行版 … 11

 任务三　重启后设置 ……………… 17

 任务四　系统登录与退出 ………… 18

项目小结 ……………………………… 19

项目实训 ……………………………… 19

课后习题 ……………………………… 20

拓展阅读：国产欧拉操作系统 ……… 21

项目二　管理文件和目录 ………… 22

项目导入 ……………………………… 22

知识准备 ……………………………… 22

 一、命令基础知识 ………………… 22

 二、使用命令准备知识 …………… 23

项目实施 ……………………………… 25

 任务一　打开 Linux 命令行终端 … 25

 任务二　使用文件目录管理类命令 … 25

 任务三　使用显示文件内容类命令 … 32

 任务四　使用查找与搜索类命令 … 34

 任务五　使用压缩与解压缩类命令 … 39

 任务六　输出重定向符和管道符 … 41

 任务七　使用系统常用管理命令 … 42

 任务八　使用文件编辑命令 vi/vim … 44

项目小结 ……………………………… 46

项目实训 ……………………………… 47

课后习题 ……………………………… 48

拓展阅读：Linux 命令探究 ………… 50

项目三　管理用户和组 …………… 51

项目导入 ……………………………… 51

知识准备 ……………………………… 51

 一、用户和组概述 ………………… 51

 二、用户和组的相关文件 ………… 52

项目实施 ……………………………… 54

 任务一　管理用户 ………………… 54

 任务二　管理用户组 ……………… 58

项目小结 ……………………………… 59

项目实训 ……………………………… 59

课后习题 ……………………………… 60

拓展阅读：求伯君的故事 …………… 61

项目四　管理文件权限 …………… 62

项目导入 ……………………………… 62

知识准备 ……………………………… 62

 一、文件权限概述 ………………… 62

 二、权限类型、表示和含义 ……… 63

 三、文件权限表示方法 …………… 64

项目实施 ……………………………… 64

任务一　设置基本权限 …………… 64
　　任务二　设置特殊权限 …………… 66
　　任务三　设置隐藏权限 …………… 69
　　任务四　设置 ACL 权限 …………… 71
　　任务五　设置权限掩码 …………… 73
　项目小结 ……………………………… 75
　项目实训 ……………………………… 75
　课后习题 ……………………………… 76
　拓展阅读：权限管理事件 …………… 77

项目五　管理磁盘存储 ……………… 78

　项目导入 ……………………………… 78
　知识准备 ……………………………… 78
　　一、磁盘管理概述 ………………… 78
　　二、磁盘接口类型和存储设备文件 … 79
　　三、硬盘分区 ……………………… 80
　　四、RAID 管理 …………………… 81
　　五、LVM 管理 ……………………… 84
　　六、配额管理 ……………………… 85
　项目实施 ……………………………… 85
　　任务一　硬盘分区 ………………… 86
　　任务二　格式化、挂载和卸载 …… 92
　　任务三　交换分区管理 …………… 94
　　任务四　管理 RAID ……………… 96
　　任务五　管理 LVM ………………… 99
　　任务六　管理配额 ………………… 103
　项目小结 ……………………………… 108
　项目实训 ……………………………… 108
　课后习题 ……………………………… 109
　拓展阅读：中国巨型计算机之父 …… 110

项目六　管理软件包和服务 ………… 111

　项目导入 ……………………………… 111
　知识准备 ……………………………… 111
　　一、用 rpm 工具管理软件包 ……… 111
　　二、用 yum 工具管理软件包 ……… 112
　　三、网络服务基本概念 …………… 114
　项目实施 ……………………………… 116
　　任务一　使用 rpm 工具管理 rpm 包 … 117
　　任务二　使用 yum 工具管理 rpm 包 … 119
　　任务三　管理服务和查看进程信息 … 122
　项目小结 ……………………………… 127
　项目实训 ……………………………… 127
　课后习题 ……………………………… 128
　拓展阅读：中国卫星之父 …………… 129

项目七　配置 Linux 系统网络 ……… 131

　项目导入 ……………………………… 131
　知识准备 ……………………………… 131
　　一、网络接口及网络连接 ………… 131
　　二、IP 地址和主机名映射关系 …… 132
　　三、VMware 虚拟机和宿主机网络
　　　　通信模式 ………………………… 133
　项目实施 ……………………………… 134
　　任务一　配置网络接口 TCP/IP 连接
　　　　　　参数 ……………………… 134
　　任务二　配置主机名及主机名和 IP 地址
　　　　　　映射 ……………………… 137
　　任务三　验证虚拟机和宿主机三种通信
　　　　　　模式 ……………………… 139
　　任务四　使用远程登录工具连接 Linux
　　　　　　服务器 …………………… 143
　项目小结 ……………………………… 144
　项目实训 ……………………………… 145
　课后习题 ……………………………… 145
　拓展阅读：超级计算机 ……………… 147

项目八　配置 Samba 和 NFS 服务
##　　　　　实现资源共享 ……………… 148

　项目导入 ……………………………… 148

知识准备 ·············· 148
　　　　一、Samba 服务 ·········· 148
　　　　二、NFS 服务 ············ 150
　　项目实施 ·················· 151
　　　　任务一　配置 Samba 服务 ····· 151
　　　　任务二　配置 NFS 服务 ······· 161
　　项目小结 ·················· 164
　　项目实训 ·················· 165
　　课后习题 ·················· 166
　　拓展阅读：中国互联网之父 ······ 167

项目九　配置 BIND 服务实现域名解析 ············ 168

　　项目导入 ·················· 168
　　知识准备 ·················· 168
　　　　一、域名和 FQDN 的含义 ····· 168
　　　　二、域名空间组织结构 ······ 169
　　　　三、域名申请注册 ········· 170
　　　　四、DNS 域名解析基本原理 ··· 170
　　　　五、域名服务器类型 ········ 171
　　　　六、DNS 域名详细解析过程 ··· 172
　　　　七、DNS 服务查询方式与查询类型 ··· 174
　　　　八、DNS 服务资源记录及其类型 ··· 174
　　　　九、BIND 简介 ············ 175
　　项目实施 ·················· 176
　　　　任务一　准备实训环境 ······ 176
　　　　任务二　安装 BIND 服务包 ···· 176
　　　　任务三　配置主 DNS 服务器 ··· 177
　　　　任务四　配置辅助 DNS 服务器 ······ 181
　　　　任务五　配置转发 DNS 服务器 ······ 183
　　　　任务六　使用 view 视图配置智能解析 ················ 183
　　项目小结 ·················· 186
　　项目实训 ·················· 186
　　课后习题 ·················· 187

　　拓展阅读：雪人计划 ·········· 189

项目十　配置 DHCP 服务自动分配 IP 地址 ············ 190

　　项目导入 ·················· 190
　　知识准备 ·················· 191
　　　　一、DHCP 服务概述 ········ 191
　　　　二、DHCP 服务分配 IP 地址工作过程··· 191
　　　　三、DHCP 服务地址续租 ····· 192
　　　　四、DHCP 服务功能和优势 ···· 192
　　项目实施 ·················· 192
　　　　任务一　准备实训环境 ······ 192
　　　　任务二　解读 DHCP 服务安装和主配置文件内容 ·············· 194
　　　　任务三　配置 DHCP 服务为直连子网分配 IP 地址 ·········· 197
　　　　任务四　为客户端分配固定 IP 地址 ··· 199
　　　　任务五　配置 DHCP 中继代理服务为多个子网分配 IP 地址 ······· 201
　　项目小结 ·················· 206
　　项目实训 ·················· 206
　　课后习题 ·················· 207
　　拓展阅读：天眼之父 ·········· 209

项目十一　配置 FTP 服务实现文件传输 ············ 210

　　项目导入 ·················· 210
　　知识准备 ·················· 210
　　　　一、FTP 服务概述 ·········· 210
　　　　二、FTP 服务工作原理 ······· 211
　　　　三、FTP 服务的主动模式和被动模式 ··· 211
　　　　四、FTP 服务配置准备知识 ··· 212
　　项目实施 ·················· 213
　　　　任务一　准备实训环境 ······ 213
　　　　任务二　安装和启动 vsftpd 服务包 ··· 213

任务三 验证匿名用户访问 FTP 站点默认
　　　主目录 ·················· 214
任务四 解读 FTP 服务主配置文件 ··· 215
任务五 改变匿名用户访问 FTP
　　　站点的主目录 ············ 216
任务六 配置本地用户身份访问 FTP
　　　站点 ···················· 217
任务七 配置用户访问 FTP 站点不能
　　　切换主目录 ·············· 218
任务八 配置虚拟用户访问
　　　FTP 站点 ················ 219
项目小结 ························ 222
项目实训 ························ 222
课后习题 ························ 222
拓展阅读：墨菲定律 ·············· 223

项目十二　配置 Apache 部署 Web 服务 ············· 225

项目导入 ························ 225
知识准备 ························ 226
　一、Web 服务概述 ············· 226
　二、Web 系统组成 ············· 226
　三、Web 服务工作过程 ········· 226
　四、URL 含义 ················· 227
　五、Apache 服务软件简介 ······ 227
项目实施 ························ 228
　任务一 准备实训环境 ·········· 228
　任务二 解读 Apache 服务包安装
　　　　和主配置文件 ·········· 228
　任务三 配置 Web 主网站 ········ 230
　任务四 使用虚拟目录配置子网站 ··· 230
　任务五 使用虚拟主机技术配置多个
　　　　网站 ·················· 232
　任务六 配置基于本地用户访问控制的
　　　　网站 ·················· 233

任务七 配置基于客户端 IP 地址访问
　　　控制的网站 ·············· 235
项目小结 ························ 235
项目实训 ························ 235
课后习题 ························ 236
拓展阅读：万维网之父 ············ 237

项目十三　配置 MariaDB 实现数据库服务 ············· 239

项目导入 ························ 239
知识准备 ························ 239
　一、数据库服务相关概念 ········ 239
　二、MariaDB 简介 ············· 240
　三、SQL 简介 ················· 241
项目实施 ························ 242
　任务一 准备实训环境 ·········· 242
　任务二 安装和初始化 MariaDB ··· 242
　任务三 配置 MariaDB 数据库字符集
　　　　和校对规则 ············ 244
　任务四 使用 SQL 语句操作数据库 ··· 246
　任务五 使用 SQL 语句创建表 ···· 247
　任务六 使用 SQL 语句对表进行增删
　　　　改查 ·················· 247
　任务七 创建、授权和撤销授权数据库
　　　　用户 ·················· 248
　任务八 备份与恢复数据库 ······ 250
项目小结 ························ 251
项目实训 ························ 252
课后习题 ························ 252
拓展阅读：国产数据库 ············ 253

参考文献 ······················· 255

项目一
了解和安装 Linux 系统

知识目标

- 了解 Linux 系统诞生、特点及应用领域。
- 理解 Linux 系统的体系结构。
- 了解 Linux 系统的内核版本和发行版本。
- 理解物理机和虚拟机的概念和区别。

技能目标

- 掌握 VMware Workstation 虚拟机的创建。
- 掌握 CentOS 7.9 发行版的安装和配置。

素养目标

- 通过了解 Linux 系统开源特点培养学生开放共享的精神。
- 通过学习安装 Linux 系统培养学生探究、合作、互助的精神。
- 通过拓展阅读使学生意识到自主可控的意义,激发学生的学习动力。

项目导入

某学校是一所地方技能型高水平大学,为了进一步提高智慧校园网络的信息资源服务质量和水平,决定对原有校园网络进行升级和改造。其中之一学校准备把服务器操作系统由原来的 Windows 网络操作系统升级为 Linux 网络操作系统,Linux 网络操作系统具有更好的开源性、稳定性、安全性和可靠性。

作为网络管理和运维人员,如何选择合适的 Linux 发行版并掌握 Linux 系统的安装和使用配置是必不可少的技能。

知识准备

一、Linux 系统诞生

Linux 系统诞生于 20 世纪 90 年代,它的发展离不开两个人:一个是林纳斯·托瓦兹(Linus Torvalds),被称为"Linux 之父";另一个是理查德·斯托曼(Richard Stallman),

被称为"自由软件基金之父"。图 1-1 所示为 Linux 的吉祥物 Tux。

林纳斯·托瓦兹当时还是芬兰赫尔辛基大学的一名研究生。1991 年 10 月，他在当时芬兰最大的 FTP 服务器上发布了一个用于教学的、类似 UNIX 系统的源代码，这就是 Linux 0.01 版。Linux 内核发展到现在已经是一个非常成熟的操作系统内核，读者可以自行通过网站查看并下载最新版的 Linux 内核。要让一个操作系统能够工作，除内核外，还需要外壳、编译器（compiler）、函数库（libraries）、各种实用程序和应用程序等。

图 1-1　吉祥物 Tux

理查德·斯托曼是"自由软件运动"的精神领袖，在 1983 年 9 月 27 日公开发起 GNU 计划，主要目标有两项：一是开发一套完整的开源的完全自由软件系统，称为 GNU 操作系统，包括各种工具、软件包、驱动程序等；二是制定了 GPL（GNU General Public License,GPL）协议，即 GNU 通用公共许可协议，是一个广泛被使用的自由软件许可协议，此协议的宗旨是消除对于计算机程序复制、分发、理解和修改的限制。也就是说，每一个人都可以在前人工作的基础上加以利用、修改或添加新内容，但必须公开源代码，允许其他人在此基础上继续工作。从 1983 年到 1991 年，理查德·斯托曼发起的 GNU 计划开发了一个自由并且完整的类 UNIX 操作系统，包括软件开发工具和各种应用程序，除了系统内核功能不太完美之外，GNU 几乎已经完成了各种必备软件的开发。图 1-2 所示为 GNU 标志。

图 1-2　GNU 标志

1992 年 3 月，林纳斯·托瓦兹根据理查德·斯托曼的建议，将 Linux 的内核与的 GNU 操作系统的实用工具相结合，产生了一个完整的开源、免费的操作系统，称为 GNU/Linux，并以 GPL 协议发布内核 1.0 版本，这标志着 Linux 第一个正式版的诞生，后来 GNU/Linux 简称为 Linux。

二、Linux 系统的版权

在介绍 Linux 系统的版权问题之前，首先了解一下软件关于版权的类型。软件按照其提供方式可分为商业软件、免费软件和自由软件。

（1）商业软件：商业软件是一种受版权保护的软件（copyright），只有创建它的人、团队或组织可以修改、发布新版本，而且他们拥有该软件的专属权利。任何需要使用它的人都必须为它支付有效的授权许可，该软件的源代码受到保护。对于商业软件，用户可以在一定的许可费用下使用。商业软件有 Windows 操作系统、MS Office、SAP、Oracle、Adobe Photoshop 等。

（2）免费软件：免费软件是指可以在不产生任何费用的情况下使用某个软件。与开源软件和自由软件不同，免费软件给最终用户提供了最小的自由度。一般而言，用户虽然可以免费地使用某个软件，但是在未经作者许可的情况下，通常无法对其进行修改、调整及二次分发。免费软件通常是在不公开其源代码的情况下被共享使用的，这是和开源软件以及自由软件的本质区别。常用的免费软件有 QQ、微信、Skype 和 Adobe Acrobat Reader 等。

（3）自由软件：自由软件是由个人、团体或组织为满足某些要求而开发的计算机软件，它可以根据开发机构的兴趣进行任何修改。开放源码软件是为公众公开发布的，这里的源代码对所有人开放。对于开放源码软件，用户不需要花费任何费用，它是在免费许可下提供的。自由软件必须满足以下 4 个条件：

> 无论用户出于何种目的，都必须按照用户意愿，自由地运行该软件。
> 用户可以自由地学习与修改软件，要能自由地访问到软件的源代码。
> 用户可以自由地分发软件给别人，以帮助他人。
> 用户可以自由分发修改后的软件版本，以使整个社区从修改中受益。

自由软件的阵营非常强大，日常所用的 Linux 操作系统、MySQL 数据库管理系统、Hadoop 分布式系统基础架构、火狐浏览器（Mozilla Firefox）等都属于自由软件。

三、Linux 系统的特点

Linux 操作系统以其安全、稳定、开源、免费等特性在企业服务器市场获得了较大的成功。它具有如下几个重要特点：

1. 自由开源

Linux 操作系统是在 GNU 计划下开发的，秉承"自由的思想，开放的源代码"原则，遵循 GPL 协议。GNU 库（软件）都可以自由地移植到 Linux 操作系统上，从 Linux 操作系统核心到大多数应用程序，都可以从互联网上自由地下载。

2. 网络功能强大

Linux 操作系统是计算机爱好者通过互联网协同开发出来的，它的网络功能十分强大，既可以作为网络工作站，也可以作为网络服务器，主要包括 FTP、DNS、DHCP、SAMBA、Apache、邮件服务器、iptables 防火墙、路由服务、集群服务和安全认证服务等。

3. 可靠安全高效

Linux 操作系统开放源代码的特性可以让更多的人去查找源代码中的安全漏洞，从而修补漏洞。另外，Linux 操作系统采取了许多安全技术措施，包括对读/写控制、带保护的子系统、审计跟踪、核心授权等，这为网络多用户环境中的用户提供了必要的安全保障。

4. 移植性好

Linux 是一种可移植的操作系统，能够在微型计算机到大型计算机的任何环境中和任何平台上运行。

5. 设备独立性

Linux 操作系统把所有外围设备统一当作文件来看待，只要安装驱动程序，任何用户都可以像使用文件一样，操纵、使用这些设备。Linux 是具有设备独立性的操作系统，内核具有高度适应能力。

四、Linux 系统应用领域

Linux 的应用领域非常广泛，以下为一些主要的应用领域：

（1）服务器：Linux 在服务器领域占有很大的市场份额，许多企业和组织选择 Linux 作为服务器操作系统，用来搭建 Web 服务器、数据库服务器、文件服务器等。

（2）超级计算机：Linux 在超级计算机领域也得到广泛应用，许多世界排名前列的超级计算机都采用 Linux 作为操作系统，用于进行科学计算、气象预报、天文学模拟等。

（3）路由器和网络设备：很多路由器和网络设备都采用 Linux 作为操作系统，提供网络连接和安全功能。

（4）云计算和虚拟化：Linux 在云计算和虚拟化领域得到广泛应用，许多云服务提供商和虚拟化平台都采用 Linux 作为基础设施。

（5）嵌入式系统：Linux 的可定制性和开放性使其成为嵌入式系统领域的首选操作系统，许多嵌入式设备和智能家居产品都采用 Linux 作为底层操作系统。

（6）移动设备：Android 操作系统是基于 Linux 内核的，目前是手机领域最主流的操作系统之一。

总的来说，Linux 广泛应用于各种领域，其强大的性能、灵活性和开放性使其成为理想的操作系统。

五、Linux 系统体系结构

Linux 系统的体系结构主要由内核（kernel）、命令解释层和实用工具三部分组成：

1. 内核

Linux 内核是操作系统的核心部分，负责管理和控制硬件资源，并提供基本的系统功能。它负责处理进程管理、内存管理、设备驱动程序、文件系统、网络通信等重要任务。操作环境向用户提供一个操作界面，内核通过操作环境从用户那里接收命令，并执行命令。

Linux 内核具有模块化的设计，使得用户可以根据需要添加或删除特定的模块。因为内核提供的都是操作系统最基本的功能，所以如果内核发生问题，整个计算机系统就可能会崩溃。

2. 命令解释层

命令解释层由操作环境和 Shell 组成。操作环境是用户与内核之间的沟通桥梁、为用户驾驭系统提供的交互操作界面。Linux 操作环境主要有桌面（desktop）、窗口管理器和 Shell 命令行接口 3 种操作环境。

Shell 是一个命令解释程序，常驻系统后台运行，它接收并解释用户输入的命令，并返回命令的执行结果。Shell 同时也是编程语言，它允许用户编写由 Shell 命令组成的脚本程序。Shell 编程语言具有普通编程语言的很多特点（如它也有分支结构和循环结构等），用这种编程语言编写的 Shell 程序与其他应用程序具有同样的效果和功能。

3. 实用工具

实用工具是指由理查德·斯托曼发起的 GNU 项目开发的工具和应用集合，用于完成各种任务。这些工具包括常见的命令行工具，如文本编辑器（例如 Emacs 和 Vim）、文件操作工具（例如 ls、cp 和 rm）、文本处理工具（例如 grep 和 sed）等。GNU 工具是 Linux 系统的重要组成部分。

总体来说，Linux 系统的各层之间通过接口和调用来实现功能的交互和协作。这种体系结构使得 Linux 系统具备了高度的可扩展性、可定制性和灵活性。

六、Linux 内核版本和发行版本

Linux 的版本分为内核版本和发行版本两种。Linux 内核指的是一个由 Linus Torvalds 负责维护，提供硬件抽象层、硬盘及文件系统控制及多任务功能的系统核心程序。Linux 发行版又称 Linux 发行套件系统，就是人们常说的 Linux 操作系统，它是 Linux 内核与各种应用软件和工具的集合产品。

（一）Linux 内核版本

内核的开发和规范一直由林纳斯·托瓦兹领导的 Linux 开源社区负责和维护，开发小组每隔一段时间公布新的版本或其修订版本。从 1991 年 10 月林纳斯·托瓦兹向世界公开发布内核 0.02 版本（内核 0.01 版过于简陋，没有公开发布）以来，内核版本持续更新，其中 6.5.1 版本是较新的一个版本，Linux 的功能也越来越强大。图 1-3 所示为官网内核界面。

图 1-3　Linux 官网内核

Linux 内核版本号的命名是有一定规则的，版本号的格式通常为 "主版本号 . 次版本号 . 修正号"。主版本号和次版本号的更新标志着有重要功能的变动，修正号表示较小功能的变更。以版本号 6.5.1 为例，6 代表主版本号，5 代表次版本号。其中次版本号还有特殊的含义，若次版本号为偶数，则表示该版本是一个可以放心使用的稳定版本；若次版本号为奇数，则表示该版本内核加入了某些测试的新功能，是一个内部可能存在着 BUG 漏洞的测试版本。

（二）Linux 发行版本

只有内核而没有应用软件的 Linux 系统是无法使用的，所以许多公司和社团将内核、源代码及相关的应用系统程序组织成一个完整的操作系统，让一般的用户可以简单方便地安装和使用 Linux 系统，这就是通常所说的 Linux 发行版。

1. 国外 Linux 发行版

（1）RHEL：RHEL 是 RedHat Enterprise Linux 的缩写，也称为红帽企业版。Red Hat（红帽公司）创建于 1993 年，Red Hat 公司是全球最大的开源技术厂商，也是最被认可的 Linux 品牌。Red Hat 公司的产品主要包括 RHEL 收费版本和 CentOS 免费版本（RHEL 的社区克隆版本）、Fedora 免费版本（由 Red Hat 桌面版发展而来）。RHEL 是全世界使用最广泛的 Linux 系统，具有极强的性能与稳定性，并且在全球范围内拥有完善的技术支持。RHEL 系统也是红帽认证以及众多生产环境中使用的服务器版本系统。

（2）CentOS：CentOS（community enterprise operating system，社区企业操作系统）是企业 Linux 发行版领头羊 RHEL 的再编译后发行版本，在 RHEL 的基础上修正了不少已知的 Bug，相对于其他 Linux 发行版，其稳定性值得信赖。

（3）Fedora：由 Red Hat 公司发布的桌面版系统套件，用户可免费体验最新的技术或工具，这些技术或工具在成熟后会被加入 RHEL 系统中，因此 Fedora 也称为 RHEL 系统的"试验田"。

（4）Ubuntu：一个派生自 Debian 的操作系统，对新款硬件具有极强的兼容能力。Ubuntu 与 Fedora 都是极其出色的 Linux 桌面系统，其中 Ubuntu Linux 界面美观，简洁而不失华丽，如果想在 Linux 下进行娱乐休闲，Ubuntu Linux 绝对是首选，而且它还可用于服务器领域。

（5）Debian：稳定性、安全性强，提供了免费的基础支持，可以良好地支持各种硬件架构，以及提供近十万种不同的开源软件，在国际上拥有很高的认可度和使用率。

（6）openSUSE：源自德国的一款著名的 Linux 系统，在全球范围内有着不错的声誉及市场占有率。

2. 国产 Linux 发行版

下面介绍一下常见的国产 Linux 操作系统发行版。

（1）优麒麟（Ubuntu Kylin）：优麒麟是由麒麟软件有限公司主导开发的全球开源项目，专注于研发"友好易用，简单轻松"的桌面环境，致力为全球用户带来更智能的用户体验。该系统由工业和信息化部软件与集成电路促进中心、国防科技大学联手打造。新的"优麒麟"操作系统已经实现了支持 ARM 和 x86 架构的 CPU 芯片。优麒麟自创立以来已经有十几年的历史和技术沉淀，并得到了国际社区的认可，2022 年 6 月 30 日成功入选十大全球开源软件产品名单。

（2）中标麒麟（NeoKylin）：中标麒麟系统是由民用的"中标 Linux"操作系统和军用"银河麒麟"操作系统合并而来，最终以"中标麒麟"的新品牌统一出现在市场。此系统还成为 2018—2019 年中国 Linux 市场占有率第一的系统。此外，该系统还针对 x86 及龙芯、申威、众志、飞腾、兆芯、海光、鲲鹏等国产 CPU 平台进行自主开发，率先实现了对 x86 及国产 CPU 平台的支持。

（3）银河麒麟（KylinOS）：银河麒麟原是在"863 计划"和国家核高基科技重大专项支持下，由国防科技大学研发的操作系统，后由国防科技大学将品牌授权给天津麒麟，后者在 2019 年与中标软件合并为麒麟软件有限公司，继续研制的以 Linux 为内核的操作系统。银河麒麟已经发展为银河麒麟服务器操作系统、桌面操作系统、嵌入式操作系统、麒麟云、操作系统增值产品为代表的产品线。为攻克中国软件核心技术"卡脖子"的短板，银河麒麟建设自主的开源供应链，以 openKylin 等自主根社区为依托，发布新的版本。

（4）统信操作系统（UOS）：统信操作系统是基于 Linux 内核研发，以深度操作系统为基础，经过定制而来的产品，目前支持龙芯、飞腾、兆芯、海光、鲲鹏等芯片平台的笔记本、台式机、一体机和工作站、服务器。UOS 拥有个人版、家庭版、专业版、服务器版 4 个分支，其中个人版已不再更新。

（5）红旗 Linux：该操作系统最早在 1999 年 8 月亮相，主要用于一些部门。不过现在这款系统已经很久没有更新过，而且研发公司已经在 2014 年 2 月 10 日解散。不过好的消息是中科红旗仍将继续开发红旗 Linux 国产操作软件。目前工业和信息化部、国家电网、中国银行、CCTV 等单位仍有在使用红旗 Linux。

（6）欧拉操作系统 (openEuler)：简称"欧拉"，是华为推出的一个开源免费的 Linux 发行版系统，是面向数字基础设施的操作系统，支持服务器、云计算、边缘计算、嵌入式等应用场景，支持多样性计算，致力于提供安全、稳定、易用的操作系统。openEuler 同时是一个创新的系统，倡导客户在系统上提出创新想法、开拓新思路、实践新方案。2021 年 11 月 9 日上午，华为宣布捐赠欧拉系统，将全量代码等捐赠给开放原子开源基金会。这标志着欧拉从创始企业主导的开源项目演进到产业共建、社区自治。

七、Linux 系统安装准备

（一）Linux 系统安装方式

Linux 操作系统的安装方式有多种，具体取决于硬件配置和需求。以下是几种常见的安装方法：

（1）光盘安装：将 Linux 发行版的 ISO 映像文件刻录到光盘上，然后使用光盘启动计算机进行安装。

（2）U 盘安装：使用工具制作一个 Linux 启动 U 盘，然后使用 U 盘启动计算机进行安装。

（3）直接在硬盘上安装：有些 Linux 发行版允许直接在硬盘上进行安装，无须启动介质。

（4）网络安装：通过网络安装是一种较新的方式，可从远程 FTP、HTTP、NFS 服务器下载安装文件并安装操作系统。这种方法可以减少安装介质的需求，特别是在安装到移动设备或者无法使用安装介质的情况下。

（二）VMware 虚拟机安装 Linux

Linux 虚拟机安装是指将 Linux 操作系统安装在虚拟机中，而不是在物理机上。虚拟机是一种软件，它可以模拟出一台计算机，以便在同一台计算机上运行多个操作系统。虚拟机安装操作系统的过程与物理机安装操作系统的过程类似，但是需要虚拟软件来支持。本书主要使用 VMware 虚拟机软件创建虚拟机，在虚拟机中安装发行版 CentOS 7.9 来构建实训环境。

物理机是一套真实存在的计算机系统。每个物理服务器包括内存、处理器、网络连接、硬盘驱动器和用于运行应用程序的操作系统。虚拟机（virtual machine,VM）指通过虚拟软件模拟的具有完整硬件系统功能、运行在一个完全隔离环境中的计算机系统，能完成在物理机系统中能够完成的工作。在物理机中创建虚拟机时，需要将实体机的硬盘和容量作为虚拟机的硬盘和内存容量，每个虚拟机都有独立的存储磁盘、通信部件和操作系统等，可以像使用物理机一样对虚拟机进行操作。物理机相对于虚拟机有时也称为"宿主机"。

对于一个 Linux 初学者来说，通过 VMware 虚拟软件安装的 Linux 系统更适合初学者，不仅可以模拟出硬件资源，还能把实验环境和真机文件分离，以保证数据安全。当操作失误或配置错误导致系统异常时，虚拟机可以快速把系统还原至出错前的环境状态，进而减少系统恢复的等待时间。

项目实施分解为4个任务进行，基于4个任务使读者掌握VMware虚拟机的使用和Linux发行版CentOS 7.9安装技能。

●视频

创建虚拟机

任务一 使用 VMware 创建虚拟机

具体操作步骤如下：

（1）打开虚拟机软件的管理界面，单击"创建新的虚拟机"选项（见图1-4），在打开的"新建虚拟机向导"界面中选中"自定义(高级)"单选按钮，然后单击"下一步"按钮，如图1-5所示。

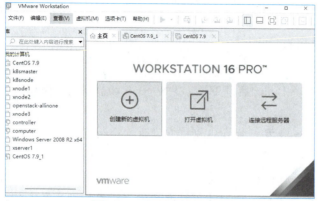

图1-4 VMware 管理界面 　　　　　　　图1-5 "新建虚拟机向导"界面

（2）在"选择虚拟机硬件兼容性"界面，了解一下兼容产品和硬件限制参数，然后单击"下一步"按钮，如图1-6所示。在"安装客户机操作系统"对话框，选中"稍后安装操作系统"单选按钮，然后单击"下一步"按钮，如图1-7所示。

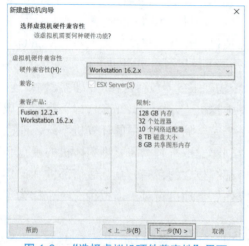
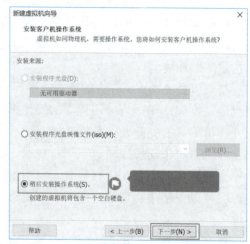

图1-6 "选择虚拟机硬件兼容性"界面 　　　图1-7 "安装客户机操作系统"界面

💡 **提示**：建议选择"稍后安装操作系统"选项，如果选择"安装程序光盘映像文件"选项，虚拟机会采用默认的安装策略部署最精简的 Linux 操作系统，而不会再询问安装的设置选项。

（3）在"选择客户机操作系统"界面中，基于将安装的 Linux 发行版类型和版本，将客户机操作系统的类型选择为 Linux（L），版本为"CentOS 7 64 位"，然后单击"下一步"按钮，如图 1-8 所示。在"命名虚拟机"界面中，填写虚拟机名称，单击"浏览"按钮，选择虚拟机安装位置之后单击"下一步"按钮，如图 1-9 所示。

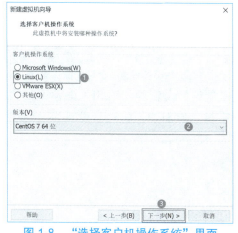

图 1-8 "选择客户机操作系统"界面

图 1-9 设置虚拟机名称和安装位置

（4）在"处理器配置"界面中，根据物理机的性能设置处理器的数量以及每个处理器的核心数量，然后单击"下一步"按钮，如图 1-10 所示。在"此虚拟机的内存"界面中设置虚拟机的内存大小，建议将虚拟机系统内存的可用量设置为 2 048 MB，单击"下一步"按钮，如图 1-11 所示。

图 1-10 设置 CPU 数量

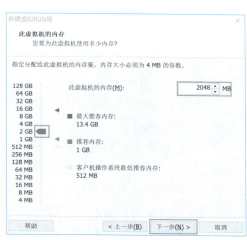

图 1-11 设置内存大小

（5）在"网络类型"界面中，将网络连接设置为"使用网络地址转换（NAT）（E）"，然后单击"下一步"按钮，如图 1-12 所示。在"选择 I/O 控制器类型"界面中，将 I/O 控制器类型设置为"LSI Logic（L）（推荐）"，然后单击"下一步"按钮，如图 1-13 所示。

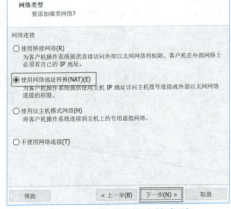
图1-12　设置网络连接类型

图1-13　设置I/O控制器类型

（6）在"选择磁盘类型"界面中，将虚拟磁盘类型设置为"SCSI（推荐）"，然后单击"下一步"按钮，如图1-14所示。在"选择磁盘"界面中，将磁盘设置为"创建新虚拟磁盘"，然后单击"下一步"按钮，如图1-15所示。

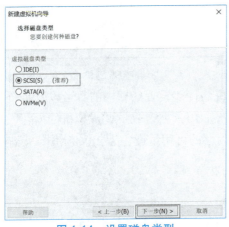
图1-14　设置磁盘类型

图1-15　创建新磁盘

提示：SCSI磁盘是指采用SCSI接口的磁盘，具有性能好、稳定性高、接口速度快、转速快、扩展性好、缓存容量大、CPU占用率低等特点，并且支持热插拔，因此在服务器上得到广泛应用。

（7）在"指定磁盘容量"界面中，将磁盘最大容量设置为40 GB，并选中"将虚拟磁盘拆分成多个文件"单选按钮，然后单击"下一步"按钮，如图1-16所示。注意：不要选中"立即分配所有磁盘空间"单选按钮，这样虚拟磁盘空间会随着后期存储数据量增加动态分配。单击"下一步"按钮，在"指定磁盘文件"界面中，将磁盘文件设置为合适的文件名（.vmdk），然后单击"下一步"按钮，如图1-17所示。

（8）在"已准备好创建虚拟机"界面中，会显示虚拟机配置的详细情况。如果需要修改，可以单击"自定义硬件"按钮去更改处理器、内存、硬盘、网卡等硬件配置参数，如图1-18所示。单击"完成"按钮，虚拟机创建完成，硬件参数配置信息如图1-19所示。

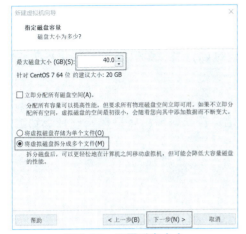

图 1-16　设置磁盘大小　　　　　图 1-17　设置磁盘文件 vmdk

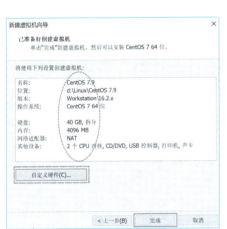

图 1-18　虚拟机配置信息

图 1-19　硬件参数配置信息

任务二　安装 CentOS 7.9 发行版

安装 CentOS 7 或 RHEL7 发行版时,计算机的 CPU 需要支持虚拟化技术（virtualization technology,VT）,即让单台计算机能够分割出多个独立资源区,并让每个资源区按照需要模拟出系统的一项技术,其本质就是通过中间层实现计算机资源的管理和再分配,让系统资源的利用率最大化。如果开启虚拟机后依然提示"CPU 不支持 VT 技术"等报错信息,重启计算机并进入 BIOS 设置把 VT 虚拟化功能开启即可。

1. 下载 CentOS 7.9 镜像文件

开始安装之前,需要下载 CentOS 7.9 的安装光盘镜像。可通过 CentOS 官网完成下载。本书选择下载安装 CentOS 7.9。

2. 装载镜像文件到虚拟机

ISO 格式文件称为镜像文件或者映像文件,首先要把 ISO 镜像文件装载到虚拟机的虚拟光驱上,操作步骤如图 1-20 所示。

（1）单击设备中虚拟光驱 CD/DVD(IDE)。

（2）在"虚拟机设置"界面中，选中"使用 ISO 映像文件"单选按钮。

（3）单击"浏览"按钮，选择宿主机中下载的 CentOS 7.9 镜像文件 CentOS-7-x86_64-DVD-2009.iso。

（4）单击"浏览 ISO 映像"界面中的"打开"按钮。

（5）返回"虚拟机设置"界面，单击"确定"按钮，即可将镜像文件装载到虚拟机的光驱中。

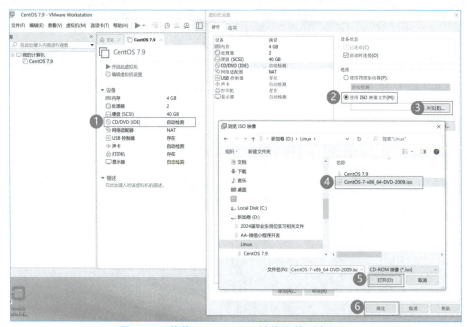

图 1-20　装载 CentOS 7.9 镜像文件到虚拟机

3. 安装 CentOS 7.9 系统

（1）在镜像文件成功装载到虚拟机中后，就可以在虚拟机管理界面中单击"开启此虚拟机"按钮（见图 1-21），数秒后就会看到 CentOS 7 系统安装界面，如图 1-22 所示。其中有 3 个选项供选择，含义解释如下：

➤Install CentOS 7：直接安装 CentOS 7。

➤Test this media & install CentOS7：测试安装文件并安装 CentOS 7。

➤Troubleshooting：修复故障。

（2）单击虚拟机黑色区域，使用键盘的上下方向键选择 Install CentOS 7 选项，按【Enter】键直接安装 CentOS 7，虚拟机开始加载安装镜像，大约需要几十秒。

提示：物理机和虚拟机之间操作的切换方法：按下【Ctrl+G】组合键将鼠标定位到虚拟机内进行操作，按【Ctrl+Alt】组合键返回物理机进行操作。

（3）系统启动后会进入选择操作系统安装语言界面，这里选择"中文"中的"简体中文"，单击"继续"按钮，如图 1-23 所示。

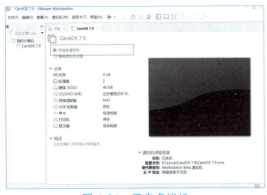
图 1-21　开启虚拟机

图 1-22　选择 Install CentOS 7 选项

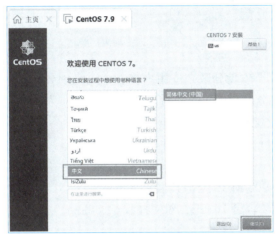
图 1-23　选择操作系统安装语言

（4）在"安装信息摘要"界面中单击"软件选择"选项（见图 1-24），在打开的"软件选择"界面中选中"带 GUI 的服务器"单选按钮，然后单击左上角的"完成"按钮即可，如图 1-25 所示。CentOS 7 系统的软件定制界面可以根据用户的需求选择需要的安装功能，例如选择安装基础设施服务器、文件及打印服务器、FTP 服务器等。GUI（graphical user interface）即图形用户界面，安装带有图形化操作界面的 Linux 系统，若以系统默认的"最小安装"，则安装只有纯命令行接口的操作界面。

图 1-24　"安装信息摘要"界面

图 1-25　选择系统软件类型

（5）返回到 CentOS 7 安装设置主界面，单击"安装位置"选项，如图 1-26 所示。在打开的"安装目标位置"界面选中"我要配置分区"单选按钮，然后单击左上角的"完成"按钮，如图 1-27 所示。

图 1-26　安装设置界面 - 安装位置　　　　　　　　图 1-27　配置分区选项

（6）开始配置分区。磁盘分区允许用户将一个磁盘划分成几个单独的区域，每个区域都有自己的标识。在分区之前，先要对磁盘进行合理的规划，设计好分区数量和容量。以 40 GB 的硬盘为例，规划如下：

- 根分区：容量 20 GB，对应挂载点"/"。
- 虚拟内存：容量 4 GB，设置为 swap 文件系统。
- 引导分区：容量 200 MB，对应挂载点"/boot"。
- 用户家目录分区：容量 10 GB，对应挂载点"/home"。
- 剩余空间待用。

下面进行具体的分区操作，以创建根分区为例进行详细介绍，如图 1-28 所示。

- 选择标准分区，单击"手动分区"页面里的"+"按钮。
- 在打开的"添加新挂载点"界面中，挂载点选择"/"（也可以直接输入挂载点）。
- "期望容量"类型输入 20 GB。
- 单击"添加挂载点"按钮创建成功。

此时，可以看到新创建的根分区基本信息，其中设备类型为"标准分区"，文件系统默认为"xfs"类型，如图 1-29 所示。

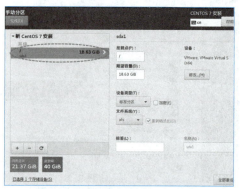

图 1-28　创建根分区　　　　　　　　图 1-29　分区类型和文件系统

用同样的方法分别创建 swap 分区，容量为 4 GB，如图 1-30 所示；创建引导分区，挂载点 /boot，容量为 200 MB，如图 1-31 所示；创建家目录分区，挂载点为 /home，容量为 5 GB，如图 1-32 所示。

图 1-30　创建 swap 分区

图 1-31　创建引导分区

提示：swap 分区是指 Linux 操作系统中为了提高系统运行效率而设置的一块特殊的硬盘空间，也称为虚拟内存。当系统物理内存不足时，会将一部分不常用的内存数据存储到 swap 分区中，以释放内存空间，从而保证系统的稳定运行。

设置完成以后，页面上会显示各分区的基本信息，单击左上角"完成"按钮（见图 1-33），在会打开"更改摘要"界面，单击"接受更改"按钮完成分区配置，如图 1-34 所示。

图 1-32　创建家目录分区

图 1-33　分区配置信息

（7）返回到"安装信息摘要"主界面（见图 1-35），单击"开始安装"按钮后安装过程正式启动，通过进度条可看到安装进度。

（8）设置管理员 root 密码。在配置界面中，单击"ROOT 密码"选项（见图 1-36），在 root 密码界面设置 root 管理员的密码。若用弱口令的密码则需要单击 2 次左上角的"完成"按钮才可以确认，如图 1-37 所示。但是，在生产环境中一定要将 root 管理员的密码设置得足够复杂，否则系统将面临严重的安全问题。

（9）创建普通用户，返回配置界面（见图 1-38），单击"创建用户"选项，然后在"创建用户"界面输入用户名和密码，如图 1-39 所示。

图 1-34　更改摘要

图 1-35　开始安装

图 1-36　配置 root 管理员

图 1-37　设置 root 管理员密码

图 1-38　创建新用户

图 1-39　设置用户名和密码

（10）Linux 系统的安装过程由于硬件的性能差异，所需时间也有所不同，用户耐心等待系统安装完成即可，安装完成后如图 1-40 所示。

图 1-40　安装配置完成

任务三　重启后设置

1. 确认许可协议

安装配置完成后,单击界面中"重启"按钮,将看到系统的初始化界面,如图 1-41 所示。单击 LICENSE INFORMATION 选项,在打开的在"许可信息"界面选中"我同意许可协议"复选框(见图 1-42),返回"初识设置"界面,完成配置。

图 1-41　初始化界面

图 1-42　同意许可协议

2. 登录系统

在登录界面单击用户名,输入密码,单击"登录"按钮即可登录系统,如图 1-43 所示。在 Linux 系统中 root 账户具有最高权限,其他用户都是普通用户,没有管理权限。

图 1-43　登录系统

3. 系统初始化

将系统语言选为"汉语",单击"前进"按钮,如图 1-44 所示。将键盘输入也选为"汉语",然后继续单击"前进"按钮,如图 1-45 所示。

对隐私设置、在线账号(没有账号,可以跳过)进行简单设置,初始化就顺利结束,如图 1-46 和图 1-47 所示。

4. 成功登录 CentOS 7 系统

系统初始化结束后就可以进入 Linux 操作系统,如图 1-48 和图 1-49 所示。

图 1-44　语言设置

图 1-45　输入设置

图 1-46　隐私设置

图 1-47　在线账号设置

图 1-48　初始化完成

图 1-49　CentOS 7.9 桌面

任务四　系统登录与退出

1. 系统登录

Linux 系统是多用户的操作系统，每次启动都需要验证用户身份，在安装过程中设置了系统最高管理账号 root 的密码，所以可以使用 root 账号登录系统。同时创建了一个普通用户账号，设置了用户名称和密码。出于系统安全性考虑，默认情况下用普通用户账户登录，避免误操作时对系统造成不利影响。

Linux 图形界面和命令行终端界面可以使用以下命令进行切换。在图形界面中按【Ctrl+Alt+F2】组合键（按【F3】、【F4】、【F5】、【F6】键也可以）进入命令行终端界面；在命令行终端界面中按【Ctrl+Alt+F1】组合键切换回图形界面。

切换到命令行终端界面登录，屏幕显示提示信息"localhost login:"，输入用户名后，在屏幕上看到输入密码提示"Password:"；输入密码时不会在屏幕上显示任何信息。当正确输入用户名和密码后,提示符"#"表示管理员成功登录系统,如图1-50所示；提示符"$"表示普通用户成功登录系统，如图1-51所示。输入logout或exit命令，当前用户退出系统登录。

图1-50　管理登录和退出

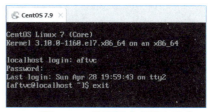

图1-51　普通用户登录和退出

2. 系统关闭

普通用户没有直接关机权限,可以切换到root管理员执行poweroff或shutdown -h now命令。如果想要重新启动服务器,可执行reboot或者shutdown -r now命令。对于服务器来说，因为需要连续不断地向互联网提供服务，所以没有特殊情况是不会关机或者重启的，服务器通常会连续运行数个月甚至数年的时间。

项目小结

本项目首先介绍了Linux操作系统的诞生、特点和应用领域，从内核、命令解释层和实用工具介绍了Linux系统的体系架构，并介绍了常见的Linux发行版，重点介绍了国产Linux发行版的发展现状和应用；其次介绍了Linux操作系统的安装方式及通过VMware虚拟机安装Linux系统的优势；最后讲解了VMware虚拟机的创建，在此基础上详细介绍了安装和配置CentOS 7.9发行版的知识和技能。

项目实训

【实训目的】

熟练掌握VMware虚拟机软件的使用，巩固安装和配置RHEL7/CentOS 7的知识和技能。

【实训环境】

一人一台Windows 10物理机、VMware Workstation16及以上版本、CentOS 7.9安装镜像文件。

【实训内容】

任务一：通过VMware Workstation软件创建虚拟机，虚拟机配置参数：
（1）操作系统：Linux版本为CentOS 7 64位。
（2）处理器：1个2核。
（3）内存：4 GB。
（4）网络类型：使用网络地址转换（NAT）。

（5）硬盘：40 GB，接口 SCSI。

任务二：按下面步骤在 VMware Workstation 虚拟机下安装 CentOS 7.9 系统。

（1）下载 CentOS 7.9 镜像文件。

（2）装载 CentOS 7.9 镜像文件到虚拟机。

（3）安装 CentOS 7.9 系统。

（4）重启并初始化系统。

（5）熟悉 Linux 操作环境使用。

课后习题

一、填空题

1. GNU 的含义是_____。
2. Linux 内核一般有 3 个主要部分：_____、_____、_____。
3. Linux 是基于_____的软件模式发布的，它是 GNU 项目制定的通用公共许可证，英文是_____。
4. 斯托尔曼成立了自由软件基金会，它的英文是_____。
5. 当前的 Linux 常见的应用可分为_____与_____两个方面。
6. Linux 的版本分为_____和_____两种。
7. 安装 Linux 最少需要两个分区，分别是_____和_____。
8. Linux 默认的系统管理员账号是_____。
9. 配置分区时引导分区的挂载点是_____，根分区挂载点为_____。

二、选择题

1. Linux 最早是由计算机爱好者（　　）开发的。
   A. Richard Petersen　　　　　　B. Linus Torvalds
   C. Rob Pick　　　　　　　　　　D. Linux Sarwar
2. 下列中（　　）是自由软件。
   A. Windows 10　　B. UNIX　　C. Linux　　D. OS
3. 下列中（　　）不是 Linux 的特点。
   A. 多任务　　B. 单用户　　C. 设备独立性　　D. 开放性
4. Linux 的内核版本 4.3.20 是（　　）的版本。
   A. 不稳定　　B. 稳定　　C. 第三次修订　　D. 第二次修订
5. Linux 安装过程中的硬盘分区工具是（　　）。
   A. PQmagic　　B. FDISK　　C. FIPS　　D. Disk Druid
6. Linux 的根分区可以设置成（　　）文件系统。
   A. FAT16　　B. FAT32　　C. xfs　　D. NTFS
7. Linux 利用交换分区空间来提供虚拟内存，交换分区的文件系统为（　　）。
   A. ext4　　B. fat　　C. xfs　　D. swap
8. 通常情况下登录 Linux 的桌面环境，需要（　　）。

A. 任意一个用户　　　　　　　　B. 合法的用户名和密码
C. 任意一个登录密码　　　　　　D. 本机 IP 地址

9. 下面（　　）不是虚拟机软件。
A. VMware Workstation　　　　　B. VirtualBox
C. Hyper-V　　　　　　　　　　D. CentOS

三、简答题

1. 简述 Linux 系统的特点。
2. 简述 Linux 系统的体系结构。
3. 列举常见的 Linux 发行版，国产至少 3 种。
4. 安装 CentOS 系统前要做哪些准备工作？
5. 安装 CentOS 系统时创建的硬盘分区有哪些？
6. CentOS 系统支持的文件系统类型有哪些？

拓展阅读：国产欧拉操作系统

2023 年 12 月 15 日，由开放原子开源基金会、中国电子技术标准化研究院、国家工业信息安全发展研究中心、中国软件行业协会共同主办的操作系统大会在北京隆重开幕。

搜狐科技在大会上获悉，欧拉操作系统累计装机量超过 610 万套，根据 IDC 预测，2023 年欧拉在中国服务器操作系统市场份额达到 36.8%。开源四年以来，欧拉成长为中国第一服务器操作系统。这是中国基础软件产业发展的重要里程碑，为数字中国打造了坚实可靠的软件底座。

欧拉从推出以来，已经发展了十年有余。华为曾基于 Linux 开发出服务器操作系统 EulerOS，主要运用于内部的泰山服务器，适配鲲鹏处理器。2020 年 1 月，EulerOS 开源后更名为 openEuler，成为一个开源、免费的 Linux 发行版平台。2021 年 11 月 9 日，华为宣布将欧拉捐赠给开放原子开源基金会，欧拉由企业主导变为产业主导。

openEuler 开源社区秉承"共建、共享、共治"的原则，携手全产业链共建可持续发展的操作系统产业生态。社区开源以来，已吸引 1 300 多家头部企业、研究机构和高校加入，汇聚 16 800 多名开源贡献者，成立 100 多个特别兴趣小组，openEuler 开源社区已成为中国最具活力和创新力的开源社区。同样是操作系统，欧拉与大众熟知的"鸿蒙"并不相同。据了解，鸿蒙面向智能终端、物联网终端和工业终端；而欧拉面向服务器、边缘计算、云、嵌入式设备。

随着 openEuler 在各行各业规模应用，涌现出大批优秀的创新实践，有力推动行业数字化转型深入。为充分发挥 openEuler 领先商业实践在行业内的示范作用，引导更多新行业新领域应用落地，加快构筑繁荣共赢的产业生态，openEuler 社区联合国家工业信息安全发展研究中心，携手业界专家，围绕技术创新性、示范推广价值、应用规模、服务运维能力、社区贡献五大维度对公开征集的商业实践成果完成多轮遴选，最终评选出 15 个 2023 年度 openEuler 领先商业实践项目。

项目二
管理文件和目录

知识目标

- 理解 Linux 文件系统的树状层次目录结构。
- 掌握文件的绝对路径和相对路径表示。
- 了解命令输入的格式规范和命令使用的注意事项。

技能目标

- 掌握文件和目录类命令的使用。
- 掌握查找与搜索类命令的使用。
- 掌握压缩与解压缩类命令的使用。
- 掌握系统管理类命令的使用。
- 掌握文本编辑器 vi/vim 的使用。

素养目标

- 通过使用查找类命令培养学生信息检索和筛选的意识。
- 通过学习使用命令驾驭操作系统培养学生提高工作效率的意识。
- 通过拓展阅读培养学生探究事物本质和原理的学习精神。

项目导入

计算机中可能有成千上万的文件，文件和目录是 Linux 系统管理员用得最多、操作最频繁的对象，对文件和目录的管理是 Linux 系统管理和维护的最基本工作。本项目的主要任务就是根据 Linux 系统提供的基本命令，实现对系统中文件和目录的高效组织和管理，也为驾驭 Linux 系统打下坚实的基础。

知识准备

一、命令基础知识

Windows 系统为用户提供图形化的操作界面，Linux 操作系统主要为用户提供命令行接口的操作环境。虽然图形化操作界面更友好、直观和形象，并极大地降低了使用操作系统难度和出错的概率，但是最终也是通过调用程序或脚本来完成相应的操作功能。同时，图形化界面相较于命令行接口会更加消耗系统内存、CPU 资源，影响计算机运行速度，缺乏命令原有的灵活性及可控性，因此经验丰富的运维人员甚至都不会给 Linux 系统安装图形界面环境，对系统管理和平台运维直接通过命令去驾驭和操控，从而达到高效快捷的目的。

（一）Linux 系统目录结构

这里的目录即文件夹，Linux 操作系统采用树状层次的目录结构来组织管理计算机中的所有文件，所有的文件采取分类、分层的方式组织在不同的目录中，从而形成一个层次式的树状目录结构，如图 2-1 所示。这些文件和目录的最顶层为根目录（通常用"/"表示），其他目录是根目录"/"下的子目录，子目录中又可包含更下级的子目录或者文件，这样一层一层地延伸下去，构成一棵倒置的树。

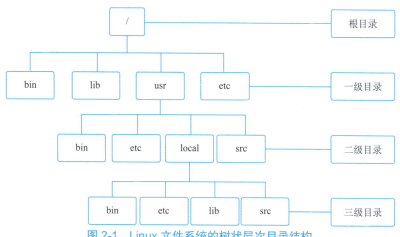

图 2-1　Linux 文件系统的树状层次目录结构

（二）绝对路径和相对路径

用路径来表示某个文件和目录在目录结构中所处的位置有两种方法：绝对路径和相对路径。绝对路径是指以根目录"/"为起点来表示系统中某个文件（或目录）的位置的方式，书写要从根目录"/"开始表示某个文件（或目录）的完整路径。如图 2-1 所示，可用"/usr/local/src"和"/usr/src"绝对路径来表示三级目录和二级目录的两个不同 src 目录位置，但绝对路径有时书写较长，比较麻烦。

相对路径是以当前工作目录为起点，表示系统中某个文件或目录在目录结构中的位置。写相对路径可理解为把当前工作目录路径省略，只写剩下部分文件路径即可。在图 2-1 中，假如当前工作目录为 /usr，可以用"local/src"相对路径表示三级目录 src 目录的位置；若当前目录是目录"/usr/local"，则可以用 src 相对路径表示三级目录 src 目录的位置。

二、使用命令准备知识

（一）命令输入格式

Linux 操作系统的一大优势就是命令行操作，可以通过 Linux 命令查看系统状态、管理系统以及监控 Linux 系统，因此掌握常用的 Linux 命令是很有必要的。但 Linux 命令非常多，输入格式要正确，这给初学者造成了困难。Linux 命令输入的一般格式如下：

```
Linux命令 [选项] [参数]
```

命令本身、选项和参数之间用空格分隔，至少应有一个空格；命令本身是必需的，命令选项和参数可以为空或省略。

选项是一个命令更多功能的实现，同一个命令、不同的选项会实现不同功能，得到不同的执行结果。选项一般以"-"开始，多个选项之间可以用一个"-"连起来,如命令"ls -l -a"与"ls -la"的作用是一样的。

参数一般是文件或目录的路径表示，也可以是命令的执行条件描述，可以有多个。

（二）命令使用注意事项

（1）命令区分大小写，例如，date、Date、DATE 是 3 个不同的命令。

（2）书写命令时，可以按【Tab】键补全命令以及补全文件（或目录）路径，加快用户输入命令的速度。

（3）可以通过键盘的向上箭头或者向下箭头依次翻阅曾经输入过的命令，或使用 history 命令查看显示用过的历史命令。

（4）在一行输入多条命令要用分号";"分隔，长命令如换行可使用续行符"\"表示本行和下一行是一条命令。

（5）常用快捷键使用:【Ctrl+W】删除光标位置前的单词、【Ctrl+U】清空行、【Ctrl+C】终止当前命令进程、【Ctrl+D】退出登录 Shell、【Esc+T】调换光标前的两个单词。

（6）可以使用 man command 命令打开命令使用的详细英文手册。但更好的是使用"命令 --help"来获得某个命令的简洁中文帮助信息，显示帮助的信息解释了一个命令所带主要选项的功能及使用格式。

Linux 的基本命令列表及功能见表 2-1。

表 2-1 Linux 的基本命令列表及功能

类　　别	命　　令	作　　用
文件目录管理类命令	pwd	显示用户当前所处的目录
	cd	改变工作目录
	ls	显示用户当前目录或指定目录的内容
	mkdir	创建目录
	touch	创建文件
	cp	复制文件或目录
	rm	删除文件或目录
	mv	移动或重命名现有的文件或目录
	ln	建立源文件的硬链接或软链接
显示文件内容类命令	cat	查看小文件（一屏幕内）的内容
	head	查看文件的开头部分
	tail	查看文件的结尾部分
	more	分页显示文本文件的内容、逐页阅读文件中的内容
	less	浏览文件可以向后或向前翻看

续表

类　　别	命　　令	作　　用
查找与搜索类命令	find	在指定目录下查找满足条件的文件位置
	which	快速搜索二进制文件所对应的位置
	locate	基于数据库查找文件位置
	grep	在文件内容中查找满足条件的行
压缩与解压缩类命令	gzip	对一个文件进行压缩或解压
	bzip2	对一个文件进行压缩或解压，可提供更佳的压缩比
	tar	对目录或多个文件进行打包压缩或解压解包
系统管理类命令	shutdown	用来执行重启或者关机操作
	reboot	重启系统
	echo	用于在终端输出字符串或变量的值
	alias	查看系统命令别名或定义命令别名
	su	切换用户
	uname	用于查看系统内核与系统版本等信息
文本编辑器命令	vi/vim	打开文件并编辑内容

项目实施

项目实施分解为 8 个任务进行，基于 8 个任务使读者掌握使用命令管理文件和目录的知识和技能。

任务一　打开 Linux 命令行终端

终端是一个用户输入命令的文本交互窗口，接收用户输入的命令并通过 Shell 命令解释程序、解释执行并返回执行结果到终端显示。右击桌面，在弹出的快捷菜单中选择"打开终端"命令，如图 2-2 所示。这样就可以打开一个 Linux 命令行终端，如图 2-3 所示。

图 2-2　打开命令行终端

图 2-3　命令行终端

任务二　使用文件目录管理类命令

1. pwd 命令（print working directory 命令的缩写）

功能：显示用户当前所处的目录（使用该命令时不需要选项和参数）。格式：

```
pwd
```

【实例 2-1】显示当前的工作目录。

```
[root@localhost ~]# pwd
/root
```

2. cd 命令（change directory 命令的缩写）

功能：改变用户当前工作目录。格式：

```
cd 【目录路径】
```

cd 命令常用操作及 3 种特殊表示方法，见表 2-2。

cd 命令使用

表 2-2 cd 命令常用的操作

命　令	作　用
cd 目录路径	切换到指定目录
cd 或 cd ~	切换到当前用户家目录
cd ..	切换到上一级目录
cd -	切换到上一个工作目录

【实例 2-2】切换到 /usr/local/src/ 目录。

```
[root@localhost ~]# cd /usr/local/src/    // 切换到指定 /usr/local/src/ 目录
[root@localhost src]# pwd
/usr/local/src
```

【实例 2-3】切换到用户的家目录。

```
[root@localhost src]# cd
[root@localhost ~]# pwd
/root
```

【实例 2-4】切换到当前目录的上一层目录，再回到上一个工作目录。

```
[root@localhost ~]# cd ..          // 从 /root 目录切换到了上层 /（根）目录
[root@localhost /]# pwd
/
[root@localhost /]# cd -           // 把上一个工作目录作为当前工作目录
/root
```

【实例 2-5】使用绝对路径切换到 /usr，再使用相对路径切换到 /usr/local 目录，然后使用相对路径切换到 /usr/local/src 目录。

```
[root@localhost /]# cd /usr
[root@localhostb usr]# cd ./local/     // "./" 表示当前工作目录
[root@localhost local]# cd src/        // 直接省略 "./"
[root@localhost src]# pwd
/usr/local/src
```

上面的操作会涉及相对路径和绝对路径两个概念，初学者往往在目录的切换过程中出错，这是因为没有弄清相对路径和绝对路径的区别。

（1）绝对路径：一定是由根目录（/）写起的，如 /usr/local/src。

（2）相对路径：不是由根目录（/）写起的。例如，用户首先进入 /usr，然后进入 local 目录，最后进入 src 目录，分别先后执行命令为 #cd /usr、#cd ./local、#cd src，此时用户所

在的路径为 /usr/local/src。第一个 cd 命令后紧跟 /usr，前面有"/"，而第二个 cd 命令后紧跟 ./local，第三个 cd 命令后紧跟 src，第二个和第三个前面没有"/"，一个使用"./"，一个省略"./"，两者等价都表示当前目录下。这个 local 是相对于 /usr 目录来讲是"相对路径"，src 相对于 local 目录来讲也是"相对路径"。

在 Linux 系统中，用"."表示当前目录，用".."表示当前目录的上一层目录。用"~"表示当前用户的家目录。

3. ls 命令（list 命令的缩写）

功能：显示用户当前目录或指定目录中的内容，ls 命令的选项较多，常用选项及作用见表 2-3。格式：

ls【选项】【目录或文件】

表 2-3　ls 命令的常用选项及作用

选项	作用	选项	作用
-l	显示文件详细属性信息，"ll"默认是"ls -l"的简写	-t	按修改文件时间排序显示
-d	显示目录本身详细属性信息，而不是目录中的文件及子目录	-S	按文件大小排序显示
-a	显示目录下所有的文件和目录，包括隐藏文件	-h	使用 KB、MB、GB 为单位显示文件大小

使用ls命令

【实例 2-6】以普通格式显示当前目录下的所有文件；显示根目录下文件的详细属性信息。

```
[root@localhost src]# cd /              // 切换到根目录
[root@localhost /]# ls                  // 显示当前目录下的所有内容
bin   dev   home   lib64   mnt   proc   run   srv   tmp   var
boot  etc   lib    media   opt   root   sbin  sys   usr
[root@localhost /]# ls -l /             // "l"是字母 L 的小写，注意不要看成数字"1"
总用量 28
lrwxrwxrwx.   1 root root      7  9月  22 15:23 bin -> usr/bin
dr-xr-xr-x.   5 root root   4096  9月  22 15:37 boot
drwxr-xr-x.  19 root root   3320  9月  22 15:37 dev
drwxr-xr-x. 139 root root   8192  9月  25 05:52 etc
drwxr-xr-x.   3 root root     19  9月  22 15:37 home
......// 省略部分行
```

显示详细信息的结果中第 1 列表示不同类型的文件及权限（具体含义后面项目四的学习将会详细介绍），第 2 列表示目录 / 链接个数，第 3 列和第 4 列分别表示所属主组，第 5 列每个文件的大小，默认单位为字节，第 6 列表示文件最后的修改时间，第 7 列表示文件（或目录）名。

【实例 2-7】显示目录本身 /usr/local/ 的详细属性信息；显示目录 /root 下的全部文件，包含隐藏文件。

```
[root@localhost /]# ls -ld /usr/local/
drwxr-xr-x. 12 root root 131 9月  22 15:23 /usr/local/
[root@localhost /]# ls -a /root              // "."开头的是隐藏文件
.  .cache  .viminfo  .config  .local  .bash_logout  .bash_history
```

```
..   initial-setup-ks.cfg    naconda-ks.cfg    .bash_profile   .dbus
......// 省略部分行
```

【实例 2-8】 以 "ls -l" 命令别名 "ll" 显示目录 /boot 中文件详细信息；按文件最后修改的时间顺序显示目录 /root 中的文件详细信息。

```
[root@localhost /]# ll /boot              //"ll" 显示目录 /boot 中文件详细信息
总用量 123688
-rw-r--r--. 1 root root    153591  10月 20 2020 config-3.10.0-1160.el7.x86_64
drwx------. 3 root root       17   7月 29 2020 efi
drwxr-xr-x. 2 root root       27   4月 26 2023 grub
......// 省略部分行
[root@localhost /]# ll -t /boot           //按修改时间顺序列出目录中的文件详细信息
总用量 1236
drwxr-xr-x. 2 root root       27   4月 26 2023 grub
-rw-r--r--. 1 root root    320648 10月 20 2020 symvers-3.10.0-1160.el7.x86_64.gz
-rwxr-xr-x. 1 root root   6769256 10月 20 2020 vmlinuz-3.10.0-1160.el7.x86_64
drwx------. 3 root root       17   7月 29 2020 efi
......// 省略部分行
```

【实例 2-9】 以 KB、MB、GB 为文件大小单位显示目录 /root 中的文件详细信息；按文件大小降序排序显示目录 /root 中的文件详细信息。

```
[root@localhost /]# ll  -h /root       //使用 KB、MB、GB 为单位显示目录中文件大小
总用量 121 M
-rw-r--r--. 1 root root  150K 10月 20 2020 config-3.10.0-1160.el7.x86_64
-rw-------. 1 root root   76M  4月 26 2023 initramfs-0-rescue-9801e40f295......
-rw-------. 1 root root   28M  4月 26 2023 initramfs-3.10.0-1160.el7.x86_64.img
......// 省略部分行
[root@localhost /]# ll -Sh /root         //目录中文件大小按降序排序显示
总用量 121M
-rw-------. 1 root root   76M  4月 26 2023 initramfs-0-rescue-9801e40f295......
-rw-------. 1 root root   28M  4月 26 2023 initramfs-3.10.0-1160.el7.x86_64.img
-rwxr-xr-x. 1 root root  6.5M  4月 26 2023 vmlinuz-0-rescue-9801e40f2950......
-rw-------. 1 root root  3.5M 10月 20 2020 System.map-3.10.0-1160.el7.x86_64
-rw-r--r--. 1 root root  314K 10月 20 2020 symvers-3.10.0-1160.el7.x86_64.gz
......// 省略部分行
```

4. mkdir 命令（make directory 命令的缩写）

功能：创建目录。格式：

```
mkdir【选项】 目录名称
```

mkdir 命令的选项有 -m 和 -p 两个，常用的是 -p，作用是若所要建立目录的上层目录目前尚未建立，则上层目录会一并建立。

【实例 2-10】 在当前根目录下创建 dir1 目录。

```
[root@localhost /]# mkdir  dir1
[root@localhost /]# ls
bin   dev   etc   lib   media   opt    root   sbin   sys   usr
boot  dir1  home  lib64 mnt     proc   run    srv    tmp   var
```

【实例 2-11】 在 /tmp 目录下创建 dir1、dir2、dir3 目录。

项目二 管理文件和目录

```
[root@localhost /]# mkdir /tmp/dir1 /tmp/dir2 /tmp/dir3    //可以同时建多个目录
[root@localhost /]# ls /tmp/
dir1
dir2
dir3
......// 省略部分行
```

【实例2-12】在根目录下创建 /data/share 目录。由于在根目录下没有 data 目录，直接运行命令 mkdir /data/share 会出错，因此需要加上选项 -p。

```
[root@localhost /]# mkdir /data/share              // 创建多级目录
mkdir: 无法创建目录 "/data/share"：没有那个文件或目录
[root@localhost /]# mkdir -p /data/share
[root@localhost /]# ls /data/
share
```

5. touch 命令

功能：创建新文件或修改存在文件 / 目录的时间戳。格式如下：

touch【选项】 文件名称

【实例2-13】在 /data/share/ 目录下创建一个空白文件 main.c。

```
[root@localhost /]# cd /data/share/
[root@localhost share]# touch main.c
[root@localhost share]# ll                         //ls -l 的别名
总用量 0
-rw-r--r--. 1 root root 0 9月  25 06:07 main.c
```

6. rm 命令（remove 命令的缩写）

功能：删除目录或者文件，rm 命令的常用选项及作用见表2-4。格式：

rm【选项】文件或目录名称

表2-4 rm 命令的常用选项及作用

选项	作用
-r 或 -R	递归处理，将指定目录下的所有文件及子目录一并处理
-f 或 --force	强制删除文件或目录
-i	删除现有的文件或目录之前询问用户

rm 命令默认情况下为 rm -i，而且只能删除文件，不能删除目录。如果想删除目录，则需要加选项 -r。

【实例2-14】在 /data/share 目录下新建 file1 文件，然后删除 file1 文件，默认情况下会询问是否真的删除，输入"y"，表示确认删除。

```
[root@localhost share]# touch file1
[root@localhost share]# ls
etc  file1  main.c  profile  profile.bak
[root@localhost share]# rm file1
rm：是否删除普通空文件 "file1"？ y
[root@localhost share]# ls
etc  main.c  profile  profile.bak                  //file1 文件成功删除
```

【实例 2-15】在 /data/share 目录下新建目录 dir，然后在 /data/share/dir 目录下面新建文件 f1、f2、f3，最后删除 dir 目录（dir 目录内有很多文件）时如果只加选项 -r，则会一个一个询问是否确认删除该文件。

```
[root@localhost share]# mkdir dir            //新建 dir 目录
[root@localhost share]# cd dir               //切换到 dir 目录
[root@localhost dir]# touch f1 f2 f3         //新建 3 个文件
[root@localhost dir]# ls                     //查看 dir 目录下文件
f1  f2  f3
[root@localhost dir]# cd ..                  //切换到上一级目录
[root@localhost share]# rm -r dir/           //删除 dir 目录
rm：是否进入目录 "dir/"？ y
rm：是否删除普通空文件 "dir/f1"？ y
rm：是否删除普通空文件 "dir/f2"？ y
rm：是否删除普通空文件 "dir/f3"？ y
rm：是否删除目录 "dir/"？ y
[root@localhost share]# ls
etc  file1  main.c  profile  profile.bak     //dir 目录已成功删除
```

【实例 2-16】为了避免逐个询问是否删除，可以将选项 -r 和 -f 一起使用。格式如下：

```
[root@localhost share]# mkdir dir            //新建 dir 目录
[root@localhost share]# touch dir/f1 dir/f2 dir/f3   //新建 3 个文件
[root@localhost share]# ls dir               //查看 dir 目录下文件
f1  f2  f3
[root@localhost share]# rm -rf dir/          //-f 选项设置删除没有提示和交互询问
[root@localhost share]# ls
etc  file1  main.c  profile  profile.bak     //dir 目录已成功删除
```

7. cp 命令（copy 命令的缩写）

功能：复制文件或目录，cp 命令常用选项及作用见表 2-5。格式如下：

```
cp [选项]  源文件或目录名  目标路径
```

表 2-5 cp 命令常用选项及作用

选项	作用
-p	保留源文件或目录的属性
-v	显示指令执行过程
-R 或 -r	递归处理，将指定目录下的文件与子目录一并处理
-d	当复制符号连接时，保留该"链接文件"属性
-a	此选项的效果和同时指定 -dpR 选项相同

【实例 2-17】复制 /etc/profile 文件到目录 /var/tmp/ 下；复制 /etc/profile 文件到当前目录，当前目录可以用 "." 来表示。

```
[root@localhost share]# cd /data/share/      //若没有可新建目录 /data/share/
[root@localhost share]# cp /etc/profile /var/tmp/    //复制文件
[root@localhost share]# ls /var/tmp/profile          //查看文件是否复制成功
/var/tmp/profile
[root@localhost share]# cp /etc/profile .    //复制 /etc/profile 文件到当前目录
 [root@localhost share]# ls                  //查看文件是否复制成功
main.c  profile
```

【实例 2-18】将 /etc/profile 复制到当前目录，并重命名为 profile.bak。

```
[root@localhost share]# cp /etc/profile ./profile.bak
[root@localhost share]# ls
main.c  profile  profile.bak
```

【实例 2-19】将 /etc 目录复制到当前目录下，-a 和 -v 选项功能见表 2-5。

```
[root@localhost share]# cp -av /etc/  .
"/etc/" -> "./etc"
"/etc/fstab" -> "./etc/fstab"
......// 省略部分行
[root@localhost share]# ls
etc  main.c  profile  profile.bak
```

8. mv 命令（move 命令的缩写）

功能：移动或更名现有的文件或目录。格式如下：

mv [选项]　源文件或目录名　目标路径

【实例 2-20】将当前目录下的 profile 文件移动到 /tmp 目录下。

```
[root@localhost share]# mv profile /tmp/
[root@localhost share]# ls;ls /tmp/      // 分别查看当前目录和移动后的目录
etc  file1  main.c  profile.bak
profile
......// 省略部分行
```

mv 命令的移动功能相当于 Windows 系统中的剪切和粘贴功能（注意复制和移动的区别，复制操作原文件依旧保存在原本位置一份，移动操作之后原文件原位置内容移动到新位置）。

【实例 2-21】把当前目录下的 profile.bak 文件重命名为 profile 文件。

```
[root@localhost share]# mv profile.bak profile    // 当前位置移动等价于重命名
[root@localhost share]# ls
etc  file1  main.c  profile
```

9. ln 命令

功能：用于为源文件建立链接文件，包括硬链接和软连接（符号链接）。格式如下：

ln [选项]　源文件或目录　链接文件或目录

（1）硬链接：为源文件建立硬链接后，源文件和硬链接文件都指向存储空间中一块相同的数据，文件属性中的链接数增加 1，但两个文件的索引号不变，即多个文件名指向同一个索引号。对重要的文件可建立不同路径下硬链接文件，防止用户误删重要数据。

视 频

使用ln命令

（2）软链接：为源文件建立软链接后，软链接文件指向源文件，相当于建立源文件的快捷方式，同 Windows 系统的文件快捷方式相同。软链接文件实际上是一个文本文件，它包含了源文件的位置信息，依赖源文件。

【实例 2-22】在当前目录下新建文件 readme，查看文件默认链接数；为此文件建立一个硬链接，文件名为 readme.h，查看文件硬链接数；删除源文件 readme，查看硬链接文件的内容和链接数变化。

```
[root@localhost ~]# echo "welcome you" > readme
[root@localhost ~]# ls -l readme
```

```
-rw-r--r--. 1 root root 12 3月  12 23:16 readme        //硬链接数为1
[root@localhost ~]# ln readme  readme.h              //建立源文件的硬链接文件
[root@localhost ~]# ls -l readme
-rw-r--r--. 2 root root 12 3月  12 23:16 readme        //硬链接数增加1
[root@localhost ~]# ls -i readme readme.h    //查看文件索引号
2917013 readme   2917013 readme.h            //源文件和硬链接文件索引号相同
[root@localhost ~]# rm -f readme
[root@localhost ~]# cat readme.h             //删除源文件不影响硬链接文件中数据
welcome you
[root@localhost ~]# ls -l readme.h
-rw-r--r--. 1 root root 12 3月  12 23:16 readme.h //硬链接数减少1
```

【实例 2-23】 在当前目录下建立文件 readme，为此文件建立软链接（符号链接），软链接文件名为 readme.s，查看软链接文件的详细属性；删除源文件 readme 后，再查看软链接文件内容。

```
[root@localhost ~]# echo "welcome you" > readme
[root@localhost ~]# ln -s readme readme.s    //-s 选项建立源文件的软链接文件
[root@localhost ~]# cat readme.s
welcome you
[root@localhost ~]# ls -l readme.s                   // 软链接文件指向源文件
lrwxrwxrwx. 1 root root 6 3月  12 23:21 readme.s -> readme
[root@localhost ~]# ls -i readme  readme.s   //软链接文件和源文件索引号不同
12264431 readme   12264432 readme.s
[root@localhost ~]# rm -f readme
[root@localhost ~]# cat readme.s
cat: readme.s: 没有那个文件或目录              // 软链接指向的源文件已被删除
```

> **提示**：硬链接和软链接（符号链接）区别：
> （1）链接对象不同。硬链接只能链接文件，而符号链接可以链接文件和目录。
> （2）文件系统限制不同。硬链接只能在同一文件系统中创建，不能跨越不同的文件系统，而符号链接可以跨越不同的文件系统。
> （3）文件名和索引号（inode）的关系不同。源文件和硬链接文件共享同一个 inode，指向的数据内容相同；而源文件和软链接文件有不同的 inode，软链接文件保存源文件的位置信息等。
> （4）源文件删除后的情况不同。硬链接中，如果源文件被删除，所有硬链接文件仍然存在有效，可正常读取数据，直到所有硬链接文件都被删除。而符号链接在源文件被删除后，所有指向它的软链接文件将失效，无法读取数据。

任务三 使用显示文件内容类命令

1. head 命令

功能：查看文件的开头部分。格式如下：

```
head [选项]  文件名称
```

默认情况下，head 命令默认用于查看文件的前 10 行。如果只想查看文件的前 3 行，则可以使用选项 -3。

【实例 2-24】 查看当前目录下 anaconda-ks.cfg 文件的前 10 行。

```
[root@localhost share]# cd
[root@localhost ~ ]# head anaconda-ks.cfg
#version=DEVEL
# System authorization information
auth --enableshadow --passalgo=sha512
# Use CDROM installation media
cdrom                                                           //第 5 行
......//省略后面 5 行
```

【实例 2-25】查看当前目录下 anaconda-ks.cfg 文件的前 3 行。

```
[root@localhost ~ ]# head -3 anaconda-ks.cfg
#version=DEVEL
# System authorization information
auth --enableshadow --passalgo=sha512                           //第 3 行
```

2. tail 命令

功能：查看文件的结尾部分。格式如下：

```
tail [选项]   文件名称
```

默认情况下，tail 命令用于查看文件结尾的 10 行，其作用与 head 命令恰恰相反。使用该命令可以通过查看日志文件的最后 10 行来阅读重要的系统信息，还可以观察日志文件被更新的过程。tail 命令常用的选项是 -f，用于监视文件变化。如果只想查看文件的最后 3 行，则可以使用选项 -3。

【实例 2-26】查看 /var/log/messages 文件的最后 3 行。

```
[root@localhost ~]# tail -3 /var/log/messages
Sep 25 06:17:58 localhost kernel: hrtimer: interrupt took 1809707 ns
Sep 25 06:20:01 localhost systemd: Started Session 41 of user root.
Sep 25 06:20:01 localhost systemd: Starting Session 41 of user root.
```

【实例 2-27】即时动态观察 /var/log/messages 文件的变化，可以随时按【Ctrl+C】组合键退出观察。

```
[root@localhost ~]# tail -f /var/log/messages
Sep 25 06:04:31 localhost journal: No devices in use, exit
Sep 25 06:09:56 localhost journal: JS WARNING: [resource:///org/gnome/
shell/ui/workspaceThumbnail.js 892]: reference to undefined property
"_switchWorkspaceNotifyId"
......//省略部分行
```

3. cat 命令

功能：一般用来查看小文件（一屏幕内）的内容。格式如下：

```
cat   文件名称
```

【实例 2-28】查看 /etc/sysconfig/network-scripts/ifcfg-ens33 文件的内容，不同环境网卡名不一定是 ens33，以实际为准。

```
[root@localhost ~]# cat /etc/sysconfig/network-scripts/ifcfg-ens33
TYPE=Ethernet
PROXY_METHOD=none
```

```
BROWSER_ONLY=no
BOOTPROTO=dhcp
......// 省略部分行
DEVICE=ens33
ONBOOT=no
```

4. more 命令

功能：查看大文件的内容。格式如下：

```
more  文件名称
```

用 more 命令查看大文件内容时，会以逐页的方式显示。按空格键会翻到下一页，并且下方会有一个百分比，用于提示阅读了多少内容。按【Q】键可以退出查看。

【实例 2-29】查看 /etc/profile 文件的内容。

```
[root@localhost ~]# more  /etc/profile
# /etc/profile
# System wide environment and startup programs, for login setup
# Functions and aliases go in /etc/bashrc
......// 省略部分行
--More--(33%)
```

5. less 命令

功能：查看大文件的内容。格式如下：

```
less 文件名称
```

less 命令的用法比 more 命令更加灵活。使用 more 命令时，没有办法向前面翻，只能往后面翻；但若使用 less 命令，就可以使用【PageUp】、【PageDown】等按键往前或往后翻页，更容易查看一个文件的内容。除此之外，less 命令还拥有更多的搜索功能，不仅可以向下搜，还可以向上搜。按【Q】键可以退出查看。快捷键功能总结见表 2-6。

视 频

使用less命令

表 2-6　less 命令使用的快捷键及功能

快捷键	功能	快捷键	功能
按【Enter】键	向下移动一行内容	按【Q】键	退出 less 程序
按空格键	向下翻阅一屏内容	按上下箭头	向上或向下移动一行
按【B】键	向上翻阅一屏内容	/关键字	输入"/"表示向下查找
按【N】键	表示继续查找	?关键字	输入"?"表示向上查找

【实例 2-30】查看 /etc/profile 文件的内容，尝试使用 less 命令带的快捷键和子命令查看文件内容。

```
[root@localhost ~]# less  /etc/profile
```

视 频

使用find命令

任务四　使用查找与搜索类命令

1. find 命令

功能：在指定目录下查找满足条件的文件。格式如下：

```
find   [查找路径]   查找条件
```

find 命令使用时若省略查找路径默认在当前目录下查找。查找条件可基于文件不同的属性进行设置，可以根据文件的名称、类型、所有者、大小等不同属性进行查找。可使用不同的选项指定文件不同的属性，实现查找不同特征的文件，见表 2-7。

表 2-7　find 命令的选项及作用

参　数	作　　用
-name	设置文件名作为查找条件
-user	设置文件拥有者作为查找条件
-type	设置文件类型作为查找条件
-group	设置文件所属组作为查找条件
-size	设置文件大小作为查找条件
-atime	设置访问时间查找文件，以天为单位，-n 指 n 天内，+n 指 n 天前
-ctime	设置创建时间查找文件
-mtime	设置修改时间查找文件
-amin	设置访问时间查找文件，以分钟为单位，-n 指 n 分钟内，+n 指 n 分钟前
-cmin	设置创建时间查找文件
-mmin	设置修改时间查找文件
-exec command{} \;	对查找到的结果文件执行 command 操作，{} 表示前面查找到的内容，注意 {} 和 \; 之间有空格
-ok command{} \;	与 -exec 相同，只不过在操作前要先询问用户
-perm	设置文件权限作为查找条件

【实例 2-31】基于文件名特征设置查找条件。在系统中查找文件名为 passwd 的文件；查找当前目录下文件名以字符 i 开头的文件；查找 /etc/ 目录下文件名以字符 res 开头、conf 结尾的文件。

```
[root@localhost ~]# find /  -name  passwd
……// 省略部分行
/etc/passwd
/usr/bin/passwd
[root@localhost ~]# find -name "i*"   // 查找当前工作目录下文件名以 i 开头的文件
……// 省略部分行
/root/initial-setup-ks.cfg
[root@localhost ~]# find /etc -name "res*.conf"  // 查找 /etc 目录下文件名以
                                                 //res 开头、"conf" 结尾的文件
/etc/resolv.conf
```

【实例 2-32】基于文件类型设置查找条件。在 /boot 目录下查找子目录，并显示找到子目录的详细属性；在 /boot 目录下查找一般文件，并把找到的文件复制到 /tmp 目录下。文件类型及含义见表 2-8。

表 2-8　文件类型及含义

类型符号	表示文件类型	类型符号	表示文件类型
f	一般文件：包括文本、配置、压缩、图片、声音文件	d	目录
b	块设备文件	c	字符设备文件
l	软链接文件（符号链接）	p	管道文件

```
[root@localhost ~]# find /boot -type d -exec ls -ld {} \;     //-exec 表示对
```

```
                                         // 查找结果执行一条 Linux 命令，{} 代表找到的结果
……// 省略部分行
drwxr-xr-x. 2 root root 27 4月  26 2023 /boot/grub
[root@localhost ~]# find /boot -type f -exec cp {} /tmp \;
```

【实例 2-33】 基于文件所属用户设置查找条件。在 /home 目录下查找属于用户 zhang 的一般文件（如果没有 zhang 用户则新建），并把找到的文件复制到 /var/zhang 目录下。

```
[root@localhost ~]# useradd zhang      // 新建用户 zhang，自动新建家目录 /home/
[root@localhost ~]# mkdir /var/zhang   // zhang，且此文件属于 zhang 用户
[root@localhost ~]# find /home -user zhang -type f -exec cp {} /var/zhang \;
// 查找的文件满足属于用户 zhang，且文件类型为一般文件并复制到 /var/zhang 目录下
[root@localhost ~]# ls -a /var/zhang
/var/zhang
```

【实例 2-34】 基于文件大小作为查找条件。/etc 目录下查找小于 10 KB 的一般文件；/etc 目录下查找大于 5 MB 的一般文件。

```
// 查找指定目录下小于 10 KB 的一般文件
[root@localhost ~]# find /etc -type f -size -10k      // 此处 k 为小写
……// 省略部分行
/etc/subuid-
// 查找指定目录下大于 5 MB 的一般文件
[root@localhost ~]# find /etc -type f -size +5M
/etc/udev/hwdb.bin
```

【实例 2-35】 基于访问时间查找文件。查找目录 /etc 中 10 天之前访问过的文件；在 /tmp 目录下新建文件 newfile，查找刚刚新建的文件，并删除此文件，但在执行删除之前先询问用户是否删除。

```
[root@localhost ~]# find /etc -atime +10              // 查找 10 天前访问过的文件
……// 省略部分行
/etc/subuid-
[root@localhost ~]# echo "welcome you" > /tmp/newfile // 新建文件 newfile
[root@localhost ~]# find /tmp -cmin -2 -ok rm {} \;   // 查找 2 分钟内新建的文件并
                                                      // 删除找到的文件
< rm ... /tmp > ? n                                   // 默认系统目录 tmp 无法删除
< rm ... /tmp/newfile > ? y                           // 询问是否删除，"y" 表示删除
```

2. which 命令

功能：查询可执行文件所在的路径。格式如下：

```
which 可执行文件名称
```

which 命令的作用是在 PATH 变量指定的路径范围中查找某个命令的存放位置并且返回一个搜索结果。也就是说，使用 which 命令就可以看到某个命令是否存在以及命令的存放路径。如果想知道命令放在哪里，可以用 which 去查找。需要注意的是，which 只在 PATH 变量指定的路径中去查找，普通用户和超级用户的 PATH 是不一样的（在没做修改的情况下）。

【实例 2-36】 查看系统变量 PATH 的值，并用 which 命令查找 ls、useradd、fstab 文件存放路径。

```
[root@localhost ~]# echo $PATH                        // 查找 PATH 变量的路径值
```

```
/usr/local/sbin:/usr/local/bin:/sbin:/bin:/usr/sbin:/usr/bin:/root/bin
[root@localhost ~]# which ls
alias ls='ls --color=auto'                          //ls 的别名定义
    /bin/ls
[root@localhost ~]# which useradd
/sbin/useradd
//fstab 属于文本配置文件，不在 PATH 变量包含的路径范围内，所以找不到
[root@localhost ~]# which fstab
/usr/bin/which: no fstab in (/usr/local/sbin:/usr/local/bin:/sbin:/bin:/usr/sbin:/usr/bin:/root/bin)
```

3. locate 命令

功能：在记录文件属性的数据库中查找匹配关键字特征的文件，并显示找到文件的存放路径，并不是在实际存储设备中查找文件，查找速度快，查找前要先更新数据库。格式如下：

```
locate    关键字符串
```

【**实例 2-37**】查找文件名含有 yum.conf 字符串的文件路径；新建文件名为 ssss 的文件，用 locate 命令查找并显示此文件路径。

```
[root@localhost ~]# locate yum.conf  // 查找文件名含有 yum.conf 字符串的文件和目录
/etc/yum.conf
/usr/share/man/man5/yum.conf.5
[root@localhost ~]# touch ssss        // 新建一个文件
[root@localhost ~]# locate ssss       // 不更新数据库找不到此文件
[root@localhost ~]# updatedb          // 更新数据库
[root@localhost ~]# locate ssss       // 查找到此文件
/root/ssss
```

4. grep 命令

功能：在文件内容中查找满足条件的行并打印出查找结果。格式如下：

```
grep    [选项]    查找条件    文件名
```

grep 命令的查找功能非常强大，常用的选项及作用见表 2-9。其中在查找条件描述中用到正则表达式定义的一些元字符，实现复杂的匹配特征描述，常用的元字符归纳总结见表 2-10。

视 频

使用grep命令

表 2-9   grep 命令常用选项及作用

选 项	作 用	选 项	作 用
-n	显示行号	-w	查找匹配的单词
-i	忽略大小写查找	-c	统计关键字被匹配的次数
-v	反向查找、列出没有关键词的行	-x	查找完全匹配的行

表 2-10   正则表达式常用的元字符及功能

元 字 符	功 能
^	匹配一行的开始，如 ^abc 匹配以 abc 开头的行
$	匹配一行的结尾，如 conf$ 匹配以 conf 结尾的行
*	匹配 * 前面一个字符或组单元任意次，即 n>=0。例如，does* 能匹配 doe，也能匹配 does 以及 doesss。例如，do(es)* 既能匹配 s 的 n 次，也能匹配 es 的 n 次，如 do(es)* 匹配 doeses

续表

元 字 符	功 能
.	匹配任何单个字符 1 次，n=1
+	匹配前面字符至少 1 次，n>=1 次。例如，zo+ 能匹配 zo 以及 zoo，但不能匹配 z
?	匹配前面字符 0 或 1 次，n=0 或 1。例如，does? 匹配 doe 或 does
[0-9]	匹配 0 ~ 9 数字字符中的一个
[A-Z]	匹配大写字母中的一个
[a-z]	匹配小写字母中的一个
[a-zA-Z]	匹配字符集为小写字母或者大写字母中的一个
[a-zA-Z0-9]	匹配普通字符中的一个，包括大小写字母和数字
[^a-z]	匹配不在 a ~ z 范围内的任意字符。此处 ^ 表示"非，不在"
^[a-z]	匹配以小写字母开头的行

【实例 2-38】搜索 /etc/profile 文件中包含字符串 then 的行并显示对应的行号。

```
[root@localhost ~]# grep  -n  "then"  /etc/profile
16:            if [ "$2" = "after" ] ; then
25:if [ -x /usr/bin/id ]; then
26:     if [ -z "$EUID" ]; then
......// 省略部分行
```

【实例 2-39】查找 /etc/passwd 文件中以字符 a 开头的行；查找 /etc/passwd 文件中以 sh 结尾的行；查找 /etc/passwd 文件中以 a 开头且以 sh 结尾的行。

```
[root@localhost ~]# grep ^a /etc/passwd        // 查找以字符 a 开头的行
adm:x:3:4:adm:/var/adm:/sbin/nologin
aftvc:x:1000:1000:aftvc:/home/aftvc:/bin/bash
......// 省略部分行
[root@localhost ~]# grep sh$ /etc/passwd       // 查找以字符串 sh 结尾的行
root:x:0:0:root:/root:/bin/bash
aftvc:x:1000:1000:aftvc:/home/aftvc:/bin/bash
......// 省略部分行
// 查找以字符 "a" 开头且以 "sh" 结尾的行
[root@localhost ~]# grep ^a /etc/passwd | grep sh$
aftvc:x:1000:1000:aftvc:/home/aftvc:/bin/bash
```

【实例 2-40】按以下内容在当前目录下新建测试文件 test。查找匹配单词 you 的行；查找含有 you 字符串的行；统计含有字符串 you 的行数；统计含有单词 you 的行数。

```
[root@localhost ~]# cat > test << EOF  // 新建测试文件 test，输入内容直到 EOF 结束
> your device is good
> you need study hard
> the yang man said ok
> you knew the way
> EOF
[root@localhost ~]# grep -w you test       // 查找含有单词 you 的行
you need study hard
you knew the way
[root@localhost ~]# grep you test          // 查找含有字符串 you 的行
your advice is good
you need study hard
```

```
the young man said ok
you knew the way
[root@localhost ~]# grep -c you test        //统计含有字符串you的行数
3
[root@localhost ~]# grep -c -w  you test    //统计含有单词you的行数
2
```

【实例2-41】按以下内容新建一个测试文件test。在文件内容中以行为单位查找含有z在前f在后、中间任意两个字符的子串；以行为单位查找含有do在前、后跟n（n≥0）个e的子串；以行为单位查找含有z在前f在后，中间一个小写字母的子串；以行为单位查找含有zmf、zvf的子串。

```
[root@localhost ~]# cat > test << EOF   //新建测试文件test
>zof   doe   zooof
>zoof   doee
>12345   zf   do
>zu8f   doeee zvf
>EOF
[root@localhost ~]# grep z..f test       //匹配以字符z开头f结尾、中间任意
                                         //两个字符的子串
zoof   doee
zu8f   doeee zvf
[root@localhost ~]# grep doe* test       //doe* 匹配do、doe、doee、doeee...子串，
                                         //即"*"匹配前面一个字符n(n>=0)次
zof   doe   zooof
zoof   doee
12345   zf   do
zu8f   doeee zvf
[root@localhost ~]# grep "z[a-z]f" test  //匹配以z开头f结尾，中间任意一个
                                         //小写字母的子串
zof   doe   zooof
zu8f   doeee zvf
[root@localhost ~]# grep  z[mv]f  test   //匹配zmf、zvf的子串
zu8f   doeee zvf
```

任务五　使用压缩与解压缩类命令

tar命令

功能：对文件进行打包、压缩或解压缩。格式如下：

tar ［选项］ 归档文件名 文件或目录

要理解tar命令，首先要弄清两个概念：打包和压缩。打包是指将一大堆文件或目录变成一个总的文件，压缩则是将一个大的文件通过压缩算法变成一个较小的文件，从而节约存储空间和方便网络传输。打包使用tar命令先把一大堆文件和目录全部整合成一个独立文件，再使用gzip和bzip2命令对打包后的文件进行压缩，gzip和bzip2实质是表示两个不同的压缩程序，使用了不同的压缩算法完成对文件的处理，但gzip和bzip2命令不能对目录和多个文件直接压缩，所以要先使用tar命令打包再使用gzip和bzip2命令压缩。tar命令的常用选项及作用见表2-11。

表 2-11　tar 命令的常用选项及作用

选项	作用	选项	作用
-c（小写）	建立新的归档打包文件	-v	显示指令执行过程
-z	通过 gzip 格式压缩或解压缩	-f	指定目标文件名
-j	通过 bzip2 格式压缩或解压缩	-C（大写）	解压缩到指定目录
-x	从打包归档文件中还原文件		

【实例 2-42】使用 tar 命令对 /etc 目录进行打包，再使用 gzip 命令对打包后的文件进行压缩。

```
[root@localhost share]# cd /data/share/        // 若没有可新建目录 /data/share/
[root@localhost share]# tar -cvf etc.tar /etc
tar: 从成员名中删除开头的 "/"
/etc/
/etc/fstab
......// 省略部分行
[root@localhost share]# ls
etc.tar
[root@localhost share]# gzip etc.tar
[root@localhost share]# ls
etc.tar.gz
```

在上述命令中，".tar"扩展名不是必需的，但是一般都会加上，以告诉用户这个文件是一个打包归档文件。gzip 命令压缩后默认产生以扩展名".gz"结尾的压缩包文件。

【实例 2-43】使用 tar 命令一次性将 /etc 目录以 gzip 格式进行打包压缩。

```
[root@localhost share]# tar -czvf etc1.tar.gz /etc
tar: 从成员名中删除开头的 "/"
......// 省略部分
[root@localhost share]# ls
etc1.tar.gz    etc.tar.gz
```

【实例 2-44】使用 tar 命令一次性将 /etc 目录以 bzip2 格式进行打包压缩。

```
[root@localhost share]# tar -cjvf etc1.tar.bz2 /etc
tar: 从成员名中删除开头的 "/"
......// 省略部分行
[root@localhost share]# ls
 etc.tar.bz2    etc1.tar.gz    etc.tar.gz
```

【实例 2-45】将 etc.tar.gz 文件解压缩，解压缩后目录保存在 /tmp 目录下。

```
  // "-C" 指定解压后文件保存目录，默认保存在当前目录下
[root@localhost share]# tar -zxvf etc.tar.gz -C /tmp
......// 省略部分行
etc/subuid-
[root@localhost share]# ls /tmp/
etc
......// 省略部分行
// 默认保存在当前工作目录下，省略"-v"不显示解压缩过程
[root@slave share]# tar -xjf etc1.tar.bz2
[root@slave share]# ls
etc  etc1.tar.bz2    etc1.tar.gz    etc.tar.gz
```

项目二 管理文件和目录 41

任务六 输出重定向符和管道符

1. 输出重定向符">"与">>"

功能：内容重定向输出到文件，如果文件不存在，就创建文件，">"重定向会覆盖文件中已有内容，使用">>"命令会把内容追加到文件，如果文件中有内容会把新内容追加到文件末尾，该文件中的原有内容不受影响。该命令一般会结合其他命令一起使用，如 echo、cat 等命令。

【实例 2-46】使用 echo 命令和输出重定向建立文件 file1，验证">"的写入和">>"追加功能的区别。

```
[root@localhost ~]# echo "aaaaa" > file1          //建立文件并写入一行内容
[root@localhost ~]# cat file1
aaaaa
[root@localhost ~]# echo "bbbbb" > file1          //再次写入
[root@localhost ~]# cat file1                     //覆盖已有内容
bbbbb
[root@localhost ~]# echo "ccccc" >> file1         //追加一行内容
[root@localhost ~]# cat file1                     //追加成功
bbbbb
ccccc
```

【实例 2-47】使用 cat 命令和输出重定向建立文件 file1，验证">"的写入和">>"追加功能的区别。

```
//建立文件并把输入内容重定向输出到文件中保存，EOF 设置输入结束标志
[root@localhost ~]# cat > file1 << EOF
> 11111
> 11111
> EOF
[root@localhost ~]# cat file1                     //查看写入的内容
11111
11111
[root@localhost ~]# cat > file1 << EOF            //再次写入一行内容
> 22222
> EOF
[root@localhost ~]# cat file1                     //覆盖已有内容
22222
[root@localhost ~]# cat >> file1 << EOF           //追加一行内容
> 33333
> EOF
[root@localhost ~]# cat file1                     //追加成功
22222
33333
```

2. 管道符"|"

功能：将前一条命令的输出信息作为后一条命令的标准输入。格式如下：

命令 1 | 命令 2 | 命令 3

【实例 2-48】逐页逐行查看 /etc 目录的内容信息。

```
[root@localhost ~]# ls -al /etc | less    //将命令结果作为less命令查看内容
总用量 1436
drwxr-xr-x. 139 root root      8192    9月   25 05:52 .
dr-xr-xr-x.  19 root root       248    9月   25 06:05 ..
......//省略部分行
drwxr-xr-x.   2 root root         6    8月    4 2017 chkconfig.d
-rw-r--r--.   1 root root      1108    4月   13 2018 chrony.conf
:5                                      //冒号后输入5则继续向下查看5行,输入"q"退出
```

【实例 2-49】查看 /etc 目录中文件名含有 ssh 的文件信息。

```
[root@localhost ~]# ls -al /etc | grep ssh
drwxr-xr-x.   2 root root       225    9月   22 15:37 ssh
```

使用"|"时有以下几个需要注意的事项:
(1)"|"只处理前一条命令的正确输出,不处理错误输出。
(2)"|"的右边命令必须能够接收标准输入流命令。
(3)常用来接收数据管道的命令有 head、tail、more、less、grep 等。

任务七 使用系统常用管理命令

1. alias 和 unalias 命令

查看系统已定义的命令别名或定义新的命令别名,unalias 取消命令别名定义。格式如下:

```
alias [定义参数] | unalias [命令别名]
```

【实例 2-50】查看系统默认定义的命令别名,并定义命令别名 mkr="mkdir -p"创建目录;取消命令别名 mkr 定义,验证 mkr 命令是否失效。

```
[root@localhost ~]# alias                //查看已经定义的别名
alias cp='cp -i'
......//省略部分行
alias ll='ls -l --color=auto'
alias ls='ls --color=auto'
alias mv='mv -i'
alias rm='rm -i'
[root@localhost ~]# alias mkr="mkdir -p"  //定义一个命令别名 mkr
[root@localhost ~]# mkr /c/c1             //创建上下级目录
[root@localhost ~]# unalias mkr           //取消命令别名定义
[root@localhost ~]# mkr /d/d1             //mkr 失效,无法再创建目录
bash: mkr: 未找到命令...
```

2. shutdown 命令

功能:用来执行重启或者关机操作。格式如下:

```
shutdown [选项] time
```

shutdown 命令的常用选项及作用见表 2-12。

表 2-12 shutdown 命令的常用选项及作用

选项	作用	选项	作用
-h	关闭电源	-r	关闭系统然后重新启动

【实例 2-51】 立即关机。

```
[root@localhost ~]# shutdown -h now
```

【实例 2-52】 关闭系统后重启系统。

```
[root@localhost ~]# shutdown -r now
```

【实例 2-53】 让系统 15:30 重启。

```
[root@localhost ~]# shutdown -r 15:30
```

3. reboot 命令

功能：重启系统，与命令 shutdown –r 的作用类似。格式如下：

reboot（使用该命令时不需要选项和操作对象）

【实例 2-54】 重启系统。

```
[root@localhost ~]# reboot
```

4. echo 命令

功能：用于在终端输出字符串或变量的值，"$"表示引用变量的值。格式如下：

echo 字符串 | $变量

【实例 2-55】 将指定字符串 welcome to Linux world 输出显示到终端。

```
[root@localhost ~]# echo "welcome to Linux world"
welcome to Linux world
```

【实例 2-56】 查看当前系统语言国家及字符集编码。

```
[root@localhost ~]# echo $LANG
zh_CN.UTF-8
```

5. su 命令（switch user 命令缩写）

功能：变更为其他用户的身份。从超级用户切换到普通用户不需要输入密码，从普通用户切换到超级用户或者其他的普通用户需要输入切换用户的密码。格式如下：

su [-] 用户

"-"的作用是把当前用户的环境变量切换到新用户，即把新用户的家目录设置为切换后用户的当前工作目录。

【实例 2-57】 从当前 root 用户变更为 aftvc 用户。

```
[root@localhost ~]# whoami
root
[root@localhost ~]# su - aftvc         // 若没有 aftvc 用户，则新建该用户
上一次登录：三 12月 12 10:42:19 CST 2023pts/0 上
[aftvc@localhost ~]$ whoami
aftvc
```

6. uname 命令

功能：用于查看系统内核与系统版本等信息。格式如下：

uname [-a]

【实例 2-58】查看当前系统的信息。

```
[root@localhost ~]# uname -a
Linux localhost.localdomain 3.10.0-862.el7.x86_64 #1 SMP Fri Apr 20 16:44:24
UTC 2018 x86_64 x86_64 x86_64 GNU/Linux
```

如果想查看当前系统版本的详细信息，可查看 /etc/redhat-release 文件。

```
[root@localhost ~]# cat /etc/redhat-release
CentOS Linux release 7.5.1804 (Core)
```

任务八　使用文件编辑命令 vi/vim

vi 编辑器是 Linux 自带的运行时启动快占用内存少的编辑软件，vim 是 vi 的增强版本。vim 之所以能得到广大厂商与用户的认可，原因在于 vim 编辑器中设置了 3 种工作模式——命令模式、末行模式和编辑模式，每种模式分别又支持多种不同的命令快捷键，大幅提高了工作效率。要想高效率地操作文本，就必须先搞清这 3 种模式下的操作功能以及模式之间的切换方法，如图 2-4 所示。

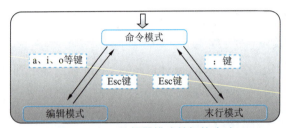

图 2-4　vim 编辑器模式的切换方法

（1）命令模式：控制光标移动，可对文本进行复制、粘贴、删除和查找等工作。

（2）编辑模式：正常的文本输入或修改，也称为输入模式。

（3）末行模式：保存或退出文档，以及设置编辑环境。

vim 编辑器中内置的命令有成百上千种用法，为了能够帮助读者更快地掌握 vim 编辑器，表 2-13 ～ 表 2-15 总结了在命令模式、编辑模式和末行模式中使用的主要子命令功能。

表 2-13　命令模式下常用子命令及作用

命　　令	作　　用	命　　令	作　　用
yy	复制光标所在整行	n	显示搜索命令定位到的下一个字符串
nyy 或者 yny	复制从光标开始的 n 行	N	显示搜索命令定位到的上一个字符串
小写 p	粘贴到光标定位行的下面	u	撤销上一次操作
大写 P	粘贴到光标定位行的上面	gg	跳转到第一行
dd	删除（剪切）光标所在整行	nG	跳转到指定行，n 为数字
ndd 或者 dnd	删除（剪切）从光标处开始向下的 n 行	G	跳转到最后一行
?字符串	在文本中从下至上搜索该字符串	/字符串	在文本中从上至下搜索该字符串

表 2-14　由命令模式进入编辑模式的子命令

命 令	作 用	命 令	作 用
i	在光标所在位置前插入文本	A	在光标所在行的行尾插入文本
I	在光标所在行的行首插入文本	o	在光标所在行下方新增一行
a	在光标所在位置后插入文本	O	在光标所在行上方新增一行

表 2-15　末行模式下常用子命令及作用

命 令	作 用
:w [文件名]	默认保存在用户当前工作目录下或另存为其他路径下
:w!	强制保存，如果文件属性为只读，则强制写入该文件。是否能真正写入，还跟文件的系统权限相关
:q 或 :q!	:q 无修改直接退出 ; :q! 修改后不保存强制退出
:wq 或 wq !	:wq 保存并退出 ; wq! 强制保存退出，等同于 :x
:set nu 或 :set nonu	设置行号或取消行号
:n1,n2s/ 被替换字符串 / 替换字符串 /[g][c]	从第 n1 行到 n2 行进行查找替换，如果是全文替换，则 n1=1,n2=$；"g" 表示对每行找到的字符串进行替换，如果省略 "g"，则只对每行第一次出现的字符串进行替换；"c" 表示替换前进行确认

【实例 2-59】当前目录下使用 vim 新建一个 hello.c 文件，编辑输入一行内容 welcome to study vim，最后存盘退出。

```
[root@localhost ~ ]# vim  hello.c
```

使用 vim 编辑器打开文件时，默认处于命令模式，在此模式下输入 "i" 命令进入编辑模式，如图 2-5 所示，编辑器窗口下端有 "插入" 提示，可以随意输入文本内容；当文件编辑完成以后，需要保存并退出时，必须先按【Esc】键返回到命令模式，然后再输入英文冒号 ":"，进入末行模式，最后输入 wq，如图 2-6 所示，可以保存文档并退出 vim 编辑器窗口。

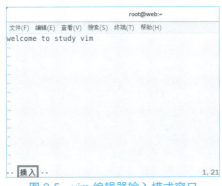
图 2-5　vim 编辑器输入模式窗口

图 2-6　vim 编辑器末行模式窗口

【实例 2-60】使用 vim 编辑器打开 /etc/selinux/config 文件，把 SELINUX 参数的值修改为 permissive，并保存退出 vim 编辑器。

```
[root@localhost ~ ]# vim  /etc/selinux/config
```

输入 "i" 命令进入编辑模式，在编辑模式下找到 SELINUX 参数并把值修改成 permissive，修改完成后，按【Esc】键返回到命令模式，输入 ":wq"，保存文件并退出 vim 编辑器。

【实例 2-61】在 /etc/profile 文件中使用 vim 编辑器内查找 PATH 字符串，并通过 set nu 查看行数。

```
[root@localhost ~]# vim /etc/profile
```

在 vim 编辑器的命令模式下输入"/PATH"命令即可，查找到的字符串将会高亮显示，按【N】键可以继续查找符合条件的字符串，如图 2-7 所示。

如果需要编辑的文本行数较多，为了方便修改，需要知道文本内容每行的行号。这时，只要在末行模式下输入":set nu"命令，按【Enter】键就可以显示每行行号，如图 2-8 所示。然后通过输入":set nonu"取消行号显示。

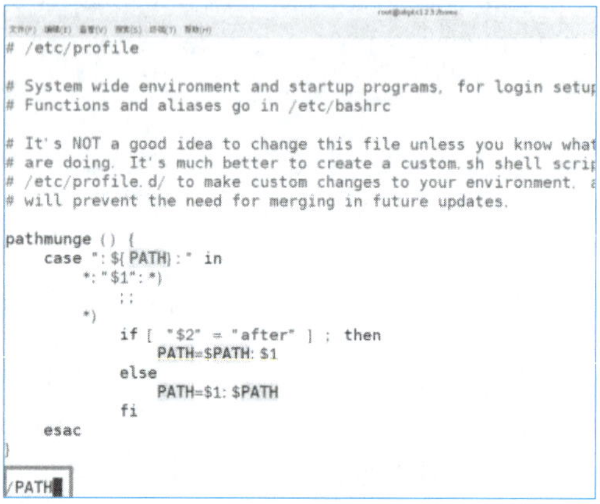

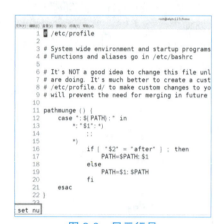

图 2-7　查找 PATH 字符串　　　　　　图 2-8　显示行号

【实例 2-62】使用 vim 编辑器的查找替换功能，查找 /etc/profile 文件中出现的字符串 PATH，并用字符串 LOAD 替换。

在末行模式下输入命令":1,$s/PATH/LOAD/g"完成所有关键字查找替换，如图 2-9 所示。如果要实现替换前的交互确认，需要在上述命令后加入"c"；如果去掉"g"，则只查找替换每行第一个出现的字符串。

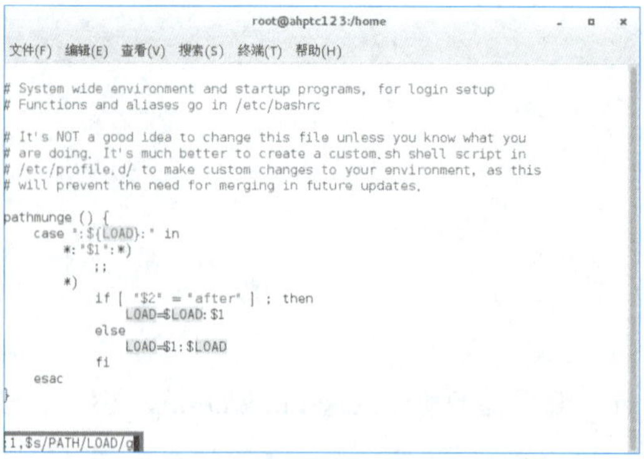

图 2-9　查找替换字符串

项目小结

本项目首先讲述了 Linux 文件系统的树状层次结构特点、文件位置的绝对路径和相对路径表示；其次介绍了输入命令的格式特点、注意事项和相关技巧；最后重点讲解了文件目录类命令、解压缩命令、查找类命令、系统管理类重要命令的功能及使用，以及 vim 编辑器 3 种工作模式及使用，并列举了大量实例，用户可通过上机练习巩固对基本命令的理解和使用。

项目实训

【实训目的】

基于命令行交互界面巩固管理文件和目录的基本命令使用，并能熟练使用 vim 编辑器编辑文本文件。

【实训环境】

一人一台 Windows 10 物理机，安装了 RHEL 7/CentOS 7 的虚拟机。

【实训内容】

任务一：按要求写出命令并上机验证。

（1）启动计算机，利用 root 用户登录到系统，进入字符提示界面。
（2）用 pwd 命令查看当前所在的目录。
（3）用 ls 命令列出此目录下的文件和目录。
（4）用 -a 选项列出此目录下包括隐藏文件在内的所有文件和目录。
（5）用 man 命令查看 ls 命令的使用手册。
（6）进入 /etc 目录，在该目录下创建测试目录 test。
（7）利用 ls 命令列出文件和目录，确认 test 目录创建成功。
（8）进入 test 目录，利用 pwd 查看当前工作目录。
（9）利用 touch 命令，在当前目录创建一个新的空文件 newfile。
（10）利用 cp 命令复制系统文件 /etc/profile 到当前目录下。
（11）复制当前目录下的文件 profile 到一个新文件 profile.bak，作为备份。
（12）用 ll 命令以长格形式列出当前目录下的所有文件，注意比较每个文件的长度和创建时间的不同。
（13）用 less 命令分屏查看当前目录下文件 profile 的内容。
（14）用 grep 命令在 profile 文件中对关键字 then 进行查询，并与上面的结果进行比较。
（15）用 tar 命令把目录 /etc/test 打包为 test.tar.gz 到当前路径。
（16）把文件 test.tar.gz 改名为 backup.tar.gz。
（17）显示当前目录下的文件和目录列表，确认重命名成功。
（18）把文件 backup.tar.gz 解包到 /tmp 目录。
（19）查找 root 用户自己主目录下的所有名为 newfile 的文件。
（20）删除 test 子目录下的所有文件。

任务二：按下列要求上机练习 vim 编辑器使用。

（1）在 /tmp 这个目录下创建一个 test 目录，切换进入 test 这个目录当中。
（2）将 /etc/man_db.conf 文件复制到当前目录下。
（3）使用 vim 打开当前目录下的 man_db.conf 文件。

基本命令讲解

vim编辑器讲解

（4）在 vim 编辑器中设置一下每行行号。

（5）移动到第 43 行，向右移动 59 个字符，此时看到的小括号内是哪个字符？

（6）移动到第一行，并且向下搜寻 share 这个字符串，继续搜索怎么办？

（7）将 50～100 行之间的 man 改为 MAN，并且逐个挑选是否需要修改，如何下达指令？如果在挑选过程中一直输入 "y"，结果会在最后一行显示替换的次数信息是多少？

（8）修改完之后，要全部还原，有哪些方法？

（9）复制 66～71 行这 6 行的内容（含有 MANDB_MAP），并且贴到最后一行之后。

（10）请删除 113～128 行之间开头为 # 号的注释数据。

（11）将这个文件另存成一个 man.test.config 的文件名。

（12）跳转第 25 行，并且删除 15 个字符，结果出现的第一个单词是什么？

（13）在第一行之前插入一行，该列内容输入 "work hard study..."。

（14）保存后退出 vim 编辑器。

课后习题

一、选择题

1. （　　）命令能用来查找文件 TESTFILE 中包含 4 个字符的行。
   A. grep '????' TESTFILE　　　　B. grep '….' TESTFILE
   C. grep '^????$' TESTFILE　　　D. grep '^….$' TESTFILE

2. （　　）命令用来显示 /home 及其子目录下的文件名。
   A. ls -a /home　　B. ls -R /home　　C. ls -l /home　　D. ls -d /home

3. 如果忘记了 ls 命令的用法，可以采用（　　）命令获得帮助。
   A. ? ls　　B. help ls　　C. man ls　　D. get ls

4. 查看系统当中所有进程的命令是（　　）。
   A. ps al　　B. ps aix　　C. ps auf　　D. ps aux

5. Linux 中有多个查看文件的命令，如果希望在查看文件内容过程中通过上下移动光标来查看文件内容，则下列符合要求的命令是（　　）。
   A. cat　　B. more　　C. less　　D. head

6. （　　）命令可以了解当前目录下还有多大空间。
   A. df　　B. du /　　C. du .　　D. df .

7. 为了将当前目录下的归档文件 my.tar.gz 解压缩到 /tmp 目录下，用户可以使用命令（　　）。
   A. tar xvzf my.tar.gz –C /tmp　　　B. tar xvzf my.tar.gz –R /tmp
   C. tar xvzf my.tar.gz –X /tmp　　　D. tar xvzf my.tar.gz /tmp

8. （　　）命令可以把 f1.txt 复制为 f2.txt。
   A. cp f1.txt | f2.txt　　　B. cat f1.txt | f2.txt
   C. cat f1.txt > f2.txt　　　D. copy f1.txt | f2.txt

9. 使用（　　）命令可以查看 Linux 的启动信息。

A. mesg –d　　　B. dmesg　　　C. cat /etc/mesg　　　D. cat /var/mesg

10. Linux 中下列不能显示文件内容的命令是（　　）。

A. ls　　　B. less　　　C. head　　　D. tail

11. vi 编辑器的命令模式中，在光标所在行下面插入空行的命令是（　　）。

A. O　　　B. o　　　C. i　　　D. I

12. 在 vi 编辑器的命令模式中，删除一行的命令是（　　）。

A. yy　　　B. dd　　　C. pp　　　D. xx

13. 从系统中查找文件名为 passwd 文件的命令为（　　）。

A. find / -name passwd　　　B. find -name passwd
C. find / -type passwd　　　D. find -type passwd

14. 命令 rm –f /tmp/temp 的功能是（　　）。

A. 删除 /tmp/temp 文件，但是需要输入"y"进行确
B. 直接删除 /tmp/temp 文件，不用确认，因为有 -f 选项
C. 创建 /tmp/temp 文件，但是需要键入"y"进行确认
D. 直接创建 /tmp/temp 文件，不用确认，因为有 -f 选项

15. 若要列出 /etc 目录下所有以 vsftpd 开头的文件，以下命令中不能实现的是（　　）。

A. ls /etc |grep vsftpd　　　B. ls /etc/vsftpd*
C. ls /etc/vsftpd　　　D. ll /etc/vsftpd*

16. （　　）目录存放着 Linux 系统管理的配置文件。

A. /etc　　　B. /user/src　　　C. /home　　　D. /usr

17. 在 Linux 中，系统管理员（root）状态下的提示符是（　　）。

A. >　　　B. $　　　C. %　　　D. #

18. 要删除目录 /home/user/subdir 连同其下级的目录和文件，不需要依次确认，正确的命令是（　　）。

A. rm -df /home/user/subdir　　　B. rm -rf /home/user/subdir
C. rmdir -p /home/user/subdir　　　D. rmdir -pf /home/user/subdir

二、填空题

1. Linux 文件系统是采用阶层式的_____结构，在该结构中的最上层是_____。

2. 基于 Linux 文件系统表示文件存放位置有_____和_____两种方法。

3. 在 Linux 操作系统中，命令_____大小写。在输入命令过程中，可以使用_____键来自动补齐命令。

4. 如果要在一个命令行上输入和执行多条命令，可以使用_____来分隔命令。

5. 断开一个长命令行，可以使用_____，以将一个较长的命令分成多行表达，增强命令的可读性。执行后，Shell 自动显示提示符_____，表示正在输入一个长命令。

6. 要使程序以后台方式执行，只需在要执行的命令后跟上一个_____符号。

7. _____代表当前的目录，也可以使用"./"来表示；_____代表上一层目录，也可以用"../"来表示。

三、简答题

1. 有哪些命令可用来查看文件的内容？这些命令各有什么特点？
2. 输出重定向符">"和">>"的区别是什么？
3. 简述 Linux 目录结构及常见目录。
4. 命令使用有哪些注意事项和技巧？
5. vim 编辑器有哪几种工作模式？每种工作模式下有什么操作功能？如何在这几种工作模式之间进行转换？

拓展阅读：Linux 命令探究

Linux 命令是由 C 语言编写的程序，Linux 命令的底层实现主要依赖于操作系统的内核和系统调用。系统调用是操作系统提供给用户程序访问底层资源和执行特权操作的接口。当用户输入一个命令后，命令的解析过程会调用相应的系统调用来实现具体的操作。系统调用的实现通常位于内核中，由内核开发人员编写。内核根据不同的操作类型来提供相应的系统调用，并进行相应的权限检查和资源管理，使用户可以通过命令行界面与操作系统进行交互，实现了 Linux 操作系统的各种功能和任务。命令执行过程分析如下：

（1）当用户输入一个命令后，系统会首先对命令进行解析。解析过程一般由 Shell 解释程序完成，解析的过程包括对命令名称、选项和参数进行拆分和识别。系统会根据命令名称确定具体执行哪个可执行文件，根据选项和参数确定执行的方式和操作对象。

（2）在解析完成后，系统会根据命令名称查找对应的可执行文件。在 Linux 系统中，可执行文件通常位于系统路径（PATH）所指定的目录中，如 /bin、/usr/bin 等。系统会按照一定的顺序逐个查找这些目录，直到找到对应的可执行文件。

（3）找到可执行文件后，系统会将命令的选项和参数作为参数传递给可执行文件，并执行相应的操作。可执行文件会根据参数执行不同的功能，并输出相应的结果。

了解这些原理和实现可以帮助我们更好地理解 Linux 操作系统的运行机制，从而更好地使用和管理 Linux 系统。

项目三
管理用户和组

知识目标
- 理解 Linux 中用户和组的类型。
- 理解 Linux 中用户和组相关配置文件内容。

技能目标
- 掌握添加新用户、新组命令的使用。
- 掌握删除用户、用户组命令的使用。
- 掌握修改用户、用户组属性命令的使用。
- 掌握修改文件和目录属主和属组命令的使用。

素养目标
- 通过学习管理用户和组引导学生建立以人为本的理念。
- 通过拓展阅读引导学生树立崇高的人生目标和追求。

项目导入

在某学校的校园网中,替换升级的 Linux 系统服务器。根据不同的应用和服务功能,其用户账户可分为管理员用户、普通用户、匿名访问用户、虚拟访问用户、可登录或不可登录系统的用户、运行服务的用户等,需要分门别类地建立和管理这些用户。如何合理地规划、创建和管理好这些用户账户,是网络维护管理人员最基本的工作任务。

知识准备

一、用户和组概述

用户账户是用户的身份标识。用户通过用户账户可以登录到系统,并且访问已经被授权的资源。Linux 系统下的用户账户分为 3 种:超级用户、系统用户及普通用户。

(1)超级用户:用户名为 root,具有一切权限,只有进行系统维护(如建立用户等)或其他必要情形下才用超级用户登录,以避免系统出现安全问题。

（2）系统用户：指 Linux 系统正常工作所必需的用户，主要是为了满足相应的系统进程对文件属主的要求而建立的，如 bin、daemon、adm 等用户。系统用户不能用来登录。

（3）普通用户：为了让使用者能够使用 Linux 系统资源而建立的用户，大多数用户属于此类。

在 Linux 系统中，为了方便管理员管理和用户工作方便，产生了组的概念。组是具有相同特性的用户的逻辑集合，在做资源授权时可以把权限赋予某个组，组中的成员即可自动获得这种权限。一个用户账户可以同时是多个组的成员，其中某个组是该用户的主组（私有组），其他组是该用户的附属组（标准组）。

（1）主组（私有组或初始组）：每个用户必须属于一个主组且用户只能有一个主组，当新建一个用户时，自动产生一个与用户名相同的主组（也称为主组群或私有群）。

（2）附属组（标准组）：一个用户也可以加入其他的附属组（不是必需的），也可以加入多个附属组。一个组是主组还是附属组是相对用户而言的。

二、用户和组的相关文件

在 Linux 中，用户账号、密码、用户组信息存放在不同的配置文件中。用户账号文件、用户密码文件以及用户组账号文件位置见表 3-1。

表 3-1 用户、用户组相关文件

文 件 属 性	文 件 名 称	文件内容功能
用户账号文件	/etc/passwd	保存系统中用户属性信息
用户密码文件	/etc/shadow	保存用户密码属性信息
用户组账号文件	/etc/gruoup	保存系统中组的属性信息

（一）/etc/passwd 用户账号文件

/etc/passwd 是系统识别用户的一个文件，可以将 /etc/passwd 比喻为一个花名册，系统中所有用户信息都记录在此文件中。当以 aftvc 这个账号登录时，系统首先会查阅 /etc/passwd 文件，看是否有 aftvc 这个账号。然后，确定用户的 UID，通过 UID 来验证用户身份，如果存在则读取 /etc/shadow 影子文件中所对应的 aftvc 用户密码，如果密码核实无误则允许用户登录系统。/etc/passwd 文件中一个记录行对应一个用户，记录了该用户的一些基本信息。/etc/passwd 文件对任何用户都是可读的，但只有管理员 root 用户可以修改。

查看 /etc/passwd 文件的命令如下：

```
[root@localhost ~]# cat /etc/passwd            // 查看 /etc/passwd 文件内容
root:x:0:0:root:/root:/bin/bash
bin:x:1:1:bin:/bin:/sbin/nologin
daemon:x:2:2:daemon:/sbin:/sbin/nologin
adm:x:3:4:adm:/var/adm:/sbin/nologin
......// 省略部分行
aftvc:x:1000:1000:aftvc:/home/aftvc:/bin/bash
```

说明：/etc/passwd 文件每一行都代表一个账号，有几行就代表有几个账号在系统中。其中，很多账号本来就是系统正常运作所必需的，简称为系统账号，如 bin、daemon、adm、nobody 等，这些账号不能随意删除。每一行包含了以下 7 个字段，具体字段说明见表 3-2（以第一行为例）。

表 3-2　/etc/passwd 文件中字段说明

字　段	内　容	含　义	解　释　说　明
第一字段	root	用户名	用户名的字符串一般不超过 8 个字符，且由大写字母、小写字母和数字组成，用户名中不能包含特殊字符，如"："，因为冒号在 /etc/passwd 文件中代表分隔符，并且不建议使用"."、"-"和"+"
第二字段	x	口令（密码）	表示该用户登录必须使用密码，如果为空值表示登录时无须使用密码
第三字段	0	用户 id	标识用户的一个整数，一般情况下与用户名是一一对应的。相较于用户名，Linux 内核真正识别的是 UID。通常 UID 的取值范围是 0 ~ 65 535。0（系统管理员）、1~999（系统账号）、1000 ~ 60 000（可登录账号）：给一般用户使用
第四字段	0	用户组 id	记录用户所属用户组的 ID，简称 GID。GID 对应着 /etc/group 中的一条记录
第五字段	root	用户描述信息	用户名全称（用户信息说明）是可选的，可以不设置
第六字段	/root	用户主目录（家目录）	用户的主目录所在位置。root 账号的主文件夹是 /root，所以当 root 登录之后就会立刻登录到 /root 目录。aftvc 这个用户的主文件夹是 /home/aftvc
第七字段	/bin/bash	用户默认登录的 shell 环境	用户登录之后需要启动一个进程，负责将用户的操作传递给内核，这个进程就是用户登录到系统后的命令解释器或命令翻译程序，也就是 Shell，Shell 是用户与 Linux 系统之间交互的接口

（二）/etc/shadow 账号密码信息文件

在 Linux 系统中，/etc/shadow 目录是用于存储用户密码信息的文件目录，也被称为"影子文件"。该目录只有 root 用户拥有读权限，其他用户不能直接查看或修改该目录下的文件。查看 /etc/shadow 文件的命令如下：

```
[root@localhost ~]# cat /etc/shadow         // 查看 /etc/shadow 文件内容
root:$6$OqSiDgvto6TXy/df$fW1Hi8eUN2ufWPYZf.cl2hKW6b3IcZPw9Ti.QqZPkLgMaaw.1ukz5n0prcQZxQlmtxThp2.NAjJ5vHZM1Owj0.::0:99999:7:::
bin:*:18353:0:99999:7:::
daemon:*:18353:0:99999:7:::
adm:*:18353:0:99999:7:::
......// 省略部分行
aftvc:$6$8vrhTDiZM/3k5mIw$BjRAFP7EGeOLjuWaDls8JaBcca4VRjNmZY4zOjtOrsr95R/2GqHjmk1BAJvoSw.gydkMDTgGr6khtEQxyBPdQ/::0:99999:7:::
```

说明：/etc/shadow 目录中的每一行都代表一个用户的密码信息记录，使用冒号（:）作为分隔符，包含了以下 9 个字段，具体字段说明见表 3-3（以第一行为例）。

表 3-3　/etc/shadow 文件中字段说明

字　段	内　容	含　义	解　释　说　明
第一字段	root	用户名	用户登录名
第二字段	6…	加密口令	使用 SHA-512/SHA-256/MD5 算法加密后的密码，若为空，表示该用户无须密码即可登录，若为"*"表示该账号不能用于登录系统，若为"！！"表示该账号密码已被锁定
第三字段	空	最后一次修改时间	最近一次更改密码的日期，以距离 1970 年 1 月 1 日的天数表示
第四字段	0	最小时间间隔	密码在多少天内不能被修改。默认值为 0，表示不限制
第五字段	99999	最大时间间隔	密码在多少天后必须被修改。默认值为 99999，表示不进行限制
第六字段	7	警告时间	提前多少天警告用户密码将过期，默认值为 7 天，0 表示不提供警告
第七字段	空	不活动时间	密码过期多少天后禁用此用户

续表

字 段	内 容	含 义	解 释 说 明
第八字段	空	失效时间	密码失效日期，以距离 1970 年 1 月 1 日的天数表示，默认为空，表示永久可用
第九字段	空	保留字段	保留未用，以便以后发展用

（三）/etc/group 组账户信息配置文件

系统中每个组的信息都记录在 /etc/group 文件中。文件中用一行记录来描述一个组账户信息，但组的密码保存在 /etc/gshadow 配置文件中。

查看 /etc/group 文件的命令如下：

```
[root@localhost ~]# cat /etc/group        // 查看 /etc/group 文件内容
root:x:0:
bin:x:1:
daemon:x:2:
sys:x:3:
adm:x:4:
......// 省略部分行
aftvc:x:1000:aftvc
```

说明：/etc/group 目录中的每一行都代表一个组的账号信息，包含以下 4 个字段。具体字段说明见表 3-4（以第一行为例）。

表 3-4 /etc/group 文件中字段说明

字 段	内 容	含 义	解 释 说 明
第一字段	root	组名	组的名字
第二字段	x	组的密码	组的加密口令
第三字段	0	组 ID	用于系统区分不同组的 ID，在 /etc/passwd 域中的 GID 字段用这个数来指定用户的基本组
第四字段	空	附加组	用","分开的用户名，列出的是附加组的成员

项目实施

项目实施分解为两个任务进行，基于两个任务使读者掌握使用相关命令对用户和组进行管理的知识和技能。

任务一 管理用户

用户管理相关操作命令有 useradd、passwd、usermod、userdel 和 id 等。

1. useradd 命令

功能：创建新的用户。格式如下：

```
useradd [选项] 用户名
```

可以使用 useradd 命令创建用户账户。使用该命令创建用户账户时，默认的用户家目录会被存放在 /home 目录下，默认的 Shell 解释器为 /bin/bash，而且默认会创建一个与该用户同名的基本用户组。该命令的常用选项及作用见表 3-5。

表 3-5　useradd 命令的常用选项及作用

选项	作用
-d	指定用户的家目录（默认为 /home/username）
-u	指定用户的默认 UID，默认按顺序增长
-g	指定一个初始的用户基本组（必须已存在）
-G	指定一个或多个扩展（附属）用户组
-N	不创建与用户同名的基本用户组
-s	指定该用户的默认 Shell 解释器

使用useradd命令

【实例 3-1】新建一个用户 test1。

```
[root@localhost ~]# useradd test1
[root@localhost ~]# tail -1 /etc/passwd
test1:x:1001:1001::/home/test1:/bin/bash
```

默认从 1001 开始给新用户自动分配用户 ID。

【实例 3-2】新建一个用户 test2，同时设置用户 ID 为 888。

```
[root@localhost ~]# useradd -u 888 test2
[root@localhost ~]# tail -1 /etc/passwd
test2:x:888:1002::/home/test2:/bin/bash
```

【实例 3-3】新建一个用户 test3，指定用户主组 ID 为 0，即 root 组。

```
[root@localhost ~]# useradd -g 0 test3
[root@localhost ~]# tail -1 /etc/passwd
test3:x:1002:0::/home/test3:/bin/bash
```

【实例 3-4】新建一个用户 test4，设置用户 ID 为 666，用户所属主组 ID 为 1001，即 test1 组作为用户主组，指定家目录为 /home/TEST4。

```
[root@localhost ~]# useradd -u 666 -g 1001 -d /home/TEST4 test4
[root@localhost ~]# tail -1 /etc/passwd
test4:x:666:1001::/home/TEST4:/bin/bash
```

2. passwd 命令

功能：为指定用户设置或者修改密码。格式如下：

passwd　　[选项]　　用户名

passwd 命令的常用选项及作用见表 3-6。

表 3-6　passwd 命令的常用选项及作用

选项	作用
-l	暂停用户登录，用于某用户在未来较长的一段时间内不登录系统的情形
-u	解除锁定，允许用户登录

使用passwd命令

【实例 3-5】通过交互式给 test4 用户设置一个密码、查看密码文件以及通过非交互式设置密码。

在设置密码时，需要注意的是，密码不会用与 ****** 类似的形式显示。两次密码输入一致，密码才能设置成功，出于安全考虑，要求设置的密码不少于 8 个字符（可以强制设置极简密码）。

```
[root@localhost ~]# tail -1 /etc/shadow
test4:!!:19625:0:99999:7:::
[root@localhost ~]# passwd test4
更改用户 test4 的密码。
新的 密码：                                    // 输入新密码 000000
无效的密码：密码是一个回文                     // 提示密码回文，可以强制设置
重新输入新的密码：                             // 再次输入新密码 000000
passwd：所有的身份验证令牌已经成功更新。       // 更新密码成功
```

当设置好密码后，检查一下 /etc/shadow 文件，此时密码字段从原来的"！！"变成了字符乱码。

```
[root@localhost ~]# tail -1 /etc/shadow
test4:$1$77vn/Qao$rLmmve4vRjmsA8/0Uiwar.:19625:0:99999:7:::
```

除了以上交互式设置密码，还可以通过非交互式设置密码。

```
[root@localhost ~]# echo "123456"|passwd --stdin test4   //test4用户密码改为123456
更改用户 test4 的密码。
passwd：所有的身份验证令牌已经成功更新。
[root@localhost ~]# tail -1 /etc/shadow
test4:$1$e.1SM7An$WPzPDNTmyUf0z7x.obHCk1:19625:0:99999:7:::   //密码较之前有变化
[root@localhost ~]# su - test3                    //su命令切换到 test3 用户
[test3@localhost ~]$ su - test4                   // 输入 123456 密码切换到 test4
密码：
[test4@localhost ~]$ whoami                       // 查看当前用户名
test4
[test4@localhost ~]$ su - root                    // 切换到 root 用户
```

3. usermod 命令

功能：修改用户的相关属性信息，该命令的常用选项与 useradd 命令的常用选项基本相同。格式如下：

```
usermod [选项] 用户名
```

【实例 3-6】 修改一个已经存在的用户 test2 的相关属性。

```
[root@localhost ~]# cat /etc/passwd | grep test2     // 查看用户信息
test2:x:888:1002::/home/test2:/bin/bash
[root@localhost ~]# usermod -u 2000 -d /home/TEST2 -s /sbin/nologin test2
// 修改 UID 为 2000、宿主目录 /home/TEST2，默认 shell 解释器 /sbin/nologin
[root@localhost ~]# cat /etc/passwd | grep test2     // 查看用户信息
test2:x:2000:1002::/home/TEST2:/sbin/nologin
[root@localhost ~]# usermod -l test test2                // 修改 test2 用户名为 test
[root@localhost ~]# cat /etc/passwd |grep test           // 查看用户信息
test1:x:1001:1001::/home/test1:/bin/bash
test3:x:1002:0::/home/test3:/bin/bash
test4:x:666:1001::/home/TEST4:/bin/bash
test:x:2000:1002::/home/TEST2:/sbin/nologin              // 修改 test2 用户名为 test 成功
[root@localhost ~]# usermod -g root test                 // 修改主组为 root
[root@localhost ~]# cat /etc/passwd |grep test
test1:x:1001:1001::/home/test1:/bin/bash
test3:x:1002:0::/home/test3:/bin/bash
```

```
test4:x:666:1001::/home/TEST4:/bin/bash
test:x:2000:0::/home/TEST2:/sbin/nologin          //修改主组为root成功
```

【实例 3-7】 修改一个已经存在的用户 test 密码、主组及附属组。

```
[root@localhost ~]# usermod -G root test          //修改附属组，原来的附属组删除
[root@localhost ~]# cat /etc/group| grep test    //查看组信息
root:x:0:test
test1:x:1001:
test2:x:1002:
[root@localhost ~]# usermod -aG root test1       //修改附属组，不会删除原来的附
                                                  //属组，一个用户可以属于多个附属组
[root@localhost ~]# cat /etc/group| grep test1   //查看组信息
root:x:0:test,test1
test1:x:1001:
[root@localhost ~]# id test                      //id查看用户信息
uid=2000(test) gid=0(root) 组 =0（root）
```

4. userdel 命令

功能：删除指定用户，常用选项 -r，删除用户时将用户主目录一并删除。格式如下：

```
userdel [选项] 用户名
```

【实例 3-8】 删除 test 用户。

```
[root@localhost ~]# tail -4 /etc/passwd
test1:x:1001:1001::/home/test1:/bin/bash
test3:x:1002:0::/home/test3:/bin/bash
test4:x:666:1001::/home/TEST4:/bin/bash
test:x:2000:0::/home/TEST2:/sbin/nologin
[root@localhost ~]# userdel test
[root@localhost ~]# tail -4 /etc/passwd           //test 用户已删除
aftvc:x:1000:1000:aftvc:/home/aftvc:/bin/bash
test1:x:1001:1001::/home/test1:/bin/bash
test3:x:1002:0::/home/test3:/bin/bash
test4:x:666:1001::/home/TEST4:/bin/bash
```

【实例 3-9】 删除 test3 用户并将用户主目录下的所有内容一并删除。

```
[root@localhost ~]# userdel -r test3
userdel: user test3 is currently used by process 2751// 显示用户有进程无法删除
```

由于 test3 之前登录过系统有进程占用，导致不能直接删除 test3 用户，可以执行按【Ctrl+D】组合键登录注销 root 用户，再次按【Ctrl+D】登录注销 test3 用户，然后再次执行 "userdel -r test3" 命令即可正常删除用户。

5. id 命令

功能：查看用户的相关 ID 信息，默认显示用户 ID、主组 ID 及附属组 ID 信息，id 命令的常用选项及作用见表 3-7。格式如下：

```
id [选项] 用户名
```

表 3-7 id 命令的常用选项及作用

选项	作用	选项	作用
-u	只显示用户 ID 信息	-g	只显示用户所属主组 ID 信息

【实例 3-10】 查看 test1 用户的相关 ID 信息。

```
[root@localhost ~]# id test1
uid=1001(test1) gid=1001(test1) 组=1001(test1),0(root)
[root@localhost ~]# id -u test1            // 只显示用户 ID 信息
1001
[root@localhost ~]# id -g test1            // 只显示用户所属主组 ID 信息
1001
```

任务二　管理用户组

与用户组管理相关的操作命令有 groupadd、groupmod、gpasswd 和 groupdel。

1. groupadd 命令

功能：创建群组，常用的选项为 -g，作用为在创建用户组时，制定 GID 值。格式如下：

groupadd ［选项］ 组名

【实例 3-11】 添加一个名为 teacher 的群组，并指定 GID 值为 4000。

```
[root@localhost ~]# groupadd -g 4000 teacher
[root@localhost ~]# tail -1 /etc/group            // 查看组文件信息
teacher:x:4000:
```

2. groupmod 命令

功能：groupmod 命令的作用是修改用户组的属性，其常用选项及作用见表 3-8。格式如下：

groupmod ［选项］ 用户组

表 3-8　groupmod 命令的常用选项及作用

选项	作 用	选项	作 用
-n	修改组的名字	-g	修改组的 id

【实例 3-12】 把 teacher 组名修改成 student，同时修改组 id 为 1200。

```
[root@localhost ~]# groupmod -n student -g 1200 teacher
[root@localhost ~]# tail /etc/group | grep student        // 查看组信息
student:x:1200:
```

3. gpasswd 命令

功能：添加用户进组，也可以把用户从组中删除，gpasswd 命令的常用选项及作用见表 3-9。格式如下：

gpasswd ［选项］ 用户组

表 3-9　gpasswd 命令的常用选项及作用

选 项	作 用	选 项	作 用
-a	添加用户入组	-d	删除用户出组

【实例 3-13】 添加用户 t1 到 student 组然后再将 t1 从 student 组删除。

```
[root@localhost ~]# tail -1 /etc/group            // 查看组文件信息
student:x:1200:
```

```
[root@localhost ~]# useradd t1                              // 添加 t1 用户
[root@localhost ~]# gpasswd -a t1 student
正在将用户"t1"加入到"student"组中
[root@localhost ~]# tail /etc/group | grep student          // 查看组信息
student:x:1200:t1
[root@localhost ~]# gpasswd -d t1 student
正在将用户"t1"从"student"组中删除
[root@localhost ~]# tail /etc/group | grep student
student:x:1200:
```

4. groupdel 命令

功能：删除一个已有的用户组。格式如下：

groupdel 用户组

【实例 3-14】删除 student 组。

```
[root@localhost ~]# groupdel student
[root@localhost ~]# tail /etc/group | grep student          //student 组已删除
```

项目小结

本项目首先讲述了 Linux 用户和用户组的功能、类型；其次介绍了用户以及用户组相关文件结构；最后讲解了一些用户以及用户组管理命令的功能及使用，并通过具体的例子来展开。读者可通过这些实例上机练习，巩固用户和组的管理操作。

项目实训

【实训目的】

熟练掌握 Linux 系统中使用管理命令创建、修改、删除用户和组的基本操作技能，并能管理用户和组的关系。

【实训环境】

一人一台 Windows 10 物理机，安装了 RHEL 7/CentOS 7 的虚拟机。

【实训内容】

任务：按要求写出命令并上机验证。

（1）新建用户 linda。

（2）新建用户 tom。用户 tom 的 UID 为 1010，家目录为 /home/tom。

（3）新建用户 jack。用户 jack 的 UID 为 1011，家目录为 /home/Jack。

（4）设置 tom 和 jack 两个用户的默认登录密码为 000000。

（5）新建销售项目组 sale，sale 组的 GID 为 2000。

（6）新建测试项目组 test，test 组的 GID 为 2001。

（7）把用户 linda、tom 加入附属组 sale 组中。

（8）把用户 jack 加入附属组 test 组中。

（9）新建一个名为 alex 的用户，用户 ID 为 3456，密码为 123456。

（10）修改用户 alex 的登录目录为 /public/alex。

（11）新建一个名为 adminuser 的组，组 ID 为 40000。

（12）新建一个名为 natasha 的用户，并将 adminuser 作为其附属组。

课后习题

一、选择题

1. 以下（　　）文件与用户和组无关。
    A. /etc/passwd　　B. /etc/group　　C. /etc/profile　　D. /etc/shadow
2. 下面关于基本组和附加组的说法，错误的是（　　）。
    A. 若用户被创建时没有指定用户组，系统会为用户创建一个与用户名相同的组，这个组就是该用户的基本组（初始组）
    B. 可以在创建用户时，使用选项 -G 为其指定基本组
    C. 为用户组指定附加组，可以使该用户拥有对应组的权限
    D. 用户可以从附加组中移除，但不能从基本组中移除
3. 用户登录系统后首先进入（　　）。
    A. /home　　　　　　　　　　　　B. /root 的主目录
    C. /usr　　　　　　　　　　　　　D. 用户自己的家目录
4. 新建一个新用户 zhang，使用户 ID 为 2000，组 ID 为 0 的正确命令是（　　）。
    A. useradd zhang　　　　　　　　B. useradd -g 0 -u 2000
    C. useradd -u 2000 -g 0 zhang　　D. useradd -l 2000 -g 0 zhang
5. 在使用了 shadow 口令的系统中，/etc/passwd 和 /etc/shadow 两个文件的权限正确的是（　　）。
    A. -rw-r----- , -r--------　　　　　B. -rw-r--r-- , -r----r—
    C. -rw-r--r-- , -r--------　　　　　D. -rw-r--rw- , -r-----r—
6. （　　）可以删除一个用户并同时删除用户的主目录。
    A. rmuser –r　　B. deluser –r　　C. userdel –r　　D. usermgr -r
7. 在 /etc/group 文件中有一行 students::600:z3,14,w5，表示有（　　）个用户在 students 组中。
    A. 3　　　　　　B. 4　　　　　　C. 5　　　　　　D. 不知道
8. 命令（　　）可以用来查询 passwd 文件中用户 lisa 的信息。
    A. finger lisa　　　　　　　　　　B. grep lisa /etc/passwd
    C. find lisa /etc/passwd　　　　　D. who lisa

二、填空题

1. Linux 操作系统是＿＿＿＿的操作系统，它允许多个用户同时登录到系统，使用系统资源。
2. 能登录 Linux 操作系统用户账户分为＿＿＿＿和＿＿＿＿两种。
3. root 用户的 UID 为＿＿＿＿，普通用户的 UID 可以在创建时由管理员指定，如果不指定，则 CENTOS 7/RHEL 7 用户的 UID 默认从＿＿＿＿开始顺序编号。

4. 在 Linux 操作系统中，创建用户账户的同时也会创建一个与用户同名的组，该组是用户的_____。普通组的 GID 默认也从_____开始编号。

5. 一个用户账户可以同时是多个组的成员，其中某个组是该用户的_____（私有组），其他组是该用户的_____（标准组）。

6. 在 Linux 操作系统中，所创建的用户账户及其相关信息（密码除外）均放在_____配置文件中。

7. 由于所有用户对 /etc/passwd 文件均有_____权限，所以为了增强系统的安全性，用户经过加密之后的口令都存放在_____文件中。

8. 组账户的信息存放在_____文件中，而关于组管理的信息（组口令、组管理员等）则存放在_____文件中。

三、简答题

1. Linux 用户和用户组的关系是什么？
2. Linux 用户分为哪几种类型？各有何特点？
3. Linux 系统中用户和用户组管理的常用命令是什么？
4. /etc/passwd 文件中一行为 test:x:500:500::/home/test:/bin/bash，请解析各字段的含义。

拓展阅读：求伯君的故事

有人把求伯君称为中国第一程序员，他被誉为中国工具软件之父，中国第一程序员，16 岁考上大学，18 岁就能设计软件，堪称编程天才。他是金山软件的灵魂人物。

这是因为：第一，作为一个程序员，谁也没有求伯君影响大。在中国知道求伯君名字的人，可能比知道盖茨名字的人还多。以至于中央电视台《东方时空》要在盖茨来中国的当天把求伯君请去，"面对面"地谈民族软件以及 WPS 97 如何抗击 Word。在很多人眼里，求伯君是民族软件的一种象征。第二，WPS 是中国迄今用户量最大的软件之一。

求伯君开发 WPS 的目标很明确，做一张汉卡装字库，写一个字处理系统，能够取代 WordStar。求伯君开发 WPS 用了一年零四个月，有了难题，不知道问谁，解决了难题，也没人分享喜悦。求伯君在孤独中，写下了十几万行的 WPS。在写完最后一行程序时，求伯君没有任何感觉，"任何一个产品，做成功以后，不会有什么感想，所谓感想都是后来总结出来的。"

项目四
管理文件权限

知识目标
- 理解 Linux 中文件权限的概念。
- 理解基本权限类型、表示和对应的操作。
- 理解特殊权限、ACL 权限和隐藏权限的作用。

技能目标
- 掌握文件基本权限变更命令的使用。
- 掌握文件特殊权限设置命令的使用。
- 掌握文件隐藏权限设置命令的使用。
- 掌握文件 ACL 权限设置命令的使用。

素养目标
- 通过设置文件权限培养学生树立安全防范的意识。
- 通过拓展阅读培养学生树立责任担当和严谨细致的职业素养。

项目导入

某学校的校园网中,升级改造的 Linux 系统服务器根据用户账户来区分每个用户的文件、进程、任务等,尤其是用户访问资源的权限。不同用户登录 Linux 系统访问本地和网络资源的权限是不同的,为用户分配合理的访问资源权限,限制用户的越权操作,控制非法用户对服务器日志文件的篡改等,是构建安全网络的最基本保证,也是网络维护管理人员最基本的工作任务。

知识准备

一、文件权限概述

Linux 系统是多用户系统,能使不同的用户同时访问不同的文件,因此一定要有文件权限控制机制。Linux 系统的权限控制机制和 Windows 系统的权限控制机制有着很大的差别。

Linux 系统的文件或目录被一个用户拥有时，这个用户即文件的拥有者或所有者（又称"文件主"），同时文件还被指定的用户组所拥有，这个用户组被称为文件"所属组"。文件的权限由权限标志来决定，权限标志决定了文件的拥有者、文件的所属组、其他用户对文件访问的权限。

二、权限类型、表示和含义

使用命令 ls -l 时，可以看到文件 Linux 系统文件访问权限的详细信息，共有 7 列：第 1 列表示文件的类型和权限，第 2 列表示文件的链接数（子文件夹个数），第 3 列表示文件的拥有者，第 4 列表示文件拥有者所属主组，第 5 列表示文件大小，第 6 列表示文件最后被修改时间，第 7 列表示文件名。从上面的说明可以看出，文件的权限体现在第 1 列、第 3 列和第 4 列。

```
[root@localhost ~ ]# ls -l
总用量 4
     ①       ②③   ④       ⑤      ⑥           ⑦
总用量 5132
-rw-------. 1 root root    2757 9月  22 15:37 anaconda-ks.cfg
drwxr-xr-x. 2 root root       6 9月  25 05:53 公共
drwxr-xr-x. 2 root root       6 9月  25 05:53 模板
drwxr-xr-x. 2 root root       6 9月  25 05:53 视频
drwxr-xr-x. 2 root root       6 9月  25 05:53 图片
drwxr-xr-x. 2 root root       6 9月  25 05:53 文档
drwxr-xr-x. 2 root root       6 9月  25 05:53 下载
drwxr-xr-x. 2 root root       6 9月  25 05:53 音乐
drwxr-xr-x. 2 root root       6 9月  25 05:53 桌面
```

第 1 列的 10 个字符表示文件的类型和权限，其中第一个字符表示文件的类型。常见的文件类型见表 4-1。

除了第一个字符表示文件类型，剩下的 9 个字符表示文件的权限。这 9 个权限位，每 3 位被分为一组，如图 4-1 所示。它们分别是属主权限位（占 3 个位置），可以用字符 u 表示；属组权限位（占 3 个位置），可以用字符 g 表示；其他用户权限位（占 3 个位置），可以用字符 o 表示。若需要同时表示 u、g、o 三个角色，可以使用字符 a 统一表示所有用户。

表 4-1 常见的文件类型

字 符	文 件 类 型	字 符	文 件 类 型
-	普通文件	b	块设备文件
d	目录文件	c	字符设备文件
l	链接文件	p	管道文件

图 4-1 文件权限位解读

需要注意的是，每组权限都是由 r、w 或 x 组成的，分别表示可读（r）、可写（w）、可执行（x）等权限，且权限的顺序是"可读—可写—可执行"，这个顺序是不能变的。如果相应的权限位置是"-"，表示没有该权限。以 rwxr-xr-x 为例，它表示文件的拥有者具有可读、可写、可执行的权限，与拥有者在同组的用户具有可读、可执行的权限，其他用户具有可读、可执行的权限。

对一般文件来说，权限比较容易理解："可读"表示能够读取文件的实际内容；"可写"

表示能够编辑、新增、修改、删除文件的实际内容;"可执行"则表示能够运行一个脚本程序。

对目录文件来说,"可读"表示能够读取目录内的文件列表;"可写"表示能够在目录内新增、删除、重命名文件;而"可执行"则表示能够进入该目录。

三、文件权限表示方法

Linux 系统权限表示方法有两种:一种是字符表示(符号表示);另一种是数字表示。例如,rwxr-xr-x 这种权限表示方法为字符表示。也可以通过数字来表示权限,即将文件的 r、w、x、- 四种权限分别用数字 4、2、1、0 来表示,然后每组把对应的数字相加就可以得到权限的数字表示。文件权限的字符表示和数字表示见表 4-2。

表 4-2 文件权限的字符表示和数字表示

权限分配	属主权限位			属组权限位			其他用户权限位		
权限项	读	写	执行	读	写	执行	读	写	执行
字符表示	r	w	x	r	w	x	r	w	x
数字表示	4	2	1	4	2	1	4	2	1

文件权限的数字表示基于字符表示(rwx)的权限计算而来,其目的是简化权限的表示。例如,若某个文件的权限为 7,则代表可读、可写、可执行(4+2+1);若权限为 6,则代表可读、可写(4+2)。例如,现在有这样一个文件,其所有者拥有可读、可写、可执行的权限,其文件所属组拥有可读、可写的权限,而其他用户只有可读的权限;那么这个文件的权限就是 rwxrw-r--,用数字表示即为 764,"7"表示所有者权限数字之和,"6"表示文件所属组的权限数字之和,"4"表示其他用户的权限数字之和。

项目实施

项目实施分解为 5 个任务进行,基于 5 个任务使读者掌握使用相关命令管理基本权限、特殊权限、隐藏权限、ACL 权限和权限掩码的知识和技能。

任务一 设置基本权限

新建文件或目录默认的权限,有时候不能满足企业生产需求,这时需要修改文件或者目录的默认权限。在 Linux 系统中,与权限控制相关的基本命令有 3 个,即 chmod 命令、chown 命令和 chgrp 命令。

1. 权限变更:chmod

在 Linux 系统中,权限变更可以通过 chmod 命令实现。格式如下:

```
chmod [选项] [{±=}{rwx}] 文件或目录
```

常用选项 -R,作用是递归修改,改变目录权限的同时,目录下面所有文件的权限都被修改。

"±="中的"+"表示增加权限,"-"表示减少权限,"="表示直接指定权限。这种表达方式非常直观,改起权限来也十分方便,一般应用在字符表示中。

【实例 4-1】在 /home 下面新建 test 文件夹,并通过字符表示法修改 /home/test 目录的权限。

```
[root@localhost ~]# mkdir /home/test              // 新建test目录
[root@localhost ~]# ll -d /home/test              // 查看test目录的当前权限
drwxr-xr-x. 1 root root 6 9月 12 23:30  /home/test
[root@localhost ~]# cd  /home/                    // 切换到/home目录
[root@localhost home]# chmod u=rwx,g=rw,o=r test  // 修改test目录权限
[root@localhost home]# ll -d  test                // 查看test目录权限是否修改
drwxrw-r--. 2 root root 6 9月  25 23:30 test
[root@localhost home]# chmod g+x,o+wx test        // 增加test目录权限
[root@localhost home]# ll -d test                 // 查看test目录权限是否修改
drwxrwxrwx. 2 root root   6 9月 25 23:30   test
[root@localhost home]# chmod g-x,o-x test         // 减少test目录权限
[root@localhost home]# ll -d test                 // 查看test,子权限是否修改
drwxrw-rw-. 2 root root   45 9月 25 23:30   test
[root@localhost home]# chmod  a=rw   test         // 修改所有用户对test的权限
[root@localhost home]# ll -d test                 // 查看test权限是否修改
drw-rw-rw-. 2 root root   45 9月 25 23:30   test
```

【实例4-2】通过数字表示法修改/home/test目录的权限。

```
[root@localhost home]# chmod 764 test
[root@localhost home]# ll -d test
drwxrw-r--. 2 root root 45 9月 25 23:30 test
```

从上面实例可以看出，目录默认的权限是drw-r--r--，用字符表示（u=rwx、g=rw、o=r）和数字表示（764）都可以实现文件的权限变更，从而实现项目要求的文件所有者具有读、写、执行权限，文件所属组具有读、写权限，其他用户具有读权限。

2. 用户变更：chown

在Linux系统中，更改文件的拥有者和所属主组可以通过chown命令实现。格式如下：

chown   ［选项］   ［所有者］[:[组]] 文件或目录

常用选项 -R，作用是递归修改，改变目录权限的同时，目录下面所有文件的权限都被修改。

使用chown变更用户和组

【实例4-3】把/home/test目录的拥有者修改成t1用户。

```
[root@localhost home]# touch test/test1.txt test/test2.txt // 新建文件
[root@localhost home]# ll -d test/;ll test/                // 查看所属主组
drwxrw-r--. 2 root root 40 9月  25 23:35 test/
总用量 0
-rw-r--r--. 1 root root 0 9月  25 23:35 test1.txt
-rw-r--r--. 1 root root 0 9月  25 23:35 test2.txt
[root@localhost home]# useradd t1                  // 新建用户t1
[root@localhost home]# chown   t1   test           // 修改test目录拥有者
[root@localhost home]# ll -d test/;ll test/
drwxrw-r--. 2 t1 root 40 9月 18 22:19 test/        //test目录的拥有者为t1
total 0
-rw-r--r--. 1 root root 0 9月 18 22:19 test1.txt   //test子文件的拥有者仍为root
-rw-r--r--. 1 root root 0 9月 18 22:19 test2.txt
[root@localhost home]# chown -R t1 test            // 修改test及子目录拥有者
[root@localhost home]# ll -d  test/;ll test/
```

```
drwxrw-r--. 2 t1 root 40 9月 18 22:19 test/      //test目录的拥有者为t1
total 0
-rw-r--r--. 1 t1 root 0 9月 18 22:19 test1.txt  //test子文件的拥有者也为t1
-rw-r--r--. 1 t1 root 0 9月 18 22:19 test2.txt
```

【实例 4-4】把 /home/test 目录的所属组改成 adminuser 群组。

```
[root@localhost home]# groupadd adminuser        // 新建 adminuser 组
[root@localhost home]# chown :adminuser test     // 修改 test 文件所属组
[root@localhost home]# ll -d test/;ll test/
drwxrw-r--. 2 t1 adminuser 40 9月 18 22:19 test  //test目录所属组为adminuser
total 0
-rw-r--r--. 1 t1 root 0 9月 18 22:19 test1.txt   //test 中文件所属组仍为 root
-rw-r--r--. 1 t1 root 0 9月 18 22:19 test2.txt
[root@localhost home]# chown -R :adminuser test  // 修改 test 及其中文件所属组
[root@localhost home]# ll -d test/;ll test/
drwxrw-r--.2 t1 adminuser 40 9月 18 22:19 test/  //test 目录所属组为 adminuser
total 0
-rw-r--r--.1 t1 adminuser 0 9月 18 22:19 test1.txt //test 中文件所属组为 adminuser
-rw-r--r--.1 t1 adminuser 0 9月 18 22:19 test2.txt
```

上述命令需要注意的是，群组前面有一个冒号 (群组必须提前存在于系统内)。

【实例 4-5】把 /home/test 目录的拥有者修改成 t2 用户，所属群组改成 t2 群组。

```
[root@localhost home]# useradd t2                // 新建用户 t2, 自动新建 t2 组
[root@localhost home]# chown t2:t2 test          // 修改 test 文件所属拥有者和所属组为 t2
[root@localhost home]# ll -d test
drwxrw-r--. 2 t2 t2 45 9月 25 23:30 test
```

3. 用户组变更：chgrp

在 Linux 系统中，要更改文件所属组除了可以通过上面介绍的 chown 命令，还可以通过 chgrp 命令实现。与 chown 命令不同，chgrp 命令只能变更文件所属组。格式如下：

```
chgrp [选项] [组] 文件或目录
```

常用选项 -R，作用是递归修改，改变目录权限的同时，目录下面所有文件的权限都被修改。

【实例 4-6】把 /home/test 目录的所属群组改成 adminuser 群组。

```
[root@localhost home]# ll -d test               // 查看 test 目录权限
drwxrw-r--. 1 t2 t2 45 9月 25 23:30 test
[root@localhost home]# chgrp adminuser test     // 修改 test 目录所属组
[root@localhost home]# ls -d test
drwxrw-r--. 1 t2 adminuser 45 9月 25 23:30 test
```

任务二 设置特殊权限

在 Linux 系统中，除了前面介绍的读、写和执行 3 种权限外，还有一些文件或目录具有 SUID、SGID 与 SBIT 特殊权限。

【实例 4-7】分别查看 /bin/passwd 文件、/bin/locate 文件和 /tmp 目录的特殊权限。

```
[root@localhost home]#ls -ld /bin/passwd /bin/locate /tmp
-rwsr-xr-x. 1 root root  27856 4月  1 2020 /bin/passwd    //SUID 权限
```

```
-rwx--s--x.  1 root slocate  40520 4月  11 2018 /bin/locate    //SGID权限
drwxrwxrwt.  29 root root  4096 9月 25 10:57 /tmp             //SBIT权限
```

从上述显示结果中可以看到不用用户类型权限位的"s"和"t"，这些权限就是文件的特殊权限。在复杂多变的生产环境中，单纯设置文件的 rwx 权限无法满足对安全和灵活性的需求，因此便有了 SUID、SGID 与 SBIT 等特殊权限，具体表示、命令设置和显示位置见表 4-3。

表 4-3 特殊权限表示和设置

特 殊 权 限	字 母 表 示	数 字 表 示	设置命令（如取消"+"改为"-"，或数字设置为 0）	权限位显示位置
SUID	s	4	字母表示：chmod u+s 文件名 数字表示：chmod 4755 文件名	-rwsr-xr-x
SGID	s	2	字母表示：chmod g+s 文件或目录名 数字表示：chmod 2755 文件或目录名	drwxr-sr-x -rwxr-sr-x
SBIT	t	1	字母表示：chmod o+t 目录名 数字表示：chmod 1755 目录名	drwxr-xr-t

1. SUID 特殊权限及功能

二进制可执行文件的所有者权限位 x 变成 s 表示设置了 SUID 权限。SUID 权限实现让其他用户提权具备文件所有者对可执行文件的权限，但文件本身首先要有可执行权限。

【实例 4-8】为 mkdir、touch 命令对应的命令文件设置 SUID 权限，使得其他用户 zhang3 能够提权拥有 mkdir 和 touch 命令文件所有者的权限，实现在根目录下建立文件和子目录，即对根目录有写入权限。

SUID
特殊权限

```
[root@localhost ~]# ll -d /
dr-xr-xr-x.17 root root 4096 9月 25 17:54  ///其他用户默认对根目录没写入权限
[root@localhost ~]# useradd zhang3          // 新建 zhang3 用户
[root@localhost ~]# su - zhang3             // 切换 zhang3 用户
[zhang3@localhost ~]$ mkdir /dir;touch /test1.txt //zhang3 对根目录没有写入权限
mkdir: 无法创建目录"/dir": 权限不够
touch: 无法创建"/test1.txt": 权限不够
[zhang3@localhost ~]$ su - root
[root@localhost ~]# which mkdir;which touch     // 查看命令文件路径
/bin/mkdir
/bin/touch
[root@localhost ~]# ll /bin/mkdir;ll /bin/touch
-rwxr-xr-x. 1 root root 79760 9月  25 2018 /bin/mkdir
-rwxr-xr-x. 1 root root 62488 9月  25 2018 /bin/touch
[root@localhost ~]#chmod u+s /bin/mkdir   // 字符表示法给 mkdir 文件添加 SUID 权限
[root@localhost ~]#chmod 4755 /bin/touch  // 数字表示法给 touch 文件添加 SUID 权限
[root@localhost ~]# ll /bin/mkdir;ll /bin/touch
// 命令文件的拥有者权限位 x 变成 s
-rwsr-xr-x. 1 root root 79720 9月  25 2023  /usr/bin/mkdir
-rwsr-xr-x. 1 root root 62488 9月  25 2023  /usr/bin/touch
[root@localhost ~]# su - zhang3
// 其他用户可以在根目录新建目录和文件
[zhang3@localhost ~]$ mkdir /dir;ll -d /dir
```

```
drwxrwxr-x. 2 root zhang3 6 9月  25 18:58 /dir
[zhang3@localhost ~]$ touch /test1.txt;ll /test1.txt
-rw-rw-r--. 2 root zhang3 6 9月   4 18:58 /test1.txt
```

2. SGID 特殊权限

二进制可执行文件或目录的所属主组权限位 x 变成 s 表示设置了 SGID 权限。SGID 权限有两种功能：

功能一：对可执行文件设置 SGID 特殊权限，让其他用户提权具备文件所属主组权限。

功能二：对目录属组设置 SGID 权限，可实现任何用户在目录中创建的文件会自动继承该目录的属组权限。可实现多个用户共同拥有一个目录下文件的修改权限。

【实例 4-9】验证 SGID 特殊权限功能一。设置其他用户 zhang3 对 cat 命令文件具有 SGID 权限，实现用户 zhang3 提权使用 cat 命令以属组中用户身份去读取系统配置文件 /etc/sudoers 内容。

```
[root@localhost ~]# ll /etc/sudoers
-r--r-----. 1 root root 3938 4月  11 2018 /etc/sudoers  //属组能读取文件内容
[root@localhost ~]# su zhang3                    //如没有此用户可建立
[zhang3@localhost root]$ cat /etc/sudoers         //用户 zhang3 没有读取文件权限
cat: /etc/sudoers: 权限不够
[zhang3@localhost root]$ su root
[root@localhost ~]# chmod g+s /bin/cat  //赋予 SGID 权限让用户具备属组用户权限
[root@localhost ~]# ll /bin/cat          //查看命令文件 SGID 权限设置成功
-rwxr-sr-x. 1 root root 54080 4月  11 2018 /bin/cat
[root@localhost ~]# su  zhang3
[zhang3@localhost root]$ cat /etc/sudoers  //zhang3 以属组用户读文件内容成功
## Sudoers allows particular users to run various commands as
......// 省略部分行
```

3. SBIT 特殊权限

● 视 频

SBIT
特殊权限

目录的其他用户权限位 x 变成 t 或 T 表示设置了 SBIT 权限。原本有 x 执行权限则会被写成 t，原本没有 x 执行权限则会被写成 T。

当对目录设置了 SBIT 权限位时，该目录中的文件只有 root 用户和文件的拥有者才能删除或修改。

【实例 4-10】新建 /redhat 目录，设置目录 SBIT 权限，设置用户 li4 和 wang5 只能删除或修改 /redhat 目录中属于自己的文件，不能删除其他用户文件。

```
[root@localhost ~]# mkdir /redhat                     // 新建目录 /redhat
[root@localhost ~]# chmod 777 /redhat                 // 修改权限
[root@localhost ~]# ll -d /redhat/                    // 查看权限
drwxrwxrwx. 2 root root 6 9月 25 21:41 /redhat/
[root@localhost ~]# useradd li4                       // 添加 li4 用户
[root@localhost ~]# echo "000000" |passwd --stdin li4 // 设置 li4 用户密码
[root@localhost ~]# useradd wang5                     // 添加 wang5 用户
[root@localhost ~]# echo "000000" |passwd --stdin wang5 //设置 wang5 用户密码
[root@localhost ~]# su - li4                          // 切换 li4 用户
//li4 用户在 redhat 目录中新建文件
[li4@localhost ~]$ touch /redhat/1.txt /redhat/2.txt;ll /redhat
```

```
total 0
-rw-rw-r--. 1 root li4 0 9月 18 21:44 1.txt
-rw-rw-r--. 1 root li4 0 9月 18 21:44 2.txt
[li4@localhost~]$ su - wang5                    // 切换 wang5 用户
密码：                                            // 输入 wang5 密码
[wang5@localhost ~]$ rm -f /redhat/1.txt        //wang5 默认可以删除 1.txt
[wang5@localhost ~]$ su - root
[root@localhost ~]# chmod o+t /redhat/          // 为 redhat 目录添加 SBIT 权限
[root@localhost ~]# ll -d /redhat/
drwxrwxrwt. 2 root root 19 9月 18 21:45 /redhat/
[root@localhost ~]# su - wang5
[wang5@localhost ~]$ rm -f /redhat/2.txt
rm: 无法删除 "/redhat/2.txt": 不允许的操作          // 该文件只有拥有者 li4 才能删除
```

任务三　设置隐藏权限

Linux 系统中的文件除了具备一般权限和特殊权限之外，还具备一种隐藏权限，即被隐藏起来的权限。有时候会出现权限充足，却无法删除某个文件，或者仅能在日志文件中追加内容而不能修改或删除内容的情况，这些权限在一定程度上阻止了黑客篡改系统日志，保障了 Linux 系统的安全性。

1. 设置隐藏权限

在 Linux 系统中，设置隐藏权限可以通过 chattr 命令实现，chattr 命令的常见选项及作用见表 4-4。格式如下：

chattr [选项] 文件

表 4-4　chattr 命令的常见选项及作用

选项	作用
a	仅允许补充（追加）内容，无法覆盖／删除内容
A	不再修改这个文件或目录的最后访问时间
s	彻底从硬盘中删除，不可恢复（用 0 填充原文件所在硬盘区域）
S	文件内容在变更后立即同步到硬盘
d	使用 dump 命令备份时忽略本文件（目录）
D	检查压缩文件中的错误
i	无法对文件进行修改。若对目录设置了该选项，则仅能修改其中的子文件内容，而不能新建或删除文件
b	不再修改文件或目录的存取时间
c	默认将文件或目录进行压缩
u	删除该文件后依然保留其在硬盘中的数据，方便日后恢复
t	让文件系统支持尾部合并
x	可以直接访问压缩文件中的内容

【实例 4-11】对 /home/newFile 文件设置不允许删除与覆盖（+a 选项）权限，只允许向文件追加数据，不允许覆盖或删除文件的已有内容。

未加隐藏权限前，能够正常删除 newFile 文件：

```
[root@localhost ~]# cd /home
[root@localhost home]# echo "Hello,Centos Linux" > newFile
[root@localhost home]# rm newFile
```

rm：是否删除普通文件 "newFile"？y

加了隐藏权限（+a）后，不能够正常删除 newFile 文件：

```
[root@localhost home]# echo "Hello,Centos Linux" > newFile
[root@localhost home]# chattr +a newFile
[root@localhost home]# rm newFile
rm：是否删除普通文件 "newFile"？y
rm：无法删除 "newFile"：不允许的操作
[root@localhost home]echo "Hello,Centos Linux again" > newFile    //能否覆盖
[root@localhost home]echo "Hello,Centos Linux again" >> newFile   //能否追加
```

【实例 4-12】对 /home/myFile 文件设置不允许删除与覆盖（+i 选项）权限，具有该属性的文件不能被删除、更名或修改其内容。

```
[root@localhost home]# echo "Hello,Centos Linux" > myFile
[root@localhost home]#chattr +i  myFile
[root@localhost home]# echo "aaaa" >> myFile
bash: myFile: 权限不够
[root@localhost home]# rm  myFile
rm：是否删除普通文件 " myFile"？y
rm：无法删除 " myFile"：不允许的操作
[root@localhost home]# echo "aaaa" >  myFile
bash:  myFile: 权限不够
```

2. 显示隐藏权限

在 Linux 系统中，显示隐藏权限可以通过 lsattr 命令实现。ls 命令显示的属性并不包括隐藏属性，如果想要查看隐藏权限，必须使用 lsattr 命令。格式如下：

```
lsattr [选项] 文件
```

【实例 4-13】通过 lsattr 命令实现显示隐藏权限。

```
[root@localhost home]# ls -al newFile                //ls 命令无法查看隐藏权限
-rw-r--r--. 1 root root 19 9月 25 16:22 newFile
[root@localhost home]# lsattr newFile
-----a---------- newFile
[root@localhost home]#lsattr  myFile
----i----------  myFile
```

3. 取消隐藏权限

在 Linux 系统中，取消隐藏权限可以通过 chattr 命令的 "-a" 选项实现。格式如下：

```
chattr -a 文件
```

【实例 4-14】通过 chattr -a 命令实现取消隐藏权限。

```
[root@localhost home]#lsattr newFile
-----a---------- newFile
[root@localhost home]#chattr -a newFile                    // 取消隐藏权限
[root@localhost home]#lsattr newFile
---------------- newFile
[root@localhost home]#rm newFile                           // 能否删除
rm: remove regular file 'newFile'? y
[root@localhost home]#chattr -a myFile
[root@localhost home]#rm myFile                            // 能否删除
```

任务四 设置 ACL 权限

前面讲解的一般权限、特殊权限和隐藏权限,都是针对某一类用户进行设置的权限。如果希望对某个指定的用户进行单独的权限控制,就需要用到文件访问控制列表(access control list,ACL)功能。通俗地讲,基于普通文件或目录设置 ACL 权限,其实就是针对指定的用户或用户组设置文件或目录的操作权限。通过 ACL 设置的权限优先级高于 chmod 设置的权限,在浏览文件详细属性时在权限位部分多个"+"号,表示设置了 ACL 权限。xfs 文件系统默认支持 ACL 权限设置,ext3/ext4 文件系统默认不支持 ACL 权限设置。在 Linux 系统中,设置 ACL 权限可以通过 setfacl 命令实现,setfacl 命令的常见选项及作用见表 4-5。格式如下:

```
setfacl [选项] 文件名称
```

表 4-5 setfacl 命令的常见选项及作用

选项	作用
-m	设置用户或组对文件或目录的 ACL 权限 针对特定用户的方式:setfacl -m u:[用户列表]:[rwx] 文件名 针对特定组的方式:setfacl -m g:[组列表]:[rwx] 文件名
-x	删除某个用户或组的 ACL 权限
-b	删除所有用户的 ACL 权限
-d	只能对目录设置默认 ACL 权限,目录中新建的文件默认继承其权限 针对特定用户的方式:setfacl -m d:u:[用户列表]:[rwx] 目录名 针对特定组的方式:setfacl -m d:g:[组列表]:[rwx] 目录名
-k	删除默认 ACL 权限
-R	只能对目录设置递归 ACL 权限,目录中已有的文件和子目录继承其权限 针对特定用户的方式:setfacl -m u:[用户列表]:[rwx] -R 目录名 针对特定组的方式:setfacl -m u:[组列表]:[rwx] -R 目录名

1. 使用 setfacl -m 设置 ACL 权限

【实例 4-15】新建 admin 组和 harry、nata 用户,nata 用户属于 admin 组,设置 admin 对 project 目录权限为 rwx,即权限数字之和为 7;设置 harry 对 project 目录权限为 rx,即权限数字之和为 5;将其他用户访问 project 目录的权限设置为 ---,即权限数字之和为 0。

设置和查看 ACL 权限

```
[root@localhost home]#mkdir project                    // 创建一个测试目录
[root@localhost home]#touch project/myfile
[root@localhost home]#groupadd admin
[root@localhost home]#useradd harry
[root@localhost home]#useradd -G admin nata
[root@localhost home]#echo "123456" | passwd --stdin harry
[root@localhost home]#echo "123456" | passwd --stdin nata
[root@localhost home]#setfacl -m u:harry:rx project    // 设置用户 harry 的权限
[root@localhost home]#setfacl -m g:admin:rwx project   // 设置组 admin 的权限
[root@localhost home]#chmod o=--- project              // 设置其他用户权限
[root@localhost home]#ls -ld  project
// 目录权限位后面有 "+" 号,ACL 权限设置成功
drwxrwx---+ 2 root root 20 1月  12 02:52 project/
[root@localhost home]#ls -l  project/myfile
```

```
// 文件权限位后面没有 "+" 号，默认没有继承目录的 ACL 权限
-rw-r--r--. 1 root root 0 1月  12 02:52 project/myfile
```

2. 使用 getfacl 查看 ACL 权限

【实例 4-16】查看目录 project 和文件 myfile 的 ACL 权限。

```
[root@localhost home]# getfacl  project/
# file: project/
# owner: root                      // 文件拥有者
# group: root                      // 文件所属主组
user::rwx                          // 用户名省略默认所有者的权限
user:harry:r-x                     // 用户 harry 的 ACL 权限
group::r-x                         // 组名省略默认所属主组的权限
group:admin:rwx                    // 组 admin 的 ACL 权限
mask::rwx                          // 目录最大被访问权限
other::---                         // 其他用户的权限
[root@localhost home]# getfacl  project/myfile // 文件默认不继承目录 ACL 权限
# file: project/myfile
# owner: root
# group: root
user::rw-
group::r--
other::r--
```

3. 使用 setfacl -d 设置目录默认 ACL 权限

给目录设置默认 ACL 权限后，则目录中新建的文件和子目录会继承其 ACL 权限，已有的文件和子目录不会继承。

【实例 4-17】设置目录 project 默认 ACL 权限，新建文件 newfile 和子目录 newdir 会自动继承 project 目录的 ACL 权限，已有文件 myfile 不会继承。

```
[root@localhost home]# setfacl -m d:u:harry:rx project/ // 设置目录默认 ACL 权限
[root@localhost home]# setfacl -m d:g:admin:rwx project/
[root@localhost home]# mkdir   project/newdir
[root@localhost home]# touch   project/newfile
[root@localhost home]# ls -l   project/myfile
-rw-r--r--. 1 root root 0 1月  12 02:52 project/myfile //已有文件没有ACL权限
[root@localhost home]# ls -l   project/newfile
-rw-rw----+ 1 root root 0 1月  12 03:45 project/newfile //新建文件继承ACL权限
[root@localhost home]# ls -ld  project/newdir/
drwxrwx---+ 2 root root 6 1月  12 03:46 project/newdir/ //新建目录继承ACL权限
```

4. 使用 setfacl -R 设置目录递归 ACL 权限

给目录设置递归 ACL 权限后，目录中已有的文件和子目录会自动拥有其 ACL 权限，新建的文件和子目录不会拥有。

【实例 4-18】设置用户 harry 对目录 project 的递归 ACL 权限，目录中已存在的文件和子目录都会拥有目录的 ACL 权限。

```
[root@localhost home]# setfacl -m u:harry:rx -R project/
[root@localhost home]# ls -l  project/myfile
-rw-r-xr--+ 1 root root 0 1月  12 02:52 myfile       // 已有文件拥有了 ACL 权限
```

> **提示**：默认 ACL 权限针对父目录中后续建立的文件和子目录会继承其 ACL 权限；递归 ACL 权限指的是针对父目录中已经存在的所有子文件和子目录会继承其 ACL 权限。

5. 使用 setfacl -x|-b 删除 ACL 权限

使用"-x"选项删除指定用户的 ACL 权限，"-b"删除指定文件或目录的所有 ACL 权限。

【**实例 4-19**】删除用户 harry 对目录 project 的 ACL 权限，删除目录 project 所有的 ACL 权限。

```
[root@localhost home]# setfacl -x u:harry project/    //删除 harry 的 ACL 权限
[root@localhost home]# getfacl project/        //显示信息中没有 harry 的 ACL 权限
# file: project/
# owner: root
# group: root
user::rwx
group::r-x
group:admin:rwx
mask::rwx
other::---
default:user::rwx                              //default 指默认 ACL 权限
default:user:harry:r-x
default:group::r-x
default:group:admin:rwx
default:mask::rwx
default:other::---
[root@localhost home]# setfacl -b project/     // 删除目录的 ACL 权限
[root@localhost home]# getfacl project/        // 显示信息中没有任何的 ACL 权限
# file: project/
# owner: root
# group: root
user::rwx
group::r-x
other::---
```

任务五　设置权限掩码

Linux 系统中用户新建的目录和文件会有一个默认权限，这个默认权限由用户的权限掩码（umask）确定，也称为权限补码。用户新建文件或目录的默认权限取决于下面的计算：

新建目录默认权限 = 目录最大权限 777（rwxrwxrwx）- 用户权限掩码

新建文件默认权限 = 文件最大权限 666（rw-rw-rw-）- 用户权限掩码

解释如下：

（1）对于目录用户所能拥有的最大权限为 777，即 rwxrwxrwx。对于文件，用户所能拥有的最大权限是 666，即 rw-rw-rw-。"x"执行权限对于目录是必需的，没有执行权限就无法进入目录，而对于文本文件则不必赋予"x"执行权限。

（2）用户权限掩码由 4 位八进制数组成，在 0000～7777 范围内，假如某个用户的权限掩码为 0022，左边第一位"0"对应文件特殊权限掩码，先忽略此位；左边第二位"0"对应文件所有者权限掩码，左边第三位"2"对应文件所属主组权限掩码，左边第四位"2"对应文件所属其他用户权限掩码。

（3）文件和目录的默认权限"等于"最大权限"减去"用户权限掩码就能算出。
（4）使用 umask 命令显示或设置用户的权限掩码，umask 命令的常见选项及作用见表 4-6。格式如下：

```
umask [选项] [设置的权限掩码]
```

表 4-6 umask 命令的常见选项及作用

选项	作用
-p	输出的权限掩码可直接作为指令来执行
-S	以字母形式输出权限掩码，不加 -S 默认以数字显示权限掩码

【实例 4-20】使用 umask 命令查看管理员 root 和一般用户默认权限掩码，新建文件 new.txt 和目录 test，查看默认的权限和计算的默认权限是否相同。

```
[root@localhost ~]# umask              //root 用户默认权限掩码是 0022
0022
[root@localhost ~]# su - aftvc         // 若没有可新建此用户
[aftvc@localhost ~]$ umask             // 普通用户默认权限掩码是 0002
0002
[aftvc@localhost ~]$ touch new.txt
[aftvc@localhost ~]$ mkdir test
[aftvc@localhost ~]$ ll new.txt        // 计算文件权限：666-002（普通用户）=664
-rw-rw-r--. 1 root aftvc 0 2月  3 07:21 new.txt    // 查看的权限：664
[aftvc@localhost ~]$ ll -d test        // 计算目录权限：777-002（普通用户）=775
drwxrwxr-x. 2 root aftvc 6 2月  3 07:21 test       // 查看的权限：775
```

【实例 4-21】使用 umask 命令设置管理员 root 权限掩码为 002，新建文件 myfile 和目录 mydir，查看新建的文件和目录默认权限和计算的默认权限是否相同。

```
[root@localhost ~]# umask 000
[root@localhost ~]# umask
0000
[root@localhost ~]# touch myfile
[root@localhost ~]# mkdir mydir
[root@localhost ~]# ll myfile                      // 计算文件权限：666-000=666
-rw-rw-rw-. 1 root root 0 2月  3 07:29 myfile     // 查看文件权限：666
[root@localhost ~]# ll -d mydir                    // 计算目录权限：777-000=777
drwxrwxrwx. 2 root root 6 2月  3 07:29 mydir      // 查看目录权限：777
```

使用 umask 命令设置的权限掩码是暂时的，系统重启恢复默认值，若希望永久改变用户的权限掩码，可通过编辑配置文件 /etc/profile 和 /etc/bashrc 实现，区别是 /etc/profile 只在用户第一次登录系统时被初始化执行，而 /etc/bashrc 则在用户每次登录加载 Bash Shell 进程时都会被执行。配置文件 /etc/profile 和 /etc/bashrc 默认权限掩码，设置代码段如下：

```
[root@localhost~]# vim /etc/profile
......// 省略部分
if [ $UID -gt 199 ] && [ "`/usr/bin/id -gn`" = "`/usr/bin/id -un`" ]; then
    umask 002                    // 如果 UID 大于 199（普通用户），则使用此 umask 值
else
    umask 022                    // 如果 UID 小于 199（管理员用户），则使用此 umask 值
fi
```

```
......// 省略部分
// 修改后如不重启系统，可对 /etc/bashrc 或 /etc/profile 使用 source 命令，使其生效
[root@localhost ~]# source /etc/profile
[root@localhost ~]# source /etc/bashrc
```

💡 **提示**：如果需要设置某个用户的 umask 值，只需修改该用户家目录下的 .bashrc 或 .bash_profile 文件即可。

项目小结

本项目讲述了 Linux 文件权限概念、基本权限类型、表示和含义，重点介绍了用 chmod、chown、chgrp 命令设置用户的基本权限；其次介绍了特殊权限 SUID、SGID、SBIT 的含义及使用场合，隐藏权限的含义和设置，使用 ACL 权限精确控制某个用户或组对文件目录的操作权限；最后讲解了权限掩码的含义、功能和简单设置；以上内容都通过具体的例子来展开，读者可通过这些实例上机练习，巩固对不同类型权限功能的理解和使用。

项目实训

【实训目的】

熟练掌握在 Linux 系统中使用管理命令设置用户对文件和目录的基本权限、特殊权限、ACL 权限，实现控制不同用户对资源的访问和使用权限。

【实训环境】

一人一台 Windows 10 物理机，安装了 RHEL 7/CentOS 7 的一台虚拟机。

【实训内容】

视 频

设置权限讲解

任务：按下列要求写出命令并上机验证。

用户 tom、jack 由于项目需要，临时组队成立了一个新的项目工作组 project，两个用户需要共同拥有 /data/share 目录的开发权，且该目录不许其他人进入查询，用户 tom、jack 在 /data/share 目录下创建的文件只有他们各自能删除。

（1）创建用户 tom 和 jack，创建组 project，并把用户 tom、jack 加入该工作组。

（2）建立目录 /data/share，设置目录所属组为 project，分别通过字符表示、数字表示设置 /data/share 目录普通权限位（rwxrwx---，即 770）。

（3）分别通过字符表示、数字表示设置 /data/share 目录特殊权限位（g+s、o+t，即 3770）。

（4）用户 tom 在 /data/share 目录下新建了一个 newFile.java 文件，使用 chattr 命令设置该文件的隐藏属性，使得仅允许补充该文件内容，而不能删除该文件内容。

（5）用户 jack 在 /data/share 目录下新建了一个 admin.java 文件，使用 setfacl 命令设置只有用户 jack 对 admin.java 文件有读和写的权限。

（6）使用 lsattr 命令显示 newFile.java 文件的隐藏属性。

（7）使用 getfacl 命令显示 admin.java 文件的 ACL 权限规则。

课后习题

一、选择题

1. 存放 Linux 基本命令的目录是（　　）。
   A. /bin　　　　　B. /tmp　　　　　C. /lib　　　　　D. /root

2. 如果当前目录是 /home/sea/china，那么 china 的父目录是（　　）目录。
   A. /home/sea　　　B. /home/　　　　C. /　　　　　　D. /sea

3. 用 ls -al 命令列出下面的文件列表，则（　　）是符号链接文件。
   A. -rw-------　　2 hel-s　　users　　56　　Sep 09 11:05　hello
   B. -rw-------　　2 hel-s　　users　　56　　Sep 09 11:05　goodbey
   C. drwx-----　　1 hel　　　users　　1024　Sep 10 08:10　zhang
   D. lrwx-----　　1 hel　　　users　　2024　Sep 12 08:12　cheng

4. 执行命令 chmod o+rw file 后，file 文件的权限变化为（　　）。
   A. 同组用户可读/写 file 文件　　　　B. 所有用户可读/写 file 文件
   C. 其他用户可读/写 file 文件　　　　D. 文件所有者可读/写 file 文件

5. 若要改变一个文件的拥有者，可通过（　　）命令来实现。
   A. chmod　　　　B. chown　　　　C. usermod　　　D. file

6. 某文件组外成员的权限为只读 4，所有者有全部权限 7，所属组的权限为读与写 6，则该文件的权限为（　　）。
   A. 467　　　　　B. 674　　　　　C. 476　　　　　D. 764

7. 文件 exerl 的访问权限为 rw-r--r--，要增加所有用户的执行权限和同组用户的写权限，下列命令正确的是（　　）。
   A. chomd a+x g+w exerl　　　　　B. chomod g+w exerl
   C. chmod o+x exerl　　　　　　　D. chmod 765 exerl

8. 某文件其他用户的权限为只读，所有者有全部权限，属组的权限为读与写，则该文件的权限为（　　）。
   A. 674　　　　　B. 476　　　　　C. 764　　　　　D. 467

二、填空题

1. 若某个文件的所有者具有文件的读/写/执行权限，其他组和用户仅有读权限，那么用数字法表示权限应该是_____。

2. 某符号链接文件的权限用数字法表示为 755，相应的字符法表示为_____。

3. 如果希望用户执行某命令时临时拥有该命令所有者的权限，应该设置_____特殊权限。

4. 某文件的权限为 drw-r--r--，用数值形式表示该权限，则该八进制数为_____。

5. 默认的权限可用_____命令修改，如果要屏蔽所有权限，只需执行_____命令，因而之后建立的文件或目录，其权限都变成_____。

6. 想要让用户拥有文件 filename 的执行权限，但又不知道该文件原来的权限是什么，应该执行_____命令。

三、简答题

1. 对于一个文件或目录,在 Linux 中有几种角色?
2. 什么是文件权限?
3. 基本权限类型有哪些?怎么表示?对应的操作是什么?
4. 若对文件设置了隐藏权限 +i,则意味着什么?
5. 使用访问控制列表(ACL)来限制 linux-yhy 用户组,使得该组中的所有成员不得在 /tmp 目录中写入内容。

拓展阅读:权限管理事件

某公司因人员调任未将人员权限及时回收清理,导致发生 ERP 系统越权访问,获取敏感数据,引发严重的安全事件。无独有偶,某地方卫生系统因内部人员业务权限未与实际岗位对等匹配,造成 50 多万条的新生儿和预产孕妇数据泄露。

很难想象,一次不及时的权限回收、一个岗位与权限的不匹配,这些看似很小的一个点,却能轻松地让一家企业遭受一场安全危机或信任危机,更有甚者直接带给企业致命一击。

这里,不禁灵魂一问:你的企业权限管理真的规范吗?是否存在类似的、不易察觉的小漏洞?你对企业每个员工的权限心中有数吗……

而随着信息化与数字化进程的日益深入,系统越来越多,权限愈加错综复杂,加之人员的不断扩增、变动,身份管理的碎片化、混乱,企业权限管控就像一团乱麻,各自为政又牵扯不清。这就需要企业和单位在信息化、数字化过程中,不仅要注重业务系统的创新建设,更要加强对各个业务系统身份与权限的统一治理与管控。

项目五
管理磁盘存储

知识目标
- 了解磁盘的接口类型。
- 理解磁盘分区的标识、格式化和挂载。
- 熟悉硬盘分区两种方案 MBR 和 GPT。
- 理解磁盘阵列、逻辑卷、磁盘配额的功能。

技能目标
- 掌握硬盘分区、格式化、挂载和卸载的操作技能。
- 掌握磁盘阵列、逻辑卷、磁盘配额的创建和管理。

素养目标
- 通过管理磁盘存储资源培养学生树立合理规划和设计的理念。
- 通过拓展阅读培养学生勇于钻研、意志坚定、开拓思想的学习精神。

项目导入

某学校的校园网考虑未来存储数据量的增加，决定对相关数据库服务器进行升级改造，需要添加磁盘到现有数据库服务器，并能实现磁盘空间使用的在线实时扩容，应对不可预测的增量数据。同时，要合理规划和限制校内教师和学生使用的服务器存储资源，按需动态分配，提高存储资源使用效率。

磁盘作为存储数据的重要载体，在如今庞大海量的大数据资源面前显得格外重要。如何合理规划和管理磁盘存储空间，掌握硬盘分区、格式化、挂载、管理磁盘阵列、管理逻辑卷、管理磁盘配额等技术，是网络运维管理人员必须具备的技能和素养。

知识准备

一、磁盘管理概述

磁盘是数据存储的重要载体，在如今信息化时代，随着大数据技术、云计算技术、物联网技术的迅猛发展，面对海量庞大的数据资源，磁盘存储和管理显得尤其重要。在计算机领域，硬盘、光盘、U 盘、磁带等用来保存数据信息的存储介质都可以称为磁盘。其中使用场合最多的硬盘尤其重要，硬盘的合理使用要经过分区、格式化（指定某种文件系统）、挂载到指定目录后才能存储数据和信息。使用磁盘阵列可以更好地管理多块磁盘，提高数据读 / 写速度和存储安全；使用逻辑卷可以按需动态调整存储空间大小；使用磁盘配额可以限制用户合理使用存储资源。

二、磁盘接口类型和存储设备文件

（一）磁盘接口类型

（1）IDE（integrated drive electronics）接口：即电子集成驱动器接口，该接口的硬盘价格低廉、兼容性强、性价比高，数据传输速率 133 MB/s。但 IDE 接口数据传输速度慢、线缆长度过短、连接设备少、不支持热插拔、错误检验技术不够完善、接口速度的可升级性差。正逐步被串行 SATA 所取代。

（2）SATA（serial advanced technology attachment）接口：即串行高级技术附件接口，属于串行接口，在家用计算机市场已成为主流，数据传输速率 600 MB/s。

（3）SCSI（small computer system interface）接口：即小型计算机系统接口，主要应用于服务器和高端工作站。SCSI 接口具有应用范围广、多任务、带宽高、CPU 占用率低，以及热插拔等优点，数据传输速率可达 320 MB/s。

（4）SAS（serial attached SCSI）接口：即串行连接 SCSI 接口，是并行 SCSI 接口之后开发出的接口。此接口改善了存储系统的效能、可用性和扩充性，并提供与 SATA 硬盘的兼容性，数据传输速率 6 000 MB/s。

（5）FC（fibre channel）接口：即光纤通道接口，是为提高多硬盘存储系统的速度和灵活性才开发的，它的出现大幅提高了多硬盘系统的通信速度。光纤通道支持热插拔、高速带宽、远程连接、连接设备数量大等。光纤通道只用于高端服务器上，数据传输速率 4 000 MB/s。

（二）存储设备文件

为了合理规划和使用硬盘存储空间，Linux 可以将一块硬盘从逻辑上分割成多个部分，每个部分称为一个分区，可作为独立存储空间来使用，创建分区的过程称为硬盘分区。

Linux 系统管理的存储设备也可以用文件的形式来标识，这些文件通常存放在 /dev 目录下。存储设备用文件名标识后，用户或程序通过调用文件就可以完成对存储设备的读和写，读文件表示从存储设备上读取数据，写文件表示把数据写到存储设备上保存。Linux 系统中规定的存储设备文件名特征见表 5-1。

表 5-1　存储设备文件名特征

存 储 设 备	块设备文件名特征
IDE 接口磁盘	/dev/hdX
SCSI/SATA/SAS 接口的磁盘	/dev/sdX
IDE 接口的磁盘分区	/dev/hdXY
SCSI/SATA/SAS 接口的硬盘分区	/dev/sdXY
光盘存储设备	/dev/cdrom 或 /dev/sr0

具体说明如下：

（1）hd 和 sd：代表存储设备的接口类型，hd 代表 IDE 接口的磁盘，但 IDE 接口的磁盘设备已被市场淘汰，在 /dev 目录下可能没有 hd 开头的设备文件。sd 代表 SCSI/SATA/SAS 接口的磁盘，主要提高了硬盘数据传输速率，是目前市场上的主流存储设备接口。

（2）X：代表磁盘被系统识别的编号。第一个被系统识别的 SCSI 磁盘为 sda，第二个被系统识别的 SCSI 磁盘为 sdb，以小写字母顺序来标识被识别的磁盘。

（3）Y：代表分区编号，用数字表示，标识硬盘的一个分区。文件名 sdd3 表示被系统识别的第四块 SCSI 硬盘上的第三个分区。

（4）/dev/cdrom：光盘存储设备常用的文件名为 /dev/cdrom，它实际上是一个符号链接文件，该文件指向实际的光盘存储设备文件名 dev/sr0。可用以下命令查看两个文件名的链接关系。

```
[root@localhost ~]# ll /dev/cdrom
lrwxrwxrwx. 1 root root 3 9月  12 17:49 /dev/cdrom -> sr0
```

使用 lsblk 命令查看本机存储设备信息：

```
[root@localhost ~]# lsblk
NAME    MAJ:MIN   RM   SIZE   RO TYPE MOUNTPOINT
sda       8:0     0   100G    0  disk
......// 省略部分行
sr0      11:0     1   4.4G    0  rom  /run/media/localhost/CentOS 7 x86_64
```

三、硬盘分区

（一）硬盘分区方案

（1）MBR(master boot record)：即主引导记录分区方案，是传统的分区机制，最大支持约 2 TB 的硬盘空间，在容量支持方面存在着极大的瓶颈。MBR 使用的分区类型如下：

➤ 主分区：一个硬盘上最多只能创建 4 个主分区，用 1、2、3、4 表示，主分区一般作为安装操作系统的存储空间。

➤ 扩展分区：为了创建更多分区，通过使用一个主分区创建扩展分区，只能创建一个扩展分区，但扩展分区不能直接保存数据。

➤ 逻辑分区：必须在扩展分区中再分割建立多个逻辑分区用于存放数据，逻辑分区编号默认从 5 开始。

MBR 分区表由 4 个 16 B 的分区表项构成，每个分区表项记录一个分区信息，主要包括分区大小、分区类型、分区状态、分区起始位置和结束位置、分区大小和空间使用情况。

💡 **提示**：主分区最多只能创建 4 个，由 MBR 方案的设计缺陷决定。MBR 规定使用 512 B 的存储空间，446 B 存储引导程序，2 B 作为读取分区信息结束标志，剩下 64 B 记录分区信息，记录一个分区信息需要 16 B，只能记录 4 个主分区信息；为了扩展分区个数，必须拿出一个 16 B 空间记录扩展分区信息，这个 16 B 空间相当于一个指向扩展分区空间的指针，通过扩展分区再创建多个逻辑分区。

（2）GPT（GUID partition table）：即全局唯一标识分区表方案，是一种比 MBR 分区更先进、更灵活的磁盘分区模式，将取代 MBR 分区。其优点如下：

➤ 默认情况下，GPT 最多可支持创建 128 个主分区，支持大于 2 TB 的硬盘或分区容量，最大支持 8 EB（1 EB=1 024 PB，1 PB=1 024 TB，1 TB=1 024 GB）的硬盘。

➤ GPT 分区表保存创建的每个分区信息，GPT 能自带备份分区表，增强系统使用可靠性，MBR 分区表要管理员手动备份。

➢GPT 向后兼容 MBR，GPT 分区表上包含保护性的 MBR 区域。

（二）格式化和挂载

硬盘分区完成后要对分区格式化，格式化实质是给存储设备指定一个具体的文件系统，对存储设备上保存的文件或数据进行组织和管理，便于用户对文件进行访问和查找，设置文件被访问的安全性。

Windows 系统主要的文件系统有 NTFS、FAT32。Linux 系统主要的文件系统见表 5-2。

表 5-2　Linux 系统主要的文件系统

名称	文件系统功能描述
xfs	一种扩展性高、高性能的全 64 位的日志文件系统，也是 RHEL7 的默认文件系统。日志式文件系统在因断电或其他异常事件而停机重启后，操作系统会根据文件系统的日志，快速检测并恢复文件系统到正常的状态，并可提高系统的恢复时间，提高数据的安全性
ext4	下一代文件系统，理论支持 1 024 PB 大小的存储设备，支持文件的连续写入，减少文件碎片，提高磁盘的读/写性能
swap	使用交换分区来提供虚拟内存，大小一般是系统物理内存的 2 倍，在安装 Linux 操作系统时创建，由操作系统自行管理
nfs	网络文件系统，用于在系统间通过网络进行文件共享，用户可将网络中的 NFS 服务器提供的共享目录，挂载到本地的文件目录中，从而实现访问和操作 NFS 文件系统中的内容
iso9660	光盘所使用的标准文件系统，Linux 对该文件系统也有很好的支持，不仅能读取光盘和光盘 ISO 映像文件，而且还支持刻录光盘

Linux 内核版本支持的文件系统，可以通过以下命令查看：

```
[root@localhost ~]# ls /lib/modules/3.10.0-1160.el7.x86_64/kernel/fs/
binfmt_misc.ko.xz   cifs       ext4      gfs2      mbcache.ko.xz  nls        udf
btrfs               cramfs     fat       isofs     nfs            overlayfs  xfs
cachefiles          dlm        fscache   jbd2      nfs_common     pstore
ceph                exofs      fuse      lockd     nfsd           squashfs
```

分区格式化完成后，要把分区关联到一个目录上，称为挂载。挂载实质就是把一个目录当成读/写分区的入口点，当用户进入该目录时，就可以访问该分区中存储的数据，入口点的目录称为"挂载点"。不经过挂载的分区，不能提供给用户在分区内存取数据，利用 /etc/fstab 配置文件可设置系统启动时自动挂载存储设备到指定目录。

四、RAID 管理

（一）RAID 简介

简单地说，RAID（redundant array of independent disks，独立冗余磁盘阵列）可把多块独立硬盘按不同的方式组合起来形成一个硬盘组（逻辑大硬盘），在用户看来，组成的硬盘组就像是一个完整大硬盘，用户可以对它进行任意分区、格式化等，从而提供比单个硬盘更高的存储性能和数据备份功能，如图 5-1 所示。利用 RAID 技术构建磁盘存储系统的功能主要有以下 3 种：

（1）通过把多个硬盘组织在一起作为一个逻辑硬盘，便于管理和使用存储设备。

（2）通过把数据分成多个数据块（block）并行写入或并行读出，以提高访问硬盘的速度。

（3）通过镜像或校验操作提供备份和容错能力。

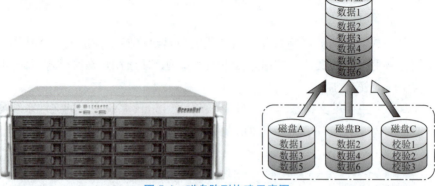

图 5-1　磁盘阵列构建示意图

（二）主流 RAID 等级

RAID 技术分为几种不同的等级，经常使用的 RAID 等级有 RAID0、RAID1、RAID5、RAID10 等，分别可以提供不同的速度，安全性和性价比。根据实际情况选择适当的 RAID 级别可满足用户对存储系统可用性、性能和容量的要求。

（1）RAID0：称为条带模式（stripe）。数据在此种 RAID 等级分散存储，每个磁盘放置所要存储数据的一部分，读/写性能得到了提升，需要的磁盘数为多于或等于两块磁盘，磁盘有效存储数据空间为：磁盘数 × 最小磁盘的大小。

当数据写入 RAID 时，会被切割成块，然后依序存放到不同的磁盘，如图 5-2 所示。一方面读/写性能得到了提升；另一方面，由于数据切割分散存储于不同磁盘，一旦其中一块磁盘损坏，RAID 上面所有数据都会损坏。因此，从数据安全方面考虑，重要数据不适合使用 RAID0。

（2）RAID1：称为镜像模式（mirror），此种模式是让同一份完整的数据在多块不同的磁盘上存储。当数据写入 RAID 时，把每一份数据复制成相同的两份，分别放入两块磁盘中存放。这种模式可以实现数据备份作用。当其中一块磁盘损坏时，数据不受影响，如图 5-3 所示。但此种模式需要复制多份数据到各个磁盘，在大量写入的情况下，写性能会降低；由于可以从不同磁盘读入数据，因此读性能会有略微提升。需要的磁盘数为多于或等于两块磁盘，磁盘有效存储数据空间为：磁盘数 × 最小磁盘的大小 /2。

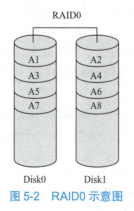

图 5-2　RAID0 示意图

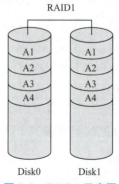

图 5-3　RAID1 示意图

（3）RAID5：对性能和数据备份进行了均衡考虑，实现方式是使用3块或3块以上磁盘组成磁盘阵列。数据写入方式类似于RAID0，但区别是在每个循环写入过程中，轮流在其中一块磁盘存储其他几个磁盘数据块的同位校验值，同位检验值为同位其他数据块进行"异或"运算所得。如图5-4所示，A1、A2、A3为同位数据块，Ap是3个同位数据块进行"异或"运算算出的校验值。当其中任何一个磁盘数据块损坏或出错时，可通过其他磁盘的校验值和剩下的同位数据块再进行"异或"运算算出损坏或出错的数据块。当A1出错时，利用Ap和剩下的A2、A3数据块进行"异或"运算算出A3。但当多于一块磁盘损坏，或同位校验值损坏时，数据则无法恢复。

（4）RAID10：为混合类型，即RAID0和RAID1的组合，先把多个磁盘分组组成RAID1，再把这些分组一起组成RAID0。当数据写入时，先以RAID0方式将数据分散到各个RAID1组，再以RAID1的方式复制多份数据在磁盘上完整存储，如图5-5所示。

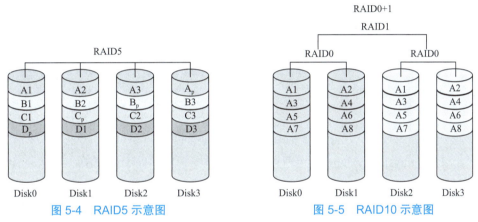

图 5-4　RAID5 示意图　　　　　　图 5-5　RAID10 示意图

由于工作方式既有RAID0又有RAID1，所以RAID10混合模式既具有提升读/写速度，又有数据备份功能，但同一RAID1分组中不允许同时坏两块磁盘。此种方式需要4块以上磁盘，磁盘有效存储数据空间为：磁盘数 × 最小磁盘的大小 /2。

（三）RAID 的实现方式

（1）基于硬件 RAID 卡方式实现。在一个基于总线的主机系统中，通过连接硬盘到单独一个 CPU 和 RAID 卡，在操作系统中添加硬件卡驱动程序的方式来实现 RAID。这种 RAID 卡带有独立处理器、协处理器、缓存等，可以做包括奇偶校验和数据分段在内的所有工作。主要有两种形式：

➢ 外接式磁盘阵列：通过 PCI 或 PCI-E 扩展卡提供适配能力。
➢ 内接式磁盘阵列：主板上集成的 RAID 控制器。

（2）基于软件的方式实现。通过软件实现，在操作系统中集成了 RAID 功能。这种方式的优点是不用额外的硬件就可以获得较高的数据安全和读/写速度，实现费用较低。缺点是所有的 RAID 功能都由主机处理来承担，占用较多的系统资源。mdadm 工具是 Linux 系统中用于管理 RAID 的常用软件，本项目任务 4 中，主要介绍第二种实现方式，使用 mdadm 工具创建软 RAID。

五、LVM 管理

（一）LVM 简介

LVM（logical volume manager，逻辑盘卷管理器），可以将物理磁盘、物理分区、阵列整合成一个卷组（逻辑大硬盘），基于卷组创建供用户使用的逻辑卷（逻辑分区），而逻辑卷可根据存储数据量变化动态调整空间大小，既可以扩容逻辑卷的空间，也可以减少逻辑卷的空间，一般主要用于在线扩容逻辑卷空间。卷组本身也可以动态调整大小。逻辑卷构建原理如图 5-6 所示。

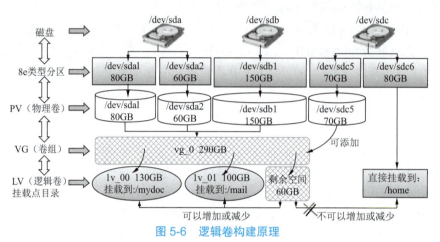

图 5-6　逻辑卷构建原理

（1）PV（physical volume，物理卷）：在逻辑卷管理中处于最底层，对应一个物理硬盘或硬盘的某个分区。

（2）VG（volumne group，卷组）：建立在物理卷之上，一个卷组至少包括一个物理卷，在卷组建立后还可动态添加物理卷到卷组中，可动态调整卷组大小，方便扩容，可建多个卷组。

（3）LV（logical volume，逻辑卷）：建立在卷组之上，卷组中的未分配空间可用于建立逻辑卷，逻辑卷建立后可以动态地扩展和缩小空间。

（二）LVM 创建过程

具体创建过程为：物理磁盘或分区→物理卷→卷组→逻辑分区→格式化→挂载，如图 5-7 所示。

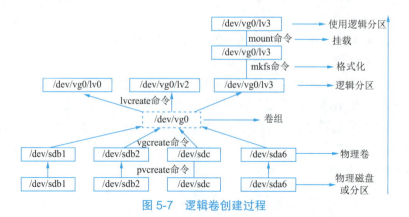

图 5-7　逻辑卷创建过程

创建 LVM 时，需要逐个配置物理卷、卷组和逻辑卷。常用的命令见表 5-3。

表 5-3 逻辑卷管理常用命令

功能/命令	物理卷管理	卷组管理	逻辑卷管理
扫描	pvscan	vgscan	lvscan
建立	pvcreate	vgcreate	lvcreate
查看	pvdisplay	vgdisplay	lvdisplay
删除	pvremove	vgremove	lvremove
扩容	—	vgextend	lvextend
缩小	—	vgreduce	lvreduce

六、配额管理

（一）配额概述

由于 Linux 是多用户的操作环境，为了限制用户或组有意或无意间占用过多的磁盘空间，可通过磁盘配额（disk quota）功能限制用户可使用的磁盘空间。在 Linux 系统中磁盘配额通过索引节点数和磁盘块区数来限制用户和组对磁盘空间的使用。

（1）索引节点数：限制用户或组在磁盘空间中能建立的文件个数。在 Linux 系统中每个文件都对应一个索引节点号，称为 inode。该编号在文件系统内是唯一的，因此通过限制 inode 的数量来限制用户创建文件的数量。

（2）磁盘块区数：限制用户或组在磁盘空间中能够使用的磁盘数据块数量，即限制用户实际使用的磁盘存储空间大小。

磁盘配额是针对系统中指定的用户或组账号设置使用磁盘空间的限额，而未被指定的用户或组将不受配额影响，对管理员（root）来说是不受配额限制的。

（二）配额指标及含义

（1）软限额（soft limit）：定义用户能使用的最小磁盘空间容量。当用户超过该限额时会收到警告消息，但还能继续使用超过软限额的空间一段时间（宽限期）。

（2）硬限额（Hard limit）：定义用户能使用的最大磁盘空间容量。当用户超过该限额后，立即收到错误报告信息，并拒绝用户写数据到该磁盘存储空间。

（3）宽限期（grace period）：定义用户使用的磁盘存储空间超过软限额但小于硬限额时的使用期限。

软、硬限额有什么区别？举例说明：若将用户的软限额设为 10 MB，而硬限额设为 15 MB，当用户使用的磁盘存储空间超过 10 MB 小于 15 MB 时，系统仍然允许用户继续写文件，但系统会给出相应的警告。在宽限期内，假如 7 天，使用的存储空间降到软限额以下就行。否则超过 7 天，超过软限额部分的数据可能会丢失。

项目实施

项目实施分解为 6 个任务进行，基于任务使读者熟练掌握磁盘分区、格式化、挂载和卸载的操作技能；在此基础上进一步掌握创建和管理交换分区、磁盘阵列、逻辑卷和磁盘配额的技能。

● 视频

使用fdisk和gdisk
创建分区

任务一 硬盘分区

1. 通过虚拟机给系统添加硬盘并识别

具体要求：正常生产环境下为了不影响服务器正在运行的服务业务，需要在不关闭或重启服务器的情况下添加新硬盘，Linux 系统能在线识别此硬盘。

（1）在已开启虚拟机状态下通过虚拟机设置界面模拟添加两块新硬盘，按提示向导设置新添加硬盘的接口类型为 SCSI，硬盘大小为 100 GB，如图 5-8 所示。

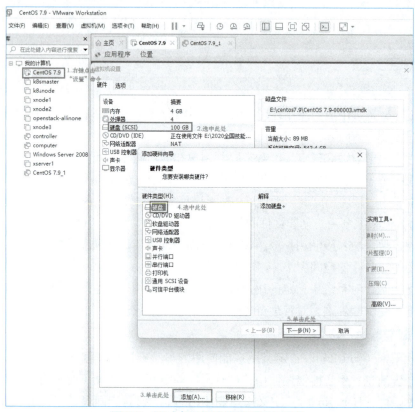

图 5-8 通过虚拟机设置界面添加硬盘

（2）用 lsblk 命令查看当前系统未自动检测到新添加的硬盘。

```
[root@localhost ~]# lsblk                    //查看未检测到sdb和sdc硬盘
NAME   MAJ:MIN RM  SIZE RO TYPE MOUNTPOINT
sda      8:0    0  100G  0 disk
├─sda1   8:1    0   2M   0 part
......//省略部分行
sr0     11:0    1  4.4G  0 rom  /run/media/localhost/CentOS 7 x86_64
```

（3）Linux 系统中在线识别出新添加的硬盘，也可以通过重启系统识别出。

```
[root@localhost ~]# ls /sys/class/scsi_host/        //查看SCSI总线
host0  host1  host2
[root@localhost ~]# echo "- - -" > /sys/class/scsi_host/host0/scan //扫描总线
[root@localhost ~]# echo "- - -" > /sys/class/scsi_host/host1/scan
[root@localhost ~]# echo "- - -" > /sys/class/scsi_host/host2/scan
[root@localhost ~]# lsblk
```

```
NAME    MAJ:MIN   RM  SIZE  RO  TYPE  MOUNTPOINT
sda     8:0       0   100G  0   disk
......// 省略部分行
sdb     8:16      0   50G   0   disk              // 识别出 sdb
sdc     8:32      0   50G   0   disk              // 识别出 sdc
```

2. 使用 fdisk 工具对硬盘进行分区

具体要求：按照 MBR 分区方案，用 fdisk 对 /dev/sdb 创建分区。规划分区如下：

➢ 对新硬盘 /dev/sdb 创建 2 个主分区，第 1 个主分区大小为 10 GB；第 2 个主分区大小为 4 GB，此分区用于任务 3 中扩容 swap 交换分区容量。

➢ 创建 1 个扩展分区，分配剩下的所有空间，在扩展分区中创建 2 个逻辑分区，大小各为 5 GB。

➢ 分区类型设置：主分区类型默认不变，把逻辑分区 5 设置为 Linux RAID 类型分区，逻辑分区 6 设置为 Linux LVM 类型分区。

（1）进入 fdisk 分区交互式界面，查询子命令及功能说明，主要子命令见表 5-4。

表 5-4 fdisk 工具的子命令及功能

指令	作 用	指令	作 用
a	调整磁盘的启动分区	p	显示当前磁盘的分区信息
d	删除磁盘分区	t	更改分区类型
l	显示所有支持的分区类型	u	切换所显示的分区大小单位
m	查看所有指令的帮助信息	n	创建新分区
q	不保存更改，退出 fdisk 命令	w	把修改写入分区表，然后退出 fdisk 命令

```
[root@localhost ~]# fdisk /dev/sdb              // 进入分区交互式界面
欢迎使用 fdisk (util-linux 2.23.2)。
更改将停留在内存中，直到您决定将更改写入磁盘。
使用写入命令前请三思。
Device does not contain a recognized partition table
使用磁盘标识符 0x50ff6e9a 创建新的 DOS 磁盘标签。
命令(输入 m 获取帮助):m                          // 获得子命令帮助信息
命令操作
   a   toggle a bootable flag                   // 调整磁盘的启动分区
   ......// 省略部分行
   d   delete a partition                       // 删除创建的新分区
   g   create a new empty GPT partition table
   G   create an IRIX (SGI) partition table
   l   list known partition types               // 列出分区类型信息
   m   print this menu                          // 显示子命令及功能说明
   n   add a new partition                      // 创建新分区
   o   create a new empty DOS partition table
   p   print the partition table                // 预览创建的分区信息
   q   quit without saving changes              // 不保存信息退出
   s   create a new empty Sun disklabel
   t   change a partition's system id           // 转换分区类型
   ......// 省略部分行
   w   write table to disk and exit             // 分区信息写入分区表保存并退出
   x   extra functionality(experts only)
```

(2)使用"n"子命令创建主分区。

```
命令(输入 m 获取帮助):n                          //新建第一个主分区
Partition type:
   p   primary(0 primary, 0 extended, 4 free)     //主分区类型
   e   extended                                   //扩展分区类型
Select(default p): p                              //创建主分区
分区号 (1-4,默认 1):                              //主分区编号,按【Enter】键默认为 1
起始 扇区 (2048-104857599,默认为 2048):           //起始扇区编号,按【Enter】键默认
将使用默认值 2048
//给第一个主分区分配空间为 10 GB
Last 扇区, +扇区 or +size{K,M,G} (2048~104857599,默认为 104857599):+10G
分区 1 已设置为 Linux 类型,大小设为 10 GB
命令(输入 m 获取帮助):n                          //新建第二个主分区
Partition type:
   p   primary(1 primary, 0 extended, 3 free)
   e   extended
Select (default p): p
分区号 (2-4,默认 2):                              //主分区编号,按【Enter】键默认为 2
起始 扇区 (20973568-104857599,默认为 20973568): //起始扇区编号,按【Enter】键默认
将使用默认值 20973568
//给第二个主分区分配空间为 4 GB
Last 扇区, +扇区 or +size{K,M,G} (20973568-104857599,默认为 104857599):+4G
分区 2 已设置为 Linux 类型,大小设为 4 GB
命令(输入 m 获取帮助):p                          //预览创建的分区信息
......//省略部分行
设备 Boot       Start        End         Blocks      Id    System
/dev/sdb1         2048     20973567     10485760     83    Linux
/dev/sdb2     20973568     29362175      4194304     83    Linux
```

(3)用"n"命令创建扩展分区和逻辑分区。

```
命令(输入 m 获取帮助):n
Partition type:
   p   primary (2 primary, 0 extended, 2 free)
   e   extended
Select (default p): e            //创建扩展分区
分区号 (3,4,默认 3):              //按【Enter】键默认使用主分区 3 来扩展分区
起始 扇区 (29362176-104857599,默认为 29362176):    //按【Enter】键默认
将使用默认值 29362176
Last 扇区, +扇区 or +size{K,M,G} (29362176-104857599,默认为 104857599):
//默认将使用默认值 104857599
分区 3 已设置为 Extended 类型,大小设为 36 GB
命令(输入 m 获取帮助):n                          //创建第一个逻辑分区
Partition type:
   p   primary(2 primary, 1 extended, 1 free)
   l   logical(numbered from 5)
Select (default p): l                             //设置为逻辑分区类型
添加逻辑分区 5                                    //逻辑分区编号默认从 5 开始
起始 扇区 (29364224-104857599,默认为 29364224)://按【Enter】键默认将使用默认值 29364224
Last 扇区, +扇区 or +size{K,M,G} (29364224-104857599,默认为 104857599):+5G
分区 5 已设置为 Linux 类型,大小设为 5 GB
命令(输入 m 获取帮助):n                          //创建第二个逻辑分区
```

```
Partition type:
   p   primary (2 primary, 1 extended, 1 free)
   l   logical (numbered from 5)
Select (default p): l
添加逻辑分区 6
起始 扇区 (39852032-104857599, 默认为 39852032):         //按【Enter】键默认
将使用默认值 39852032
Last 扇区, +扇区 or +size{K,M,G} (39852032-104857599,默认为 104857599):+5G
分区 6 已设置为 Linux 类型, 大小设为 5 GB
命令(输入 m 获取帮助):p
......//省略部分行
/dev/sdb3         29362176       104857599      37747712    5    Extended
/dev/sdb5         29364224        39849983       5242880   83    Linux
/dev/sdb6         39852032        50337791       5242880   83    Linux
```

（4）用 "d" 命令删除创建的分区。

```
命令(输入 m 获取帮助):d
分区号 (1-3,5,6,默认 6):6            //指定分区编号指定要删除的分区
分区 6 已删除
命令(输入 m 获取帮助):n              //再重建此分区
Partition type:
   p   primary (2 primary, 1 extended, 1 free)
   l   logical (numbered from 5)
Select (default p): l
添加逻辑分区 6
起始 扇区 (39852032-104857599, 默认为 39852032)://按【Enter】键默认
将使用默认值 39852032
Last 扇区, +扇区 or +size{K,M,G} (39852032-104857599, 默认为 104857599):+5G
分区 6 已设置为 Linux 类型, 大小设为 5 GB
```

（5）用 "t" 命令转换分区类型。

```
命令(输入 m 获取帮助):t              //用 t 命令转换分区类型
分区号 (1-3,5,6,默认 6):5            //用编号指定要转换分区
Hex 代码(输入 L 列出所有代码):l      //用 l 命令列出类型名称及十六进制类型值
 0  空            24  NEC DOS           81  Minix / 旧 Linu  bf  Solaris
 1  FAT12         27  隐藏的 NTFS Win   82  Linux 交换 / So  c1  DRDOS/sec (FAT-
 2  XENIX root    39  Plan 9            83  Linux            c4  DRDOS/sec (FAT-
 3  XENIX usr     3c  PartitionMagic    84  OS/2 隐藏的 C:   c6  DRDOS/sec (FAT-
 4  FAT16 <32M    40  Venix 80286       85  Linux 扩展       c7  Syrinx
 5  扩展          41  PPC PReP Boot     86  NTFS 卷集        da  非文件系统数据
......//省略部分行
Hex 代码(输入 L 列出所有代码):fd
已将分区"Linux"的类型更改为 Linux raid autodetect
命令(输入 m 获取帮助):t
分区号 (1-3,5,6,默认 6):6
Hex 代码(输入 L 列出所有代码):8e
已将分区"Linux"的类型更改为 Linux LVM
命令(输入 m 获取帮助):p              //预览创建的分区信息
......//省略部分行
/dev/sdb5         29364224        39849983       5242880   fd   Linux raid autodetect
/dev/sdb6         39852032        50337791       5242880   8e   Linux LVM
```

（6）保存分区信息到分区表并退出 fdisk 程序。

```
命令（输入 m 获取帮助）：w                              //保存退出 fdisk 工具
The partition table has been altered!
Calling ioctl() to re-read partition table.
正在同步磁盘。
[root@localhost~]# lsblk |grep sdb                   //查看 sdb 的分区结果
sdb         8:16   0   50G  0 disk
├─sdb1      8:17   0   10G  0 part
├─sdb2      8:18   0   4G   0 part
├─sdb3      8:19   0   1K   0 part
├─sdb5      8:21   0   5G   0 part
└─sdb6      8:22   0   5G   0 part
```

3. 使用 gdisk 工具对磁盘进行分区

具体要求：按 GPT 方案创建分区，不再区分主分区、扩展分区和逻辑分区类型，无须设置类型，用 gdisk 对 /dev/sdc 硬盘创建分区。规划如下：

➢ 对新硬盘 /dev/sdc 创建 4 个分区，每个分区大小为 5 GB。

➢ 第 1 个分区默认类型，第 2 个分区设置为 raid 类型，第 3 个分区设置为 lvm 类型，第 4 个分区设置为 swap 交换分区类型。

（1）进入 gdisk 分区交互式界面，gdisk 的子命令及功能和 fdisk 基本相似。

```
[root@localhost ~]# gdisk /dev/sdc                   //进入分区交互式界面
GPT fdisk (gdisk) version 0.8.10
......//省略部分行
Creating new GPT entries.
Command (? for help): ?                              //获得子命令帮助信息
```

（2）创建第一个分区，类型默认。

```
Command(? for help): n
Partition number (1-128, default 1):                 //按【Enter】键默认值
First sector(34-104857566, default=2048) or {+-}size{KMGTP}:
                                                     //按【Enter】键默认值
Last sector (2048-104857566, default=104857566) or {+-}size{KMGTP}: +5G
Current type is 'Linux filesystem'
Hex code or GUID (L to show codes, Enter=8300):
                                          //按【Enter】键使用默认类型值设置
Changed type of partition to 'Linux filesystem'
```

（3）创建第二个分区，类型设置为 Linux raid 类型。

```
Command (? for help): n
Partition number (2-128, default 2):                 //按【Enter】键默认值
First sector (34-104857566, default=10487808) or {+-}size{KMGTP}:
                                                     //按【Enter】键默认值
Last sector (10487808-104857566, default=104857566) or {+-}size{KMGTP}: +5G
Current type is 'Linux filesystem'
Hex code or GUID (L to show codes, Enter=8300): l    //查看类型值及类型名称
0700 Microsoft basic data  0c01 Microsoft reserved  2700 Windows RE
3000 ONIE boot             3001 ONIE config         4100 PowerPC PReP boot
4200 Windows LDM data      4201 Windows LDM metadata 7501 IBM GPFS
```

```
7f00 ChromeOS kernel        7f01 ChromeOS root          7f02 ChromeOS reserved
8200 Linux swap             8300 Linux filesyste        8301 Linux reserved
8302 Linux /home            8400 Intel Rapid Start      8e00 Linux LVM
a500 FreeBSD disklabel      a501 FreeBSD boot           a502 FreeBSD swap
a503 FreeBSD UFS            a504 FreeBSD ZFS            a505 FreeBSD Vinum/RAID
a580 Midnight BSD data      a581 Midnight BSD boot      a582 Midnight BSD swap
a583 Midnight BSD UFS       a584 Midnight BSD ZFS       a585 Midnight BSD Vinum
a800 Apple UFS              a901 NetBSD swap            a902 NetBSD FFS
a903 NetBSD LFS             a904 NetBSD concatenated    a905 NetBSD encrypted
a906 NetBSD RAID            ab00 Apple boot             af00 Apple HFS/HFS+
af01 Apple RAID             af02 Apple RAID offline     af03 Apple label
af04 AppleTV recovery       af05 Apple Core Storage     be00 Solaris boot
bf00 Solaris root           bf01 Solaris /usr & Mac Z   bf02 Solaris swap
bf03 Solaris backup         bf04 Solaris /var           bf05 Solaris /home
bf06 Solaris alternate se   bf07 Solaris Reserved 1     bf08 Solaris Reserved 2
bf09 Solaris Reserved 3     bf0a Solaris Reserved 4     bf0b Solaris Reserved 5
c001 HP-UX data             c002 HP-UX service          ea00 Freedesktop $BOOT
eb00 Haiku BFS              ed00 Sony system partitio   ed01 Lenovo system partit
Press the <Enter> key to see more codes: // 按【Enter】键继续浏览类型值及类型名称
ef00 EFI System             ef01 MBR partition scheme ef02 BIOS boot partition
fb00 VMWare VMFS            fb01 VMWare reserved        fc00 VMWare kcore crash p
fd00 Linux RAID
Hex code or GUID (L to show codes, Enter = 8300): fd00     // 设置类型值为 fd00
Changed type of partition to 'Linux RAID'
```

（4）创建第 3 个分区，类型设置为 Linux LVM 类型。

```
Command (? for help): n
Partition number (3-128, default 3):                     // 按【Enter】键默认值
First sector (34-104857566, default=20973568) or {+-}size{KMGTP}:
                                                         // 按【Enter】键默认值
Last sector (20973568-104857566, default=104857566) or {+-}size{KMGTP}: +5G
Current type is 'Linux filesystem'
Hex code or GUID (L to show codes, Enter=8300): 8e00 // 设置类型值为 8e00
Changed type of partition to 'Linux LVM'
```

（5）创建第 4 个分区，用 "t" 命令转换类型。

```
Command (? for help): n
Partition number (4-128, default 4):
First sector (34-104857566, default=31459328) or {+-}size{KMGTP}:
                                                         // 按【Enter】键默认值
Last sector (31459328-104857566, default=104857566) or {+-}size{KMGTP}: +5G
Current type is 'Linux filesystem'
Hex code or GUID (L to show codes, Enter=8300)://按【Enter】键使用默认类型
Changed type of partition to 'Linux filesystem'
Command (? for help): t                          // 用 "t" 命令转换类型
Partition number (1-4): 4                        // 输入要转换的分区编号
Current type is 'Linux filesystem'
Hex code or GUID (L to show codes, Enter = 8300): 8200   // 输入转换的类型值
Changed type of partition to 'Linux swap'
Command (? for help): p                          // 预览创建的分区信息
......// 省略部分行
```

```
Number  Start (sector)   End (sector)   Size      Code     Name
   1              2048       10487807   5.0 GiB   8300     Linux filesystem
   2          10487808       20973567   5.0 GiB   FD00     Linux RAID
   3          20973568       31459327   5.0 GiB   8E00     Linux LVM
   4          31459328       41945087   5.0 GiB   8200     Linux swap
```

（6）保存分区信息到分区表并退出 gdisk 程序。

```
Command (? for help): w
Final checks complete. About to write GPT data. THIS WILL OVERWRITE EXISTING
PARTITIONS!!
Do you want to proceed? (Y/N): y
OK; writing new GUID partition table (GPT) to /dev/sdc.
The operation has completed successfully.
[root@localhost ~]# lsblk | grep sdc
sdc      8:32    0    50G    0  disk
├─sdc1   8:33    0     5G    0  part
├─sdc2   8:34    0     5G    0  part
├─sdc3   8:35    0     5G    0  part
└─sdc4   8:36    0     5G    0  part
```

视频

格式化、挂载
和卸载

任务二　格式化、挂载和卸载

1. 格式化分区

具体要求：在任务一第 2 步成功创建分区的基础上，使用格式化命令将 /dev/sdb1 主分区及逻辑分区 /dev/sdb5、/dev/sdb6 格式化为 xfs 文件系统。

使用格式化命令如下：

```
mkfs|mkfs.xfs|mkfs.ext4    [选项]    设备名
```

常用的选项如下：

➢-t 文件系统类型：当命令名为 mkfs 时，可通过此选项指定文件系统类型。当命令名为 mkfs.xfs、mkfs.ext4 等时，不需要该选项。

➢-f：如果已创建文件系统在此分区，选项 -f 可强行格式化。

（1）/dev/sdb1、/dev/sdb2、/dev/sdb6 格式化为 xfs 文件系统。

```
[root@localhost ~]# mkfs.xfs /dev/sdb1
 [root@localhost~]# mkfs.xfs /dev/sdb5
[root@localhost~]# mkfs -t xfs  /dev/sdb6
```

（2）第二次格式化 /dev/sdb5 分区的提示信息。

```
[root@localhost ~]# mkfs.xfs  /dev/sdb5  //分区已存在文件系统，不允许再次格式化
mkfs.xfs: /dev/sdb5 appears to contain an existing filesystem (xfs).
mkfs.xfs: Use the -f option to force overwrite.
[root@localhost ~]# mkfs.xfs -f /dev/sdb5 //通过 -f 选项强制格式化，会清除所有数据
```

2. 挂载和卸载

具体要求：在任务二第 1 步格式化基础上，/mnt/ 目录下新建挂载子目录 s1、s5、s6，使用 mount 命令挂载 /dev/sdb1 主分区及逻辑分区 /dev/sdb5、/dev/sdb6 到指定目录，并完成光盘的挂载和卸载。

（1）挂载分区。

```
[root@localhost ~]# mkdir /mnt/s1 /mnt/s5 /mnt/s6    //建立挂载目录
[root@localhost ~]# mount /dev/sdb1 /mnt/s1          //挂载分区到指定目录
[root@localhost ~]# mount /dev/sdb5 /mnt/s5
[root@localhost ~]# mount /dev/sdb6 /mnt/s6
```

（2）查看分区的挂载信息。

```
[root@localhost ~]# mount |grep sdb
/dev/sdb1 on /mnt/s1 type xfs (rw,relatime,seclabel,attr2,inode64,noquota)
/dev/sdb5 on /mnt/s5 type xfs (rw,relatime,seclabel,attr2,inode64,noquota)
/dev/sdb6 on /mnt/s6 type xfs (rw,relatime,seclabel,attr2,inode64,noquota)
[root@localhost ~]# df |grep sdb
/dev/sdb1       10475520    32992 10442528    1% /mnt/s1
/dev/sdb5        5232640    32992  5199648    1% /mnt/s5
/dev/sdb6        5232640    32992  5199648    1% /mnt/s6
```

（3）测试通过挂载目录来读/写分区。

```
[root@localhost ~]# echo "this is testing" > /mnt/s1/file1   //建立测试文件
[root@localhost ~]# ls /mnt/s1
file1
[root@localhost ~]# umount /dev/sdb1           //卸载 sdb1 分区
[root@localhost ~]# ls /mnt/s1                 //挂载目录为空
[root@localhost ~]# mount /dev/sdb1 /mnt/s1    //重新挂载
[root@localhost ~]# ls /mnt/s1                 //目录中显示分区中保存的文件
file1
```

（4）光盘的挂载和卸载。

```
[root@localhost ~]# mkdir /opt/centos
[root@localhost ~]# mount /dev/cdrom /opt/centos    //挂载光盘到指定目录下
mount: /dev/sr0 写保护，将以只读方式挂载
[root@localhost ~]# ls /opt/centos                  //通过挂载目录显示光盘中文件
[root@localhost ~]# umount /dev/cdrom               //通过设备文件卸载光盘
[root@localhost ~]# ls /opt/centos                  //查看目录下是否有文件
[root@localhost ~]# mount /dev/cdrom /opt/centos    //重新挂载
[root@localhost ~]# umount /opt/centos              //通过挂载目录卸载光盘
```

（5）配置 /etc/fstab 文件自动挂载磁盘，系统每次启动会初始化文件中的挂载信息，自动完成设备挂载。

```
[root@localhost ~]# umount /dev/sdb1
[root@localhost ~]# umount /dev/cdrom
[root@localhost ~]# vim /etc/fstab
......//省略部分行
//在文件末尾添加两行
/dev/sdb1        /mnt/s1          xfs        defaults    0 0
/dev/cdrom       /opt/centos      iso9660    defaults    0 0
[root@localhost~]# mount -a              //测试添加的配置行能否正确执行
[root@localhost~]# blkid /dev/cdrom      //查看设备 ID
/dev/cdrom: UUID="2020-11-04-11-36-43-00"  ......
[root@localhost~]# blkid /dev/sdb1
```

```
/dev/sdb1: UUID="38cbf798-e5d0-4d41-b917-34d4835620a2" .........
[root@localhost~]# vim /etc/fstab        //用设备ID替换设备名，避免识别冲突
......// 省略部分行
UUID="38cbf798-e5d0-4d41-b917-34d4835620a2"  /mnt/sdb1    xfs     defaults  0 0
UUID="2020-11-04-11-36-43-00"           /opt/centos   iso9660  defaults  0 0
```

任务三　交换分区管理

●视频
管理交换分区

在 Linux 系统中，swap 交换分区的作用类似于 Windows 系统中的"虚拟内存"。当有程序被调入物理内存，但是该程序不是被 CPU 所取用时，这些不常被使用的程序代码和数据将会被放到 swap 交换分区当中，而将速度较快的物理内存空间释放给真正需要的程序使用，以避免因为物理内存不足而造成系统效能低的问题。如果系统没有 swap 交换分区，或者现有交换分区的容量不够用时，可扩容 swap 交换分区容量，扩容 swap 交换分区容量的方式有两种：通过 mkswap 工具格式化分区扩容 swap 分区容量和通过 mkswap 格式化文件扩容 swap 分区容量。

1. 通过 mkswap 工具格式化分区扩容 swap 分区容量

具体要求：使用任务一的第 2 步中创建的硬盘分区 /dev/sdb2 扩容交换分区，或重新创建分区来完成。本任务重新创建分区 /dev/sdb2，并指定为 Linux swap 类型，格式化分区为 swap 文件系统，并激活此分区临时加入交换分区空间，并通过修改 /etc/fstab 文件实现 /dev/sdb2 分区自动加入交换分区空间。

（1）使用 fdisk 创建 /dev/sdb2，并设置分区类型为 Linux swap。

```
[root@localhost ~]# fdisk /dev/sdb
......// 省略部分行
命令（输入 m 获取帮助）:n
Partition type:
   p   primary (0 primary, 0 extended, 4 free)
   e   extended
Select (default p): p
分区号 (1-4，默认 1):2
起始 扇区 (2048-104857599，默认为 2048):
将使用默认值 2048
Last 扇区, +扇区 or +size{K,M,G} (2048-104857599，默认 104857599):+4G
分区 2 已设置为 Linux 类型，大小设为 4 GB

命令（输入 m 获取帮助）:t            // 设置分区类型为 Linux swap
已选择分区 2
Hex 代码（输入 L 列出所有代码）:82    // 类型值为 82，可通过"L"子命令查询
已将分区 Linux 的类型更改为 Linux swap/Solaris
......// 省略部分行
命令（输入 m 获取帮助）:w            // 保存退出
The partition table has been altered!
Calling ioctl() to re-read partition table.
正在同步磁盘。
```

（2）格式化分区 /dev/sdb2 为 swap 文件系统是作为交换分区的前提。

```
[root@localhost ~]# mkswap /dev/sdb2
[root@localhost ~]# free -h          // 扩容前交换分区容量
```

```
                total            used              free         shared      buff/cache       available
Mem:            3.8G             847M              2.4G           55M           582M           2.7G
Swap:           4.0G             0B                4.0G
[root@localhost ~]# swapon -s            // 查看扩容前交换分区的构成和使用情况
文件名              类型              大小              已用           权限
/dev/sda6          partition          4194300            0            -2
```

（3）通过 swapon 命令激活分区作为交换分区实现临时扩容。

```
[root@localhost ~]# swapon /dev/sdb2
[root@localhost ~]# free -h              // 扩容后交换分区容量
                total            used              free         shared      buff/cache       available
Mem:            3.8G             850M              2.4G           55M           582M           2.7G
Swap:           8.0G             0B                8.0G
[root@localhost ~]# swapon -s            // 查看交换分区构成和使用情况
文件名              类型              大小              已用           权限
/dev/sda6          partition          4194300            0            -2
/dev/sdb2          partition          4194300            0            -3
```

（4）通过 swapoff 命令从交换分区空间收回分区 /dev/sdb2。

```
[root@localhost ~]# swapoff /dev/sdb2
[root@localhost ~]# free -h              // 查看交换分区容量
[root@localhost ~]# swapon -s            // 查看交换分区构成
```

（5）通过编辑 /etc/fstab 文件使分区作为交换分区实现自动扩容。

```
[root@localhost ~]# blkid /dev/sdb2      // 查看分区设备 ID 值
/dev/sdb2: UUID="41a7ff22-82d7-4ed0-b141-fdc97801039d" TYPE="swap"
[root@localhost ~]# vim /etc/fstab
// 省略若干行
// 在文件末尾添加以下一行：
UUID="41a7ff22-82d7-4ed0-b141-fdc97801039d"   swap    swap     defaults   0 0
[root@localhost ~]# swapon -a            // 测试添加的代码行能否正确运行
[root@localhost ~]# swapon -s            // 查看交换分区构成
```

2. 通过 mkswap 格式化文件扩容 swap 分区容量

具体要求：创建一个能存放 2 GB 数据的空白文件，格式化为 swap 文件系统，并激活此文件加入交换分区空间，并通过编辑 /etc/fstab 文件使空白文件空间自动加入交换分区空间。

（1）通过执行 dd 命令创建一个能存放 2 GB 数据的空白文件 swapfile。

```
// /dev/zero 是字符设备文件，可产生无限不断空数据流（null），本例用来创建一个
特定大小的空白文件，count 设置写入 2 次，每次 1 024 MB 的空数据流，共 2 048 MB，即 2 GB。
[root@localhost ~]# dd if=/dev/zero of=/swapfile bs=1024M count=2
记录了 2+0 的读入
记录了 2+0 的写出
2147483648 字节 (2.1 GB) 已复制，12.8313 秒，167 MB/秒
```

（2）格式化为 swap 文件系统才能使空白文件空间加入交换分区使用。

```
[root@localhost ~]# mkswap /swapfile
[root@localhost ~]# chmod 600 /swapfile          // 修改 swapfile 文件权限
```

（3）通过 swapon 命令激活空白文件空间作为交换分区实现临时扩容。

```
[root@localhost ~]# free -h                    // 扩容前虚拟内存大小
              total        used        free      shared    buff/cache   available
Mem:           3.8G        836M        1.1G        46M         1.9G        2.7G
Swap:          4.0G          0B        4.0G
[root@localhost ~]# swapon /swapfile           // 激活文件作为交换分区空间
[root@localhost ~]# free -h                    // 扩容后虚拟内存大小
              total        used        free      shared    buff/cache   available
Mem:           3.8G        837M        1.1G        46M         1.9G        2.7G
Swap:          6.0G          0B        6.0G
```

（4）通过 swapoff 命令从交换分区中收回空白文件空间。

```
[root@localhost ~]# swapoff /swapfile
[root@localhost ~]# free -h
```

（5）通过编辑 /etc/fstab 文件使空白文件空间作为交换分区实现自动扩容。

```
[root@localhost ~]#vim /etc/fstab
// 省略若干行，在文件末尾添加以下一行：
/swapfile   swap    swap    defaults   0 0
[root@localhost ~]# swapon -a                  // 测试添加的代码行能否运行完成扩容
[root@localhost ~]# swapon -s                  // 查看交换分区构成和使用情况
    文件名         类型           大小         已用        权限
/dev/sda6       partition       4194300         0          -2
/swapfile       file            2097148         0          -3
```

任务四　管理 RAID

1. 创建 raid5 阵列

具体要求：通过虚拟机添加一块 50 GB 硬盘，创建 5 个分区，模拟 5 个硬盘，4 个活动盘，1 个备份盘；创建阵列 raid5，并挂载使用此阵列 raid5。

（1）参考本项目任务一的第 1 步，通过虚拟机设置界面添加一块 50 GB 硬盘，并在系统中识别出硬盘。

```
[root@localhost ~]# lsblk
NAME    MAJ:MIN   RM   SIZE  RO  TYPE  MOUNTPOINT
sda       8:0     0    100G   0        disk
......// 省略部分行
sdb       8:16    0    50G    0        disk         // 识别出 sdb
```

（2）参考本项目任务一的第 3 步，对硬盘使用 GPT 分区方案，创建 5 个分区，每个分区大小 5 GB，并设置 Linux raid 类型分区，对应类型 ID 值为 fd00。

```
[root@localhost ~]# gdisk /dev/sdb             // 创建过程省略
[root@localhost ~]# lsblk
......// 省略部分行
sdb            8:32    0    50G    0  disk
├─sdb1         8:33    0     5G    0  part
├─sdb2         8:34    0     5G    0  part
├─sdb3         8:35    0     5G    0  part
├─sdb4         8:36    0     5G    0  part
```

```
  └─sdb5              8:37   0    5G    0 part
[root@localhost ~]# gdisk -l /dev/sdb           //可查看分区类型
```

（3）建立 raid5 阵列，4 个分区构成，1 个分区备份。

```
//-C 选项表示创建阵列，/dev/md5 阵列设备名，-l 指定阵列级别，-n 指定 4 个活动分区
// 构建阵列，-x 指定 1 个备份分区，随时顶替阵列中出错的分区
[root@localhost ~]# mdadm -C /dev/md5 -l 5 -n 4 -x 1 /dev/sdb{1,2,3,4,5}
mdadm: Defaulting to version 1.2 metadata
mdadm: array /dev/md5 started.
[root@localhost ~]# mdadm -D /dev/md5           //查看阵列信息
/dev/md5:
           Version : 1.2
     Creation Time : Tue Sep 19 22:08:43 2023
         Raid Leve : raid5
        Array Size : 15713280 (14.99 GiB 16.09 GB)
     Used Dev Size : 5237760 (5.00 GiB 5.36 GB)
      Raid Devices : 4
     Total Devices : 5
     ......// 省略部分行
    Number   Major   Minor   RaidDevice   State
       0       8      33         0        active sync   /dev/sdb1
       1       8      34         1        active sync   /dev/sdb2
       2       8      35         2        active sync   /dev/sdb3
       5       8      36         3        active sync   /dev/sdb4
       4       8      37         -        spare   /dev/sdb5        //备份盘
```

（4）格式化和挂载阵列操作。

```
[root@localhost ~]# mkfs.xfs /dev/md5
[root@localhost ~]# mkdir /opt/raid
[root@localhost ~]# mount /dev/md5 /opt/raid/   // 挂载阵列到指定目录
[root@localhost ~]# mount | grep raid           //mount 命令查看阵列挂载信息
/dev/md5 on /opt/raid type xfs     ......省
[root@localhost ~]# df -h | grep raid           //df 命令查看阵列挂载信息
/dev/md5         15G     33M    15G    1%  /opt/raid
```

2. 管理 raid5 阵列

具体要求：模拟一个损坏失效的分区，验证备份盘能否自动替换上去；并从阵列中移除失效的分区。

（1）人为标记一个失效的分区，并从阵列中移除失效分区，查看备份盘能否自动替换，并从阵列中移除失效的分区。

```
[root@localhost ~]# mdadm /dev/md5 --fail /dev/sdb3
mdadm: set /dev/sdb3 faulty in /dev/md5
[root@localhost ~]# mdadm -D /dev/md5
......// 省略部分行
    Number   Major   Minor   RaidDevice   State
       0       8      33         0        active sync     /dev/sdb1
       1       8      34         1        active sync     /dev/sdb2
       4       8      37         2        spare rebuilding   dev/sdb5
                                                             // 备份盘自动替换
```

```
        5          8        36         3         active sync   /dev/sdb4
        2          8        35         -         faulty        /dev/sdb3
[root@localhost ~]# mdadm /dev/md5 --remove /dev/sdb3    // 从阵列中移除 sdb3 分区
mdadm: hot removed /dev/sdb3 from /dev/md5
```

（2）增加一个分区到阵列作为备份盘。

```
[root@localhost ~]# mdadm /dev/md5 --add /dev/sdb3
mdadm: added /dev/sdb3
[root@localhost ~]# mdadm -D /dev/md5
    ......// 省略部分行
        4          8        37         2         active sync   /dev/sdb5
        5          8        36         3         active sync   /dev/sdb4
        6          8        35         -         spare         /dev/sdb3    //备份盘生效
```

（3）删除阵列 raid5。

```
[root@localhost ~]# umount /opt/raid                       // 如挂载先卸载阵列
[root@localhost ~]# mdadm -S /dev/md5                      // 停止阵列
mdadm: stopped /dev/md5
[root@localhost ~]# mdadm --zero-superblock /dev/sdb1      // 清除分区上的阵列信息
[root@localhost ~]# mdadm --zero-superblock /dev/sdb2
[root@localhost ~]# mdadm --zero-superblock /dev/sdb3
[root@localhost ~]# mdadm --zero-superblock /dev/sdb4
[root@localhost ~]# mdadm --zero-superblock /dev/sdb5
```

3. 创建 raid10 和 raid0 阵列

具体要求：创建阵列 raid10 成功后，删除此阵列，再创建阵列 raid0。

（1）创建阵列 raid10。

```
[root@localhost ~]# mdadm -C /dev/md10 -l 10 -n 4 /dev/sdb{1,2,3,4}
mdadm: Defaulting to version 1.2 metadata
mdadm: array /dev/md10 started.
[root@localhost ~]# mdadm -D /dev/md10
/dev/md10:
    ......// 省略部分行
    Number   Major   Minor   RaidDevice                                State
        0       8       33        0         active sync set-A   /dev/sdb1
        1       8       34        1         active sync set-B   /dev/sdb2
        2       8       35        2         active sync set-A   /dev/sdb3
        3       8       36        3         active sync set-B   /dev/sdb4
[root@localhost ~]# lsblk
    ......// 省略部分行
sdb                8:32    0   50G  0 disk
├─sdb1             8:33    0    5G  0 part
│ └─md10           9:10    0   10G  0 raid10                        // 分区上有阵列信息
    ......// 省略部分行
```

（2）删除阵列 raid10。

```
[root@localhost ~]# mdadm -S /dev/md10
mdadm: stopped /dev/md10
[root@localhost ~]# mdadm --zero-superblock /dev/sdb1
[root@localhost ~]# mdadm --zero-superblock /dev/sdb2
```

```
[root@localhost ~]# mdadm --zero-superblock /dev/sdb3
[root@localhost ~]# mdadm --zero-superblock /dev/sdb4
[root@localhost ~]# lsblk
......// 省略部分行
sdb                 8:32   0   50G   0 disk
├─sdb1              8:33   0    5G   0 part           // 分区上阵列信息已经清除
......// 省略部分行
```

（3）创建阵列 raid0。

```
[root@localhost ~]# mdadm -C /dev/md0 -l 0 -n 2 /dev/sdb{1,2}
mdadm: Defaulting to version 1.2 metadata
mdadm: array /dev/md0 started.
[root@localhost ~]# mdadm -D /dev/md0
/dev/md0:
        ......// 省略部分行
        Raid Leve       : raid0
        Array Size      : 10475520 (9.99 GiB 10.73 GB)
     Raid Devices       : 2
    Total Devices       : 2
        ......// 省略部分行
    Number   Major   Minor   RaidDevice   State
       0       8      33        0         active sync   /dev/sdb1
       1       8      34        1         active sync   /dev/sdb2
```

任务五　管理 LVM

1. 创建 LVM 逻辑卷

具体要求：利用 GPT 分区方案对硬盘创建 4 个分区 sdb1、sdb2、sdb3、sdb4，大小都设置为 5 GB，类型设置为 lvm，即类型 ID 为 8e00；利用 sdb1、sdb2、sdb3 创建卷组 vg0，在卷组上创建逻辑卷 lv0。

创建逻辑卷

（1）参考本项目任务一的第 1 步，通过虚拟机设置界面添加一块 50 GB 硬盘，并在系统中识别出硬盘。

```
[root@localhost ~]# lsblk
NAME    MAJ:MIN RM  SIZE RO TYPE MOUNTPOINT
sda              8:0    0  100G  0 disk
......// 省略部分行
sdb              8:16   0   50G  0 disk              // 识别出 sdb
```

（2）参考本项目任务一的第 3 步，对硬盘使用 GPT 分区方案，创建 4 个分区，每个分区大小 5 GB，并设置 Linux LVM 类型分区，对应类型 ID 值为 8e00。

```
[root@localhost ~]# gdisk /dev/sdb          // 创建过程省略
[root@localhost ~]# lsblk
......// 省略部分行
sdb                 8:32   0   50G   0 disk
├─sdb1              8:33   0    5G   0 part
├─sdb2              8:34   0    5G   0 part
├─sdb3              8:35   0    5G   0 part
├─sdb4              8:36   0    5G   0 part
```

```
sr0          11:0    1   4.4G  0 rom  /opt/centos
[root@localhost ~]# gdisk -l /dev/sdb              // 可查看分区类型
```

（3）把 4 个分区转换为物理卷。

```
[root@localhost ~]# pvcreate /dev/sdb{1,2,3,4}     // 转换分区为物理卷
  Physical volume "/dev/sdb1" successfully created.
  Physical volume "/dev/sdb2" successfully created.
  Physical volume "/dev/sdb3" successfully created.
  Physical volume "/dev/sdb4" successfully created.
[root@localhost ~]# pvs                            // 简洁查看物理卷信息
  PV         VG  Fmt  Attr PSize PFree
  /dev/sdb1      lvm2 ---  5.00g 5.00g
  /dev/sdb2      lvm2 ---  5.00g 5.00g
  /dev/sdb3      lvm2 ---  5.00g 5.00g
  /dev/sdb4      lvm2 ---  5.00g 5.00g
[root@localhost ~]# pvdisplay /dev/sdb1            // 详细查看某个物理卷信息
  "/dev/sdb1" is a new physical volume of "5.00 GB"
  --- NEW Physical volume ---
  PV Name               /dev/sdb1
  VG Name
  PV Size               5.00 GB
  ......// 省略部分行
```

（4）创建卷组 vg0，由 3 个物理卷组成。

```
[root@localhost ~]# vgcreate vg0 /dev/sdb{1,2,3}
  Volume group "vg0" successfully created
[root@localhost ~]# vgs                            // 简洁查看卷组信息
  VG  #PV #LV #SN Attr   VSize   VFree
  vg0   3   0   0 wz--n- <14.99g <14.99g
[root@localhost ~]# vgdisplay                      // 详细查看卷组信息
  --- Volume group ---
  VG Name               vg0
  ......// 省略部分行
  VG Size               <14.99 GiB
  PE Size               4.00 MiB
  Total PE              3837
  Alloc PE / Size       0/0
  Free  PE / Size       3837/<14.99 GiB
  VG UUID               CFUH2c-4ucs-Qvil-G73x-X9OM-iiqS-CxJ2Ze
```

（5）创建逻辑卷 lv0，-L 选项指定逻辑卷大小，-n 指定逻辑卷名称，产生逻辑卷设备文件为 /dev/vg0/lv0。

```
[root@localhost ~]# lvcreate -L 10G -n lv0 vg0
  Logical volume "lv0" created.
[root@localhost ~]# lvs /dev/vg0/lv0   // 简洁查看逻辑卷信息
  LV  VG  Attr       LSize  Pool Origin Data% Meta% Move Log Cpy%Sync Convert
  lv0 vg0 -wi-a----- 10.00g
[root@localhost ~]# lvdisplay /dev/vg0/lv0         // 详细查看逻辑卷信息
  --- Logical volume ---
  LV Path               /dev/vg0/lv0
  LV Name               lv0
```

```
  VG Name                       vg0
  LV UUID                       XXSDRT-YQ8J-v79n-HvdY-lpga-fiL0-YYvFpA
  LV Write Access               read/write
  LV Creation host, time localhost.localdomain, 2023-09-20 06:48:52 +0800
  LV Status                     available
  # open                        0
  LV Size                       10.00 GiB
......// 省略部分行
```

2. 对 ext4 文件系统的逻辑卷扩容

具体要求：对第 1 步创建的逻辑卷 lv0 格式化为 ext4 文件系统，并挂载 lv0；在线扩容 lv0 增加 1GB 的空间，在文件系统中能查看到增加的空间。

视频

扩容ext4和xfs文件系统的逻辑卷

（1）格式化为 ext4 文件系统和挂载逻辑卷。

```
[root@localhost ~]# mkfs.ext4 /dev/vg0/lv0    // 格式化逻辑分区为 ext4 文件系统
[root@localhost ~]# mkdir /lv0                // 建立挂载目录
[root@localhost ~]# mount /dev/vg0/lv0 /lv0   // 挂载逻辑卷
```

（2）在线扩容逻辑卷容量 (在线即逻辑卷处于挂载使用状态)。

```
[root@localhost ~]# lvextend -L +1G /dev/vg0/lv0    // 扩容逻辑卷增加 1GB 空间
  Size of logical volume vg0/lv0 changed from 10.00 GB (2560 extents) to 11.00 GiB (2816 extents).
  Logical volume vg0/lv0 successfully resized.
[root@localhost ~]# lvs /dev/vg0/lv0
  LV   VG  Attr       LSize  Pool Origin Data%  Meta%  Move Log Cpy%Sync Convert
  lv0  vg0 -wi-ao---- 11.00g
```

（3）使逻辑卷扩容增加的空间在文件系统中显现生效。

```
[root@localhost ~]# df -h | grep lv0          // 增加的空间在挂载目录中没有显现生效
/dev/mapper/vg0-lv0   9.8G  37M  9.2G   1% /lv0
[root@localhost ~]# resize2fs /dev/vg0/lv0    // 使增加的空间在挂载目录中显现生效
[root@localhost ~]# df -h | grep lv0          // 挂载目录中显示出增加的空间
/dev/mapper/vg0-lv0   11G   41M  11G   1% /lv0
```

3. 扩容卷组空间创建第 2 个逻辑卷

具体要求：在第 1 步创建的卷组 vg0 上创建第 2 个逻辑卷 vg1，如果空间不够，先扩容卷组 vg0，再创建逻辑卷 lv1。

（1）创建第 2 个逻辑卷，由于卷组 vg0 空间不够，无法创建。

```
[root@localhost ~]# lvcreate -L 7G -n lv1 vg0
  Volume group "vg0" has insufficient free space (1021 extents): 1792 required.
[root@localhost ~]# vgs
  VG  #PV #LV #SN Attr   VSize   VFree
  vg0  3   1   0  wz--n- <14.99g <3.99g
```

（2）扩容卷组的容量，把 sdb4 物理卷加到卷组中。

```
[root@localhost ~]# vgextend vg0 /dev/sdb4      // 扩容卷组，sdb4 加入卷组
  Volume group "vg0" successfully extended
[root@localhost ~]# vgs
  VG  #PV #LV #SN Attr   VSize   VFree
```

```
  vg0    4   1   0  wz--n-   19.98g   8.98g
```

（3）创建第 2 个逻辑卷成功。

```
[root@localhost ~]# lvcreate -L 7G -n lv1 vg0
  Logical volume "lv1" created.
[root@localhost ~]# lvs
  LV   VG   Attr       LSize Pool Origin Data%  Meta%  Move Log Cpy%Sync Convert
  lv0  vg0  -wi-ao---- 11.00g
  lv1  vg0  -wi-a----- 7.00g
```

4. 对 xfs 文件系统的逻辑卷扩容

具体要求：对第 3 步创建的第 2 个逻辑卷 lv1 格式化为 xfs 文件系统，并挂载使用此逻辑卷，在线扩容增加此逻辑卷 1 GB 的空间，并在文件系统中能看到增加的空间。

（1）格式化为 xfs 文件系统和挂载逻辑卷。

```
[root@localhost ~]# mkfs.xfs /dev/vg0/lv1         //格式化逻辑分区为 xfs 文件系统
[root@localhost ~]# mkdir /lv1                     //建立挂载目录
[root@localhost ~]# mount /dev/vg0/lv1  /lv1      //挂载逻辑卷到目录
[root@localhost ~]# echo "I am zhang3" > /lv1/zhang3.txt    //建立测试文件
[root@localhost ~]# lvs /dev/vg0/lv1               //扩容前逻辑卷大小
  LV   VG   Attr       LSize Pool Origin Data%  Meta%  Move Log Cpy%Sync Convert
  lv1  vg0  -wi-ao---- 7.00g
```

（2）在线扩容逻辑卷容量。

```
[root@localhost ~]# lvextend -L +1G /dev/vg0/lv1            //增加逻辑卷 1G 空间
  Size of logical volume vg0/lv1 changed from 7.00 GiB (1792 extents) to 8.00 GiB 
(2048 extents).
  Logical volume vg0/lv1 successfully resized.
[root@localhost ~]# lvs /dev/vg0/lv1
  LV   VG   Attr       LSize Pool Origin Data%  Meta%  Move Log Cpy%Sync Convert
  lv1  vg0  -wi-ao---- 8.00g
[root@localhost ~]# df -h | grep lv1             //增加的空间在挂载目录中没有显现生效
/dev/mapper/vg0-lv1   7.0G   33M  7.0G   1% /lv1
```

（3）使逻辑卷扩容增加的空间在文件系统中显现生效。

```
[root@localhost ~]# xfs_growfs /lv1               //使增加空间在挂载目录中显示
[root@localhost ~]# df -h | grep lv1              //挂载目录中显示出增加的空间
/dev/mapper/vg0-lv1   8.0G   33M  8.0G   1% /lv1
[root@localhost ~]# cat /lv1/zhang3.txt           //扩容逻辑卷不影响已经存储的数据
I am zhang3
```

> **提示**：对于 xfs 格式的文件系统，可使用 xfs_growfs 命令，将扩容后的逻辑卷容量显示到挂载目录上；对于 ext2/3/4 格式的文件系统使用 resize2fs 命令将扩展后的逻辑卷容量显示到挂载上。但对于 ext2/3/4 格式的文件系统，不仅可以扩展空间，还可以在离线状态下（卸载逻辑卷）缩小空间，xfs 文件系统逻辑卷只能扩容不能缩小空间。

5. 删除逻辑卷、卷组和物理卷

具体要求：删除上面任务创建的逻辑卷 lv0 和 lv1，按删除逻辑卷（如挂载先卸载）→删除卷组→删除物理卷顺序进行。

（1）如挂载逻辑卷先卸载。

```
[root@localhost ~]# umount /dev/vg0/lv0
[root@localhost ~]# umount /dev/vg0/lv1
```

（2）删除逻辑卷。

```
[root@localhost ~]# lvremove /dev/vg0/lv0
Do you really want to remove active logical volume vg0/lv0? [y/n]: y
  Logical volume "lv0" successfully removed
[root@localhost ~]# lvremove /dev/vg0/lv1
Do you really want to remove active logical volume vg0/lv1? [y/n]: y
  Logical volume "lv1" successfully removed
```

（3）删除卷组。

```
[root@localhost ~]# vgremove vg0
  Volume group "vg0" successfully removed
```

（4）删除物理卷。

```
[root@localhost ~]# pvremove /dev/sdb{1,2,3,4}
  Labels on physical volume "/dev/sdb1" successfully wiped.
  ......// 省略部分行
```

任务六　管理配额

1. 基于 xfs 文件系统创建用户和组配额

具体要求：某学校现有存储服务器一台，供 5 位参加技能比赛的学生共享一个硬盘分区空间，分区为 /dev/sdb2、/data 目录为挂载点，建立 5 位学生对应的用户账户和组账户，通过用户和组账户进行配额限制：

➢ 对应的用户账户为 stu1、stu2、stu3、stu4、stu5，密码为 12345，主组（初始组）设置为 gtest。

➢ 5 个用户使用存储空间的 soft limits 为 80 MB、hard limits 为 100 MB，文件数的 soft limits 为 3 个、hard limits 为 5 个。

➢ 宽限时间限制：每个用户在超过 soft limits 之后，能够拥有 14 天的宽限时间处理降到 soft limits 下。

➢ gtest 组使用存储空间的 soft limits 为 400 MB，hard limits 为 450 MB，文件数的 soft limits 为 15 个、hard limits 为 22 个。组配额设置 5 个用户的硬配额，使用存储空间不能超过 450 MB，建立文件数不能超过 22 个。

视 频

创建和测试磁盘配额

（1）建立对应的学生和组账户。

```
[root@localhost ~]# groupadd gtest                    // 建立组
[root@localhost ~]# useradd -g gtest stu1             // 建立用户
[root@localhost ~]# useradd -g gtest stu2
[root@localhost ~]# useradd -g gtest stu3
[root@localhost ~]# useradd -g gtest stu4
[root@localhost ~]# useradd -g gtest stu5
[root@localhost ~]# echo "12345" | passwd --stdin stu1  // 设置用户密码
更改用户 stu1 的密码。                                 // 命令执行提示信息
passwd：所有的身份验证令牌已经成功更新。
```

```
[root@localhost ~]# echo "12345" | passwd --stdin stu2
[root@localhost ~]# echo "12345" | passwd --stdin stu3
[root@localhost ~]# echo "12345" | passwd --stdin stu4
[root@localhost ~]# echo "12345" | passwd --stdin stu5
```

提示：可通过编写脚本批量建立用户账户。

```
[root@localhost ~]#vi  addusers.sh
#/bin/bash
# 建立配额组和多个用户
groupadd gtest
for username in stu1 stu2  stu3  stu4  stu5
  do
      useradd -g gtest $username
      echo "12345" | passwd --stdin  $username
  done
[root@localhost ~]#bash addaccount.sh              // 执行脚本
```

（2）创建分区，格式化为 xfs 文件系统，并挂载到 /data 目录，赋予用户对分区的写权限。

```
[root@localhost ~]# gdisk /dev/sdb                 // 创建分区过程略
[root@localhost ~]# mkdir /data
[root@localhost ~]# chmod 777 /data                // 赋予用户对挂载目录写权限
[root@localhost ~]# mkfs.xfs /dev/sdb2
[root@localhost ~]# mount /dev/sdb2 /data
```

（3）开启分区对应挂载目录的配额功能。

```
[root@localhost ~]# mount | grep data              // 默认没有启用配额功能
/dev/sdb2 on /data type xfs (rw,relatime,seclabel,attr2,inode64,noquota)
[root@localhost ~]# umount /dev/sdb2               // 卸载分区
// 重新挂载分区到目录，并开启配额功能
[root@localhost ~]# mount -o usrquota,grpquota /dev/sdb2 /data
[root@localhost ~]# mount | grep data              // 配额功能开启成功
/dev/sdb2 on /data type xfs (rw,relatime,seclabel,attr2,inode64,usrquota,grpquota)
```

提示：通过编辑配置文件 /etc/fstab，设置系统启动自动挂载分区到目录，同时启用配额功能。

```
[root@localhost ~]# vim /etc/fstab
.....// 省略若干行
// 在文件末尾添加下一行内容
 /dev/sdb2   /data  xfs  defaults,usrquota,grpquota  0 0
[root@localhost ~]# umount /dev/sdb2
[root@localhost ~]# mount -a                       // 测试配置代码能否正确运行
```

（4）使用 xfs_quota 命令设置用户和组的配额和宽限期。

xfs_quota 命令的常用格式如下：

```
xfs_quota  -x  -c  "子命令"  挂载目录
```

其中的参数说明如下：

➢ -x：使用专家模式，只有此模式才能设置配额。

➢ -c "子命令"：以交换式或参数的形式设置要执行的命令，其中常用的子命令如下：
report：显示配额信息。
limit：设置配额。
timer：设置宽限期。
disable|enable：暂时关闭或启用磁盘配额限制。
off：完全关闭磁盘配额限制，此时，无法用 enable 重启配额限制，只能通过卸载后再重新挂载才可恢复配额限制功能。

```
//bsoft 设置空间软限额，bhard 设置空间硬限额，isoft 设置文件数软限额，ihard 设置
// 文件数硬限额
# xfs_quota -x -c 'limit bsoft=80m bhard=100m isoft=3 ihard=5 stu1' /data
# xfs_quota -x -c 'limit bsoft=80m bhard=100m isoft=3 ihard=5 stu2' /data
# xfs_quota -x -c 'limit bsoft=80m bhard=100m isoft=3 ihard=5 stu3' /data
# xfs_quota -x -c 'limit bsoft=80m bhard=100m isoft=3 ihard=5 stu4' /data
# xfs_quota -x -c 'limit bsoft=80m bhard=100m isoft=3 ihard=5 stu5' /data
// 用 -g 选项设置组的软硬限额
# xfs_quota -x -c 'limit -g  bsoft=400m bhard=450m isoft=15 ihard=22 gtest' /data
// 用 timer 子命令设置用户（-u）或组（-g）使用存储空间（-b）或文件数（-i）的宽限
// 期为 14 天，即用户使用的存储空间或建立文件数超过软限额，必须在 14 天内降到软限额以下
# xfs_quota -x -c "timer -u -bi  14days" /data
# xfs_quota -x -c "timer -g -bi  14days" /data
```

（5）查看用户和组的配额报表。

```
# xfs_quota -x -c "report -ugbih" /data
User quota on /data (/dev/sdb2)
                        Blocks                              Inodes
User ID      Used    Soft    Hard  Warn/Grace     Used    Soft    Hard Warn/Grace
---------- --------------------------------- ---------------------------------
root           0       0       0    00 [0 days]     3       0       0   00 [0 days]
stu1           0      80M    100M   00 [------]     0       3       5   00 [------]
stu2           0      80M    100M   00 [------]     0       3       5   00 [------]
stu3           0      80M    100M   00 [------]     0       3       5   00 [------]
stu4           0      80M    100M   00 [------]     0       3       5   00 [------]
stu5           0      80M    100M   00 [------]     0       3       5   00 [------]
Group quota on /data (/dev/sdb2)
                        Blocks                              Inodes
Group ID     Used    Soft    Hard  Warn/Grace     Used    Soft    Hard Warn/Grace
---------- --------------------------------- ---------------------------------
root           0       0       0    00 [------]     3       0       0   00 [------]
gtest          0     400M    450M   00 [------]     0      15      22   00 [------]
```

2. 测试配额功能

具体要求：测试第 1 步创建的软配额和硬配额是否起作用，分别进行磁盘使用空间限额和建立文件数限额测试。

1）验证用户使用空间容量的配额测试：

（1）切换到用户 stu1，测试在软限额 80 MB 时能否写入一个 60 MB 文件。

```
[root@localhost ~]# su - stu1
```

> 提示:"/dev/zero"是字符设备文件,可产生无限不断数据流,本例用来创建一个 60 MB 的 file1 文件,count 设置写入 2 次,每次 30 MB 的数据流,共 60 MB。

```
[stu1@localhost ~]$ dd if=/dev/zero of=/data/file1 count=2 bs=30M
记录了 2+0 的读入
记录了 2+0 的写出                            //在软限额 80 MB 范围内时成功写入文件
62914560 字节 (63 MB) 已复制, 0.352023 秒, 179 MB/秒
```

(2)测试 stu1 在软限额 80 MB,硬限额 100 MB 时能否写入一个 90 MB 文件。

```
[stu1@localhost ~]$ rm /data/file1      //删除文件重新测试
//向文件 /data/file1 中写入 90M 数据
[stu1@localhost ~]$ dd if=/dev/zero of=/data/file1 count=3 bs=30M
记录了 3+0 的读入
记录了 3+0 的写出          //超出软限额 80 MB 但未超出硬限额 100 MB 时仍能成功写入
94371840 字节 (94 MB) 已复制, 0.358947 秒, 263 MB/秒
[stu1@localhost ~]$ quota     //宽限期变为 13 天,宽限期内须降到软限额 80 MB 以下
Disk quotas for user stu1 (uid 1003):
 Filesystem  blocks   quota   limit   grace   files   quota   limit   grace
 /dev/sdb2   92160*   81920  102400  13days     1       3       5
```

(3)测试 stu1 在硬限额 100 MB 时能否写入一个 120 MB 文件。

```
[stu1@localhost ~]$ rm  /data/file1      //删除文件重新测试
//向文件 /data/file1 中写入 120M 数据
[stu1@localhost ~]$ dd if=/dev/zero of=/data/file1 count=4 bs=30M
dd: 写入 "/data/file1" 出错: 超出磁盘限额
记录了 4+0 的读入
记录了 3+0 的写出          //在写入过程中超出硬限额 100 MB 时被中断,只写入部分
104595456 字节 (105 MB) 已复制, 0.197853 秒, 529 MB/s
[stu1@localhost ~]$ quota     //宽限期变为 13 天,宽限期内须降到软限额 80 MB 以下
Disk quotas for user stu1 (uid 1003):
 Filesystem  blocks    quota   limit   grace   files   quota   limit   grace
 /dev/sdb2   102144*   81920  102400  13days     1       3       5
```

2)验证用户建立文件数的配额测试:

(1)切换到用户 stu2,测试在文件数软限额 3 时能否写入 3 个文件。

```
[root@localhost ~]# su - stu2
[stu2@localhost ~]$ rm  /data/*
[stu2@localhost ~]$ touch /data/f{1,2,3}    //在软限额范围内时成功建立 3 个文件
```

(2)测试 stu2 在文件数软限额 3,硬限额 5 时能否写入 4 个文件。

```
[stu2@localhost ~]$ rm -r /data/f*
[stu2@localhost ~]$ touch /data/f{1..4}    //软限额和硬限额之间仍成功建立 4 个文件
[stu2@localhost ~]$ quota         //宽限期变为 13 天,宽限期内须降到 3 个文件
Disk quotas for user stu2 (uid 1004):
 Filesystem  blocks   quota   limit   grace   files   quota   limit   grace
 /dev/sdc2      0     81920  102400             4*      3       5    13days
```

(3)测试 stu2 在文件数硬限额 5 时能否写入 7 个文件。

```
[stu2@localhost ~]$ rm -r /data/f*
[stu2@localhost ~]$ touch /data/f{1..7}
touch: 无法创建 "/data/f6": 超出磁盘限额        //超过文件数硬限额,无法建立 f6
```

```
touch: 无法创建"/data/f7": 超出磁盘限额
[stu2@localhost ~]$ quota
Disk quotas for user stu2 (uid 1004):
   Filesystem  blocks   quota   limit   grace   files   quota   limit   grace
   /dev/sdb2        0   81920  102400              5*       3       5  13days
```

3. 配额功能管理

具体要求：测试临时关闭磁盘配额功能和重启磁盘配额功能的影响效果；删除某个用户配额功能的方法，及完全关闭配额功能的影响效果。

（1）临时关闭磁盘配额限额。

```
[root@localhost ~]# xfs_quota -x -c disable /data
[root@localhost ~]# su stu1
// 在配额关闭时超额存储成功
[stu1@localhost root]$ dd if=/dev/zero of=/data/file1 count=4 bs=30M
记录了 4+0 的读入
记录了 4+0 的写出
125829120 字节 (126 MB) 已复制, 0.389745 秒, 323 MB/秒
```

（2）重启磁盘配额限额。

```
[stu1@localhost ~]$ su - root
[root@localhost ~]# xfs_quota -x -c enable /data     // 重启磁盘配额限额
[root@localhost ~]# su - stu1
[stu1@localhost ~]$ rm /data/*
[stu1@localhost ~]$ dd if=/dev/zero of=/data/file1 count=4 bs=30M
dd: 写入 "/data/file1" 出错: 超出磁盘限额
记录了 4+0 的读入
记录了 3+0 的写出
104595456 字节 (105 MB) 已复制, 0.0833999 秒, 1.3 GB/秒
```

（3）删除某个用户磁盘配额的两种方法。

```
// 方法一：使用 xfs_quota 命令将对应用户的软硬限额全部设置成 0
#xfs_quota -x -c "limit bsoft=0 bhard=0 isoft=0 ihard=0 stu1"  /data
// 方法二：编辑对应用户的 quota 配置，将软硬限额全部设置成 0
#edquota -u stu2
sk quotas for user stu2 (uid 1004):
   Filesystem         blocks      soft      hard     inodes      soft      hard
   /dev/sdb2               0         0         0          0         0         0
```

（4）完全关闭磁盘配额功能。

```
[root@localhost ~]# xfs_quota -x -c "off"  /data   // 完全关闭磁盘配额的功能
[root@localhost ~]# xfs_quota -x -c "enable"  /data
XFS_QUOTAON: 无效的参数              // 完全关闭配额后无法用 enable 重启配额
[root@localhost ~]# umount /data
[root@localhost ~]# mount -a             // 只有卸载后再重新挂载才能恢复配额功能
[root@localhost ~]# mount | grep data
/dev/sdb2 on /data type xfs (rw,relatime,seclabel,attr2,inode64,usrquota,grpquota)
```

项目小结

本项目首先介绍了磁盘接口的类型及特点、硬盘分区的两种方案、块设备文件名特征、分区格式化和挂载的实质;其次介绍了磁盘阵列、逻辑卷、磁盘配额的概念及功能;并通过具体实践任务介绍了使用 fdisk 和 gdisk 工具创建分区、格式化分区、挂载分区的操作及交换分区、磁盘阵列、逻辑卷和磁盘配额的创建和管理。

项目实训

【实训目的】

熟练掌握在 Linux 系统中对硬盘进行分区、格式化和挂载的操作技能;能够使用 mdadm 工具创建和管理 raid5,使用 LVM 工具创建和管理逻辑分区,使用 xfs_quota 工具创建和管理磁盘配额。

【实训环境】

一人一台 Windows 10 物理机,安装了 RHEL 7/CentOS 7 的一台虚拟机,并通过 VMware 虚拟机添加 5 块硬盘完成以下任务。

【实训内容】

任务一:硬盘分区管理。某企业 Linux 服务器中新增了一块硬盘 /dev/sdb(2 TB),请使用 fdisk 工具新建 /dev/sdb1 主分区(100 GB)和 /dev/sdb2 扩展分区(400 GB),并在扩展分区中新建逻辑分区 /dev/sdb5(200 GB)、dev/sdb6(200 GB),使用 mkfs 命令分别创建 ext3、ext4、xfs 文件系统。然后用 fsck 命令检查这 3 个文件系统。最后挂载 3 个分区到 /opt/sdb1、/opt/sdb5、/opt/sdb6 目录下。通过给虚拟机添加 1 块硬盘模拟完成硬盘分区管理。

任务二:RAID 管理。某企业为了保护重要数据,购买了 5 块同一厂家的 SCSI 硬盘。要求在这 5 块硬盘上创建 RAID5 阵列、4 块活动盘、1 块备份盘,以实现硬盘容错。通过给虚拟机添加 5 块硬盘模拟完成 raid 管理。

任务三:LVM 管理。利用 GPT 分区方案对服务器添加的一块硬盘创建 3 个分区 sdb1、sdb2、sdb3,大小都设置为 5 GB,类型设置为 lvm;先使用 sdb1、sdb2 构建卷组 vg0,在卷组上创建容量大小为 5 GB 的逻辑卷 lv0,并格式化为 xfs 文件系统,挂载到 /opt/lv0 目录使用;对 lv0 扩容增加到 8 GB,并在挂载目录上显示体现出来;在卷组 vg0 上建立第 2 个逻辑卷 lv1,大小为 5 GB 如空间不够利用 sdb3 扩容卷组 vg0 再创建第 2 个逻辑卷 lv1;最后删除创建的逻辑卷、卷组和物理卷。通过给虚拟机添加 1 块硬盘模拟完成 LVM 管理。

任务四:配额管理。创建 /dev/sdb5 分区,以 /data 目录为挂载点挂载分区,针对用户 zhang3 限制磁盘软限额为 100 MB、磁盘硬限额为 120 MB、文件数软限额为 3 个、文件数硬限额为 6 个,宽限期设置 10 天,最后测试用户的配额功能。通过给虚拟机添加 1 块硬盘模拟完成配额管理。

课后习题

一、选择题

1. 光盘所使用的文件系统类型为（　　）。
   A. ext2　　　　　B. ext3　　　　　C. swap　　　　　D. iso9600
2. 在以下设备文件中，代表第三个 SCSI 接口硬盘的设备文件是（　　）。
   A. /etc/sdc3　　　B. etc/sdc　　　　C. /etc/sda3　　　D. /dev/sda
3. 将光盘 CD-ROM（cdrom）挂载到文件系统的 /mnt/cdrom 目录下的命令是（　　）。
   A. mount /mnt/cdrom　　　　　　　　B. mount /mnt/cdrom /dev/cdrom
   C. mount /dev/cdrom /mnt/cdrom　　　D. mount /dev/cdrom
4. 在以下设备文件中，代表第二个 SCSI 硬盘的第二个逻辑分区的设备文件是（　　）。
   A. /dev/sdb5　　　B. /etc/sdb5　　　C. /etc/sdb6　　　D. /dev/sdb6
5. RHEL7/CENTOS7 的默认文件系统为（　　）。
   A. ext4　　　　　B. ISO9660　　　　C. xfs　　　　　D. vfat
6. 下列关于 /etc/fstab 文件的描述正确的是（　　）。
   A. 启动系统后，由系统自动产生此文件
   B. 用于管理文件系统信息
   C. 用于设置命名规则，是否可以使用【Tab】键来命名一个文件
   D. 保存硬件设备信息。
7. 若想在一个新分区上建立文件系统，则应该使用命令（　　）。
   A. fdisk　　　　　B. makefs　　　　C. mkfs　　　　　D. format
8. Linux 系统的文件系统目录结构是一棵倒置的树，文件都按其作用分门别类地放在不同层次的目录中。现有一个外部设备文件，应该将其放在（　　）目录中。
   A. /bin　　　　　B. /etc　　　　　C. /dev　　　　　D. /lib
9. 既能提高数据的读/写速度，又能通过数据校验提供纠错功能的阵列是（　　）。
   A. Raid0　　　　B. Raid1　　　　　C. Raid5　　　　D. Raid10
10. 5 个 300 GB 相同转速的硬盘做 raid5 有效存储数据的空间为（　　）。
    A. 1 200 GB　　　B. 1.8 TB　　　　C. 2.1 TB　　　　D. 2 400 GB

二、填空题

1. _____ 是光盘使用的标准文件系统。
2. RAID（Redundant array of inexpensive disks）中文全称是_____，用于将多个硬盘合并成一个_____，以提高存储性能和_____功能。RAID 实现可分为_____和_____。
3. LVM（logical volume manager）的中文全称是_____，主要功能是把多个分区或物理硬盘构建形成卷组，在卷组上再创建_____，并且可以根据存储需求_____。
4. 磁盘配额可以通过_____和_____来限制用户和组群对硬盘空间的使用。

三、简答题

1. 如果硬盘需要创建 6 个分区，按 MBR 方案创建分区至少需要几个逻辑分区？

2. RAID 技术主要是为了解决什么问题？
3. RAID0 和 RAID5 哪个更安全？
4. 位于 LVM 最底层的是物理卷还是卷组？构建逻辑卷的步骤是什么？
5. 基于 xfs 和 ext4 文件系统的 LVM 逻辑卷扩容有何异同点？
6. LVM 逻辑卷的删除顺序是怎样的？

拓展阅读：中国巨型计算机之父

慈云桂（1917—1990），安徽桐城人，电子计算机专家、中国科学院院士，是中国计算机界的一代宗师，中国巨型计算机之父，国防科技大学计算机系、计算机研究所的创始人。

慈云桂长期从事无线电通信雷达和计算机方面的教学和科研工作，研制成功中国第一台专用数字计算机样机、中国第一台晶体管通用数字计算机 441B-Ⅰ型、441B-Ⅱ型、441B-Ⅲ型大中型晶体管通用数字计算机，促进了中国计算机事业的发展。他主持建成了雷达和声呐实验室，研制了中国早期的舰用雷达和声呐，培养了中国第一批舰用雷达和声呐工程师。研制成功 200 万次的大型集成电路通用数字计算机 151-3/4 型，领导研制成功中国第一台亿次级巨型计算机，进入了国际巨型计算机的研制行列，使中国计算机事业进入了一个新阶段。在设计研制上述各种计算机过程中，慈云桂一直担任总设计师并负责技术汇总，提出了一些新的理论、新的技术途径和决策，及时解决各种难题。

慈云桂院士从研制电子管计算机开始，继而到晶体管计算机、集成电路计算机，又从一般大型机到"银河"亿次巨型机，他始终活跃在中国计算机科学技术与国防建设的最前沿。他与同事们共同奋战的经历就是一部中国计算机发展史的光辉篇章，为中国计算机科技人才的培养和发展做出了杰出的贡献，奠定了中国计算机事业的基石，称为"中国巨型计算机之父"。

慈云桂秉性刚直，意志坚强，待人热情，生活俭朴。在赶超世界计算机研制步伐的过程中，他锐于进取，思想开拓，讲求科学态度和实干精神，因而不断取得重大突破。他经常告诫他的学生："业精于勤荒于嬉，行成于思毁于随。"这是他几十年治学生涯中一贯恪守的格言。

慈云桂院士可谓是中国大科学工程中不可多得的全才。但是由于他的谦逊、过早去世，他的光辉事迹在学界之外鲜为人知，这位一心献身科学、献身国防的科学家应走进更多人的心里，给更多人以奋进力量。

项目六 管理软件包和服务

知识目标

- 理解 rpm 和 yum 工具安装软件包的区别。
- 理解网络服务的相关概念。
- 理解进程和端口的概念。

技能目标

- 掌握 Linux 中使用 rpm 工具管理软件包。
- 掌握 Linux 中 yum 工具使用环境配置。
- 掌握 Linux 中使用 yum 工具管理软件包。
- 掌握服务和进程的基本管理。

素养目标

- 通过比较 rpm 和 yum 工具安装包培养学生精益求精的工匠精神。
- 通过拓展阅读培养学生的爱国精神。

项目导入

某学校的校园网中,服务器替换升级了 Linux 网络操作系统,然而还需要安装很多的服务软件、应用软件和一些通用工具,满足不同用户的需求;还需要日常管理监控这些服务和应用的运行,确保为用户提供高效、可靠和稳定的网络服务。

Linux 系统中软件包的安装、升级和卸载,服务程序的日常运行管理,实时查看和监控服务程序的运行状态等,是网络运维管理人员日常最基本的工作,也是必备的技能。

知识准备

一、用 rpm 工具管理软件包

（一）rpm 工具简介

rpm（redhat package manager）即红帽公司的软件包管理程序,对 rpm 格式的软件包

进行安装、查询、更新升级、校验、卸载以及生成 rpm 格式的软件包等。rpm 管理器的功能类似于 Windows 系统的"添加／删除程序"功能，但是功能又比"添加／删除程序"强很多。通过 rpm 管理工具管理软件的难度较大，当安装的软件包依赖关系严重时，在安装、升级、卸载软件包时都需要先处理软件的依赖软件，给安装人员带来较大的麻烦。

（二）rpm 包名称特点

rpm 软件包文件名格式为：软件名 - 版本号 - 发行号 . 操作系统版本 . 硬件平台的类型 .rpm，如 openssl 软件包对应的软件包名称为 openssl-1.0.1e-60.el7.x86_64.rpm，各组成部分的信息如图 6-1 所示。

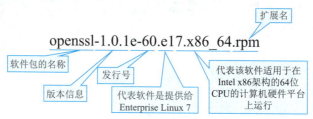

图 6-1　rpm 软件包名称组成部分

使用 rpm 工具可以对 rpm 软件包进行配置和管理，rpm 命令常用到的选项及功能见表 6-1。

表 6-1　rpm 命令常用选项功能简介

选项	功能	选项	功能
-i	表示安装某个 rpm 软件包	-q	查询指定的软件包是否安装
-v	显示包安装过程详细信息	-qa	查询系统中安装的所有软件包
-h	以"#"显示安装进度	-ql	查询安装软件包所包含的文件列表
-e	删除已安装的 rpm 软件包	-qi	显示已安装软件包的名称、版本、许可协议、用途等详细信息
-U	升级指定的 rpm 软件包	-qc	显示指定软件包在当前系统中被标注为配置文件的文件清单
-F	更新软件包	-qf	查询指定的目录或文件是由哪个软件包安装所产生

二、用 yum 工具管理软件包

验证下面的操作示例，指定的软件包用 rpm 工具是否安装成功。

```
[root@localhost ~]# cd /mnt/Packages/
[root@localhost Packages]# rpm -ivh httpd-2.4.6-95.el7.centos.x86_64.rpm
警告：httpd-2.4.6-95.el7.centos.x86_64.rpm: 头V3 RSA/SHA256 Signature, 密钥 ID f4a80eb5: NOKEY
错误：依赖检测失败
        /etc/mime.types 被 httpd-2.4.6-95.el7.centos.x86_64 需要
        httpd-tools = 2.4.6-95.el7.centos 被 httpd-2.4.6-95.el7.centos.x86_64 需要
        libapr-1.so.0()(64bit) 被 httpd-2.4.6-95.el7.centos.x86_64 需要
        libaprutil-1.so.0()(64bit) 被 httpd-2.4.6-95.el7.centos.x86_64 需要
```

由于 rpm 工具安装包时先检查软件包的依赖包是否安装，如果依赖包没有安装则不能直接安装软件包，提示依赖包检测失败。上述操作示例安装 httpd 包时检测缺少 4 个依赖包，使用 rpm 工具安装 httpd 软件包没有成功。

什么是软件包的依赖关系？一般来说，一个软件可以由一个独立的 rpm 软件包组成，也可以由多个 rpm 软件包组成。多数情况下，一个软件是由多个相互依赖的软件包组成的，也就是说，安装一个软件需要使用到许多软件包，而大部分的 rpm 软件包相互之间又有依赖关系。例如，安装 A 软件需要 B 软件的支持，而安装 B 软件又需要 C 软件的支持，那么想要安装 A 软件，必须先安装 C 软件，再安装 B 软件，最后才能安装 A 软件。由于使用 rpm 工具安装软件不能解决软件包之间的依赖关系，因此不能安装这种拥有复杂的依赖关系的软件包。此时，可使用一种更加简单、更加人性化的软件安装方法，即使用 yum 工具安装软件包。

（一）yum 安装简介

使用 yum 工具安装包，能自动解决依赖包的安装问题。yum 是 yellow dog updater modified 的缩写，yum 工具是一个用在 Fedora、RedHat 以及 CentOS 发行版中的 rpm 软件包管理器，能从互联网公有仓库中下载、安装、卸载、升级 rpm 软件包等任务，也能从指定的私有仓库中自动下载 rpm 软件包并安装，并能自动处理依赖关系，一次安装所有依赖的软件包，再自动下载软件包安装。yum 工具主要有以下几个特点：

（1）自动解决软件包的依赖性问题，能更方便地添加、删除、更新 rpm 软件包。
（2）便于管理大量系统的包更新问题。
（3）可以同时配置多个仓库源。
（4）拥有简洁的配置文件（/etc/yum.conf）。
（5）使用方便快捷。

要使用 yum 工具安装包，需要配置 yum 工具的使用环境，要具备以下 3 个条件：

（1）搭建服务端，即需要有一个包含所有 rpm 安装包的仓库，也称为 yum 源。系统 CentOS 镜像文件中已制作好 yum 源，直接挂载系统镜像就可以使用 yum 源，对应 Packages 目录中包含所有 rpm 包。

（2）搭建好的服务端还需要有记录包之间依赖关系的数据库，便于分析包的依赖关系。CentOS 系统镜像中已制作好记录包依赖关系的数据库，对应 repodata 目录中的数据库文件。

（3）客户端要在 /etc/yum.repos.d/ 目录下建立以 repo 为扩展名的文件，文件内容要记录下服务端软件包仓库的信息，主要包含仓库的 ID、仓库的名称、访问仓库的地址、仓库的状态是否可用，以及下载包是否检测包的安全性等。此文件使用 vim 编辑器建立的编写模板如下：

```
[root@localhost ~]# vim /etc/yum.repos.d/local.repo
[仓库ID]                    // 如有多个仓库,ID值不能相同
name= 仓库描述              // 仓库的描述信息
baseurl= 访问仓库的地址     //file 表示的本地地址或 ftp、http 表示的互联网地址
enabled=[0|1]               //0 表示仓库不可用状态, 1 表示仓库可用状态
gpgcheck=[0|1]              //0 表示下载包不检查包安全性, 1 表示检查安全性
gpgkey= 公钥文件地址        // 若 gpgcheck=1, 则指定公钥文件地址
```

（二）yum 工具常用命令

yum 仓库源配置成功后，就可以使用 yum 工具的相关命令对 rpm 软件包进行管理。

yum 常用命令及功能见表 6-2。

表 6-2 yum 常用命令及功能

命　　令	功　　能
yum install [-y] 包名称	安装指定的软件包，若选 -y 则在安装过程中需要使用者响应，这个参数可以直接回答 yes
yum update [-y] 包名称	升级指定的软件包或主机中所有已安装的软件包
yum remove [-y] 包名称	卸载已经安装在系统中的指定的软件包
yum provides 文件名	查找指定的文件属于哪个包
yum info 包名称	查看指定软件包的详细信息
yum remove 包名称	移除软件包
yum clean packages|all	清除下载到本机缓存中软件包或所有软件包信息
yum makecache	导入 yum 仓库中软件包信息到缓存
yum repolist	列出所有仓库的信息
yum search 模糊包名	基于提供的模糊包名查询软件包
yum list all	列出仓库中所有软件包的信息

三、网络服务基本概念

人们现在的日常生活和工作中已经离不开 Internet，就是因为 Internet 上有丰富实用的资源，这些资源可以是共享的数据资源、软件资源和硬件资源。这些资源在网上是怎么进行存储、发布、转发和管理的？人们可以从获取资源的用户变成提供服务和资源的高级用户吗？这就需要首先理解网络服务的相关基本概念。

（一）进程和端口

进程是指程序的一次动态执行过程，是计算机中正在运行着的程序。进程与程序是有区别的，程序是位于外存储器中不占用内存和 CPU 资源的静态指令和数据的集合；进程是由程序产生的，随时可能发生变化的、动态的、占用系统运行资源（如 CPU、内存、读 / 写设备、网络带宽等）的实体。

运行在计算机中的进程是可用进程标识符来标识的，但计算机的操作系统种类很多，而不同的操作系统又使用不同格式的进程标识符来标识进程。为了使运行不同操作系统的计算机应用进程能够互相通信，就必须用统一的方法对应用进程进行标识，这种标识不是由操作系统来分配，与操作系统类型无关。解决这个问题的方法是使用端口号来标识不同的进程，通常简称为端口（port）。

端口用一个 16 位二进制数来唯一标识，端口号范围为 0 ~ 65 535，共有 65 536 个端口号。端口号只具有本地意义，即端口号只是为了标识本计算机中正在运行的进程。

数值为 0 ~ 1 023 的端口号称为熟知端口号，通常这个范围的端口固定标识某种服务进程或知名应用进程，例如 Web 服务进程端口号固定为 80，邮件传输进程端口号固定为 25，FTP 服务进程固定端口为 21 和 20。

数值为 1 024 ~ 49 151 的端口号称为登记端口号，用来为没有熟知端口号的应用程序使用。使用这个范围的端口号必须在 IANA 登记，以防止重复或冲突。

数值为 49 152 ~ 65 535 的端口号称为动态端口号或临时端口号，留给客户进程选择暂时使用，一般由操作系统临时分配给客户端应用程序。当服务器进程收到客户进程的报文时，就知道了客户进程所使用的动态端口号。通信结束后，这个端口号释放可供其他客户进程使用。

（二）网络服务

服务是指为系统自身或网络用户提供某项特定功能的、运行在操作系统后台（不占用下达命令的终端窗口）的一个或多个程序。服务一旦启动会持续在后台执行，随时等待接收使用者或其他程序的访问请求，不管有没有被用到。按其服务对象的不同服务划分为两类：

（1）本地服务：为本地计算机系统和用户提供的服务，如监视本地计算机活动的监视程序、提高时间显示和校准的时间服务程序。

（2）网络服务：为网络中其他计算机的用户提供的服务，如文件共享服务、邮件服务和万维网服务。

网络服务主要是通过客户机进程和服务端进程的通信并遵守通信协议来实现，如图 6-2 所示。而实现客户进程和服务进程通信的模式主要有以下 3 种类型：

（1）客户机/服务器（client/server，C/S）模式："C"指运行在客户机上的客户进程，"S"指运行在服务器上的服务进程，实质是客户进程和服务进程的交互通信模式。为了实现网络服务，服务进程处于守护状态，客户进程主动发起请求，服务进程响应请求，提供服务或资源。

（2）浏览器/服务器（browser/server，B/S）模式："B"指客户端的浏览器进程，"S"指运行在服务器上的服务进程，实质是浏览器进程和服务进程的交互通信模式。B/S 模式不需要在客户机上安装专门的客户端软件，用通用的浏览器即可，减轻了客户端软件的开发、部署、升级和维护成本，也方便用户使用。实际上 B/S 属于 C/S 一种类型，浏览器只是特殊的客户端程序，B/S 是对 C/S 的一种升级。

（3）点对点模式（peer to peer，P2P）模式：P2P 模式无中心服务器，节点之间地位平等，依靠用户节点之间直接交互信息和数据的服务模式。与有中心服务器的网络服务不同，对等网络中的每个用户端既是一个节点，也担当服务器的功能，如图 6-3 所示。这种模式弱化了服务器的角色，不再区分服务器和客户端的角色关系，节点之间可直接交换资源和服务，采用非集中式，各节点地位平等。通过在计算机上安装 P2P 软件来实现相应网络服务和应用，P2P 软件如迅雷、BitTorrent、电驴、快车等。

图 6-2　网络服务通信结构　　　　图 6-3　P2P 网络通信模式

（三）服务器

服务器专指某些高性能计算机，安装专门的服务器操作系统和服务软件，承担网络中数据的存储、转发、发布和管理，通过网络对外提供不同服务的计算机，是网络服务和管理的基础和核心。计算机作为网络服务器在硬件配置上有很多优势，如采用多处理器多核心，服务器内存可高达 128 GB 或更高，硬盘容量以 TB、PB 为单位，硬盘接口类型采用 SCSI（small compute system interface）接口或 SAS（serial attached scsi）接口即串行附件 SCSI 接口，是新一代的 SCSI 技术，都是采用串行技术以获得更高的传输速度，并通过缩短连接线改善内部空间等。同时，硬盘还采用了独立磁盘冗余阵列（redundant array of independent disks，RAID）技术，构成一个磁盘组，有专门的处理器，读取速度、安全性和冗余性有很大提高，电源、风扇也采用冗余设计。

服务器操作系统是在网络环境下实现对网络资源管理和控制的操作系统，是用户与网络资源之间的接口，是网络上计算机能方便而有效地共享网络资源，为网络用户提供所需的各种服务和应用的软件集合。网络操作系统与通常的操作系统有所不同，它除了应具有通常操作系统的全部功能外，还应提供高效、可靠的网络通信能力和多种网络服务功能，如实现文件共享服务、Web 服务、DNS 服务、电子邮件服务、网络打印服务等，目前主要存在以下几类网络操作系统。

1. Windows 网络操作系统

这是全球最大的软件开发商微软公司开发的。微软公司的 Windows 系统不仅在个人操作系统中占有绝对优势，在网络操作系统中应用也非常广泛。这类操作系统在整个局域网配置中是最常见的，但由于它对服务器的硬件要求较高，且稳定性能不是很高，所以微软的网络操作系统一般只是用在中低档服务器中。微软的网络操作系统主要有 Windows Server 2008 R2、Windows Server 2012 和 Windows Server 2019 等。

2. UNIX 操作系统

UNIX 网络操作系统稳定和安全性能非常好，但由于它多数是以命令方式来进行操作的，不容易掌握，特别是初级用户。正因如此，小型局域网基本不使用 UNIX 作为网络操作系统，UNIX 操作系统一般用于大型网站或大型的局域网中，其良好的网络管理功能已为广大网络用户所接受，拥有丰富的应用软件支持。

3. Linux 操作系统

这是一种新型的网络操作系统，其最大特点就是源代码开放，可以免费得到许多应用程序。Linux 在国内得到用户充分的肯定，主要体现在它的安全性和稳定性方面，与 UNIX 有许多类似之处。但这类操作系统目前主要应用于中、高档服务器中。Linux 发行版主要有 Redhat Enterprise Linux、国产麒麟 Linux、CentOS 和 Ubuntu 等。

项目实施

项目实施分解为 3 个任务进行，基于任务使读者掌握使用 rpm 和 yum 工具管理 rpm 包的知识和技能，会使用 systemctl 工具管理服务，使用 ps 和 top 工具查看、监控进程状态。

任务一　使用 rpm 工具管理 rpm 包

具体要求：使用 rpm 工具查询软件包是否安装、安装软件包、查询软件包安装后的相关信息、卸载软件包。

1. 查询 rpm 包是否安装

【实例 6-1】查询 openssh 和 telnet-server 软件包是否安装。

```
[root@localhost ~]# rpm -q openssh telnet-server
openssh-7.4p1-21.el7.x86_64                //openssh 软件包已安装
未安装软件包 telnet-server
```

【实例 6-2】查询 wget 软件包是否安装。

```
[root@localhost ~]]# rpm -qa | grep wget
wget-1.14-18.el7_6.1.x86_64                //wget 软件包已安装
[root@localhost ~]]# rpm -qa |grep httpd   // 无任何提示信息则没有安装此包
```

2. 查询 rpm 包安装后的信息

【实例 6-3】查看已安装的 wget 软件包的版本、用途等相关详细信息。

```
[root@localhost ~]# rpm -qi wget
Name         : wget
Version      : 1.14
Release      : 18.el7_6.1
Architecture : x86_64
Install Date : 2023 年 04 月 26 日 星期三 05 时 09 分 15 秒
Group        : Applications/Internet
Size         : 2055573
.........// 省略若干行
```

【实例 6-4】查看安装 openssh 软件包后产生的所有文件列表信息。

```
[root@localhost ~]# rpm -ql openssh
/etc/ssh
/etc/ssh/moduli
/usr/bin/ssh-keygen
/usr/libexec/openssh
......// 省略若干行
```

【实例 6-5】查看安装 openssh 软件包产生的配置文件列表信息。

```
[root@localhost ~]# rpm -qc openssh
/etc/ssh/moduli
```

【实例 6-6】查看系统中文件是由哪个软件包安装后产生的。

```
[root@localhost ~]# rpm -qf /etc/ssh/moduli
openssh-7.4p1-21.el7.x86_64
[root@localhost ~]# rpm -qf /etc/postfix/access
postfix-2.10.1-9.el7.x86_64
```

3. rpm 包的安装和卸载

使用 rpm 命令安装某个软件包时，首先要有 CentOS 7.9 镜像文件，此镜像文件包含已经制作好的包仓库和记录包依赖关系的数据库文件。在虚拟机 Linux 系统中获取宿主机

Windows 系统中 CentOS 7.9 镜像文件有两种方法：

方法一：直接把 CentOS 7.9 镜像文件从 Windows 系统复制或上传到虚拟机 Linux 系统某个目录下，再挂载此镜像文件到某个目录，通过挂载目录可读取镜像文件中的软件包进行安装。

```
// 上传光盘镜像文件到 Linux 系统的 /root 目录下，并挂载到 /mnt 目录下读取
[root@localhost ~]# mount /root/CentOS-7-x86_64-DVD-2009.iso  /mnt
mount: /dev/loop0 写保护，将以只读方式挂载
[root@localhost ~]# ls /mnt                      //Packages 目录存放所有的安装包
CentOS_BuildTag    GPL        LiveOS     RPM-GPG-KEY-CentOS-7
EFI                images     Packages   RPM-GPG-KEY-CentOS-Testing-7
EULA               isolinux   repodata   TRANS.TBL
[root@localhost ~]# ls /mnt/Packages             // 浏览所有的软件包
```

方法二：装载宿主机 Windows 系统中的镜像文件到虚拟机光驱中，作为镜像光盘直接被虚拟机中的 Linux 系统挂载使用。

（1）通过 VMware workstation 虚拟机管理界面，设置虚拟机系统所使用的 CentOS 7.9 镜像文件路径，设置虚拟机浏览到宿主机上的 CentOS 7.9 镜像文件，如图 6-4 所示。

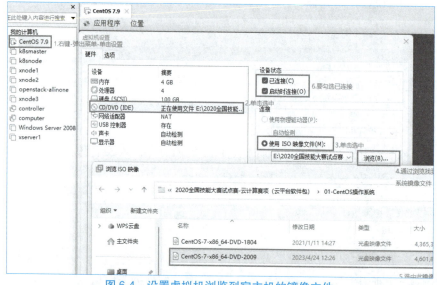

图 6-4　设置虚拟机浏览到宿主机的镜像文件

（2）Linux 系统中挂载镜像。通过 mount 命令挂载镜像光盘到指定目录，挂载成功后通过挂载目录可读取 Packages 目录的所有安装包。

```
[root@localhost ~]# mount /dev/cdrom  /mnt
mount: /dev/sr0 写保护，将以只读方式挂载
[root@localhost ~]# ls /mnt/Packages
```

（3）通过命令"rpm -ivh 包名"进行包安装，"-ivh"选项含义参见表 6-1，注意软件包名称必须是完整的。

【实例 6-7】使用 rpm 命令安装 telnet-server 和 ppp 软件包。

```
[root@localhost ~]# cd /mnt/Packages/
[root@localhost ~]# rpm -ivh telnet-server-0.17-65.el7_8.x86_64.rpm
```

警告:telnet-server-0.17-65.el7_8.x86_64.rpm: 头V3 RSA/SHA256 Signature, 密钥 ID f4a80eb5: NOKEY
```
准备中...                          ################################# [100%]
正在升级/安装...
   1:telnet-server-1:0.17-65.el7_8 ################################# [100%]
[root@localhost ~]# rpm -ivh ppp-2.4.5-34.el7_7.x86_64.rpm
```
警告:ppp-2.4.5-34.el7_7.x86_64.rpm: 头V3 RSA/SHA256 Signature, 密钥 ID f4a80eb5: NOKEY
```
准备中...                          ################################# [100%]
 软件包 ppp-2.4.5-34.el7_7.x86_64 已经安装
```

【实例6-8】查询telnet-server和ppp包是否安装。

```
[root@localhost Packages]# rpm -q telnet-server ppp
telnet-server-0.17-65.el7_8.x86_64
ppp-2.4.5-34.el7_7.x86_64
```

【实例6-9】卸载telnet-server和ppp软件包。卸载软件包可以通过输入命令"rpm -e 软件包名"实现,执行结果没有提示信息则表示卸载成功。

```
[root@localhost Packages]# rpm -e telnet-server
[root@localhost Packages]# rpm -q telnet-server
未安装软件包 telnet-server                      //已卸载软件包
```

【实例6-10】卸载的软件包和其他包存在依赖关系时默认不能卸载。

```
[root@localhost Packages]# rpm -e ppp
错误:依赖检测失败:
 ppp 被 (已安装) wvdial-1.61-9.el7.x86_64 需要
 ppp = 2.4.5 被 (已安装) NetworkManager-ppp-1:1.18.8-1.el7.x86_64 需要
[root@localhost Packages]# rpm -q ppp                  //查询卸载不成功
ppp-2.4.5-34.el7_7.x86_64
```

【实例6-11】通过rpm命令的"--nodeps"选项强制卸载有依赖关系的软件包。

```
[root@localhost Packages]# rpm --nodeps -e ppp         //强制卸载
[root@localhost Packages]# rpm -q ppp
未安装软件包 ppp
```

任务二　使用yum工具管理rpm包

1. 配置yum本地rpm包仓库

配置yum本地仓库

具体要求:通过VMware Workstation虚拟机管理界面启用一台虚拟机作为yum服务端,装载CentOS 7.9系统镜像到虚拟机光驱中,并在系统中挂载镜像光盘到/mnt目录,通过挂载目录/mnt提供软件仓库供本机使用,即yum客户端和yum仓库在同一台计算机上。

(1) 虚拟机装载CentOS 7.9系统镜像文件。参考本项目任务一中第3步方法二完成。

(2) Linux系统中挂载镜像光盘。

```
[root@localhost ~]# mount /dev/cdrom /mnt
mount: /dev/sr0 写保护,将以只读方式挂载
[root@localhost ~]# ls /mnt    //包存放目录Packages和依赖关系文件存放目录repodata
CentOS_BuildTag    GPL        LiveOS        RPM-GPG-KEY-CentOS-7
```

```
EFI                    images          Packages    RPM-GPG-KEY-CentOS-Testing-7
EULA                   isolinux        repodata    TRANS.TBL
```

（3）客户端建立 repo 文件。在指定目录 etc/yum.repos.d/ 中建立扩展名以 repo 结尾的文件，此文件主要指明客户端访问的服务端软件仓库信息和下载软件的地址，地址是本地仓库所在目录的路径。

```
[root@localhost ~]# cd /etc/yum.repos.d/      // 进入指定目录
[root@localhost yum.repos.d]# mv * /opt       // 移动当前目录下默认 repo 文件
[root@localhost yum.repos.d]# vim local.repo  // 建立 repo 文件
[cdrom]                                       // 设置访问的仓库 ID
name=cdrom                                    // 仓库描述信息
baseurl=file:///mnt                           // 设置访问的本地仓库地址
enabled=1                                     // 仓库状态可用
gpgcheck=0                                    // 从仓库中下载包忽略包的安全性检测
```

（4）测试服务端仓库源搭建是否成功。测试能否浏览到仓库信息，包括仓库 ID、仓库描述信息、仓库中包的个数，只有显示确切的仓库信息，yum 工具使用环境才配置成功。

```
[root@localhost yum.repos.d]# yum repolist
已加载插件：fastestmirror, langpacks
Loading mirror speeds from cached hostfile
cdrom                                                     | 3.6 kB  00:00:00
(1/2): cdrom/group_gz                                     | 153 kB  00:00:00
(2/2): cdrom/primary_db                                   | 3.3 MB  00:00:00
源标识                       源名称                                   状态
cdrom                        cdrom                                    4,070
repolist: 4,070
[root@localhost yum.repos.d]# yum list        // 显示仓库中的所有包列表信息
```

2. 使用 yum 工具管理 rpm 包

（1）使用 yum 命令安装 httpd 包。

```
[root@localhost ~]# yum -y install httpd
已加载插件：fastestmirror, langpacks
Loading mirror speeds from cached hostfile
cdrom                                                     | 3.6 kB  00:00:00
正在解决依赖关系
......// 省略部分行
已安装：
  httpd.x86_64 0:2.4.6-95.el7.centos
作为依赖被安装：
  apr.x86_64 0:1.4.8-7.el7                          apr-util.x86_64 0:1.5.2-6.el7
  httpd-tools.x86_64 0:2.4.6-95.el7.centos          mailcap.noarch 0:2.1.41-2.el7
完毕！
```

（2）使用 yum info 命令查询 httpd 包是否安装。查询结果提示信息如果出现"已安装的软件包"，则说明软件已经安装；如果出现的是"可安装的软件包"，则说明该软件没有安装。

```
[root@localhost ~]# yum info httpd            //yum info 查询包是否安装
已加载插件：fastestmirror, langpacks
```

```
Loading mirror speeds from cached hostfile
已安装的软件包
名称:httpd
……
[root@localhost ~]# rpm -q httpd                        //rpm 查询包是否安装
httpd-2.4.6-95.el7.centos.x86_64
```

(3) 使用 yum remove 命令卸载 httpd 包。

```
[root@localhost ~]# yum -y remove httpd
已加载插件:fastestmirror, langpacks
正在解决依赖关系
--> 正在检查事务
---> 软件包 httpd.x86_64.0.2.4.6-95.el7.centos 将被删除
--> 解决依赖关系完成
……// 省略部分行
  正在删除    : httpd-2.4.6-95.el7.centos.x86_64                 1/1
  验证中      : httpd-2.4.6-95.el7.centos.x86_64                 1/1
删除:
  httpd.x86_64 0:2.4.6-95.el7.centos
完毕!
```

3. 配置 yum 网络 rpm 包仓库

具体要求:通过 VMware Workstation 虚拟机管理界面启用两台虚拟机,一台搭建为 ftp 服务器,作为 yum 服务端,ftp 服务主目录设置为 rpm 包仓库所在目录;另一台作为 yum 客户端,在 /etc/yum.repos.d 目录下建立 repo 文件,IP 地址参考表 6-3 进行配置,保证 yum 服务端和客户端能正常通信。

视 频

配置yum网络仓库

> 提示:读者可学习完 ftp 服务再完成本任务实训。

表 6-3 实训参数规划

虚拟机角色	主目录	操作系统	IP 地址	通信模式
ftp 服务器: yum 包仓库	/mnt	CentOS 7.9	192.168.200.11/24	Nat 模式 连接 vnmat8 网络
yum 客户端	—	CentOS 7.9	192.168.200.12/24	Nat 模式 连接 vnmat8 网络

(1) 安装 ftp 软件包,可采用两种方法。

```
// 方法一:使用本项目任务二第 1 步已经搭建的本地仓库安装 vsftpd 包
[root@localhost ~]# yum -y install  vsftpd
已加载插件:fastestmirror, langpacks
Loading mirror speeds from cached hostfile
正在解决依赖关系
……// 省略部分行
已安装:
  vsftpd.x86_64 0:3.0.2-28.el7
完毕!
// 方法二:通过 rpm 工具直接安装 vsftpd 包
[root@localhost ~]# rpm -ivh /mnt/Packages/vsftpd-3.0.2-28.el7.x86_64.rpm
警告:/mnt/Packages/vsftpd-3.0.2-28.el7.x86_64.rpm: 头 V3 RSA/SHA256 Signature,
密钥 ID f4a80eb5: NOKEY
```

```
准备中...                              ################################# [100%]
    软件包 vsftpd-3.0.2-28.el7.x86_64 已经安装
```

（2）配置 ftp 服务，主目录设置为包仓库所在的目录。

```
//编辑 ftp 主配置文件设置主目录为包仓库所在的目录
 [root@localhost ~]#vim  /etc/vsftpd/vsftpd.conf
    anon_root=/mnt                           //添加此配置语句，指向包仓库目录
 //启动 ftp 服务
[root@localhost ~]#systemctl start vsftpd    //启动 ftp 服务
  [root@localhost ~]#systemctl enable vsftpd //设置 ftp 开机自启
//设置防火墙
[root@localhost ~]#systemctl stop firewalld  //关闭 firewalld 防火墙
  [root@localhost ~]#setenforce 0            //设置 selinux 防火墙放行服务
```

（3）配置 yum 客户端访问 ftp 服务器软件仓库的 repo 文件。

```
[root@localhost ~]# cd /etc/yum.repos.d        //进入指定目录
[root@localhost yum.repos.d]# mv *  /opt       //移动当前目录下所有 repo 文件
[root@localhost yum.repos.d]# vim ftp.repo
[ftp]                                          //设置访问的仓库 ID
name=ftpserver                                 //设置访问的仓库名称
baseurl=ftp://192.168.200.11                   //设置访问的网络仓库地址
enabled=1                                      //仓库状态可用
gpgcheck=0                                     //忽略包的安全性检测
```

（4）测试 ftp 服务端仓库源搭建是否成功。能查看到仓库的标识、描述信息和状态值，则 ftp 服务发布软件仓库成功。

```
[root@localhost ~]#yum  repolist           //列出仓库信息
已加载插件:fastestmirror, langpacks
........//省略部分行
源标识                  源名称                      状态
ftp                    ftpserver                  4,070
repolist: 4,070
[root@localhost ~]#yum  list               //列出仓库中所有包
[root@localhost ~]#yum  clean  all         //清除 yum 缓存
[root@localhost ~]#yum -y install  httpd   //安装 httpd 包
[root@localhost ~]#yum -y remove  httpd    //移除 httpd 包
```

任务三　管理服务和查看进程信息

1. 使用 systemctl 命令查看服务信息

使用 systemctl 命令可查看服务运行状态、服务是否启动等信息，见表 6-4。当查看某个服务运行详细信息时，显示的服务状态信息中关键字含义见表 6-5。

表 6-4　查看服务运行状态命令

命　　令	功　　能
systemctl status 服务名称	查看指定服务的运行详细信息
systemctl is-active 服务名称	查看指定服务当前是否启动
systemctl is-enabled 服务名称	查看指定服务在开机时是否自动启动

表 6-5　常见服务状态关键字含义

关 键 字	含　义
enabled	系统启动时服务也自动启动
active(running)	正在通过一个或多个进程运行
active(waiting)	运行中，但正在等待事件
Loaded	服务已经被加载，显示单元文件绝对路径，标志单元文件可用
disabled	系统启动时服务不启动
inactive	服务未运行

【实例 6-12】 查询 vsftpd 和 sshd 服务的运行详细信息。

```
[root@localhost ~]# systemctl status vsftpd
  vsftpd.service - Vsftpd ftp daemon
  Loaded: loaded (/usr/lib/systemd/system/vsftpd.service; disabled; vendor preset: disabled)
  Active: inactive (dead)
[root@localhost ~]# systemctl status sshd
  sshd.service - OpenSSH server daemon
  Loaded: loaded (/usr/lib/systemd/system/sshd.service; enabled; vendor preset: enabled)
  Active: active (running) since 二 2023-08-22 00:18:15 CST; 47min ago
    Docs: man:sshd(8)
          man:sshd_config(5)
 Main PID: 1162 (sshd)
   Tasks: 1
  CGroup: /system.slice/sshd.service
          └─1162 /usr/sbin/sshd -D
......// 省略部分行
```

【实例 6-13】 查看 sshd、iptables 和 telnet-server 三个服务的当前运行状态，并查看在开机时是否随系统的启动而启动。

```
[root@localhost ~]# systemctl is-active sshd fcoe telnet-server
active                  // 表明 sshd 服务正在运行
inactive                // 表明 fcoe 服务对应的软件包已安装但未运行
unknown                 // 表明 telnet-server 服务对应的软件包还未安装
[root@localhost ~]# systemctl is-enabled sshd fcoe telnet-server
enabled                 // 表明 sshd 服务开启了在系统启动时自动启动
disabled                // 表明 fcoe 服务未开启在系统启动时自动启动
Failed to get unit file state for telnet-server.service: No such file or directory
```

2. 使用 systemctl 命令控制服务运行状态

使用 systemctl 命令可对服务运行状态进行控制和管理，具体使用的子命令即功能见表 6-6。

表 6-6　控制服务运行状态的命令

命　令	功　能
systemctl start　服务名称	启动指定的服务
systemctl restart　服务名称	重新启动指定的服务
systemctl reload　服务名称	重新加载运行中指定服务的配置文件

续表

命　令	功　能
systemctl stop 服务名称	停止指定的服务
systemctl mask 服务名称	彻底禁用指定的服务，使其无法手动启动或在系统启动时自动启动
systemctl unmask 服务名称	对指定的服务解除屏蔽（使其能启动）
systemctl enable 服务名称	设置指定的服务在开机启动时自动启动
systemctl disable 服务名称	设置指定的服务在开机启动时禁止启动

【实例 6-14】启动 fcoe 服务并查看服务当前运行状态。

```
[root@localhost ~]# systemctl start fcoe
[root@localhost ~]# systemctl is-active fcoe
active
```

【实例 6-15】设置下次开机自动启动服务。

```
[root@localhost ~]# systemctl enable fcoe.service
[root@localhost ~]# systemctl is-enabled fcoe
enabled
```

【实例 6-16】重新启动 sshd 服务和重新加载配置文件使其生效。

```
[root@localhost ~]# systemctl restart sshd
[root@localhost ~]# systemctl reload sshd
```

提示：重启服务虽然可以让配置生效，但 restart 是先关闭服务，再开启服务，这样会对客户端的访问造成中断影响，而使用 reload 重新加载配置文件使其生效，不影响服务的持续运行。

3. 使用 ps 命令查看进程的静态信息

【实例 6-17】仅显示当前终端的活动进程。

```
[root@localhost ~]# ps
  PID  TTY         TIME    CMD
 3297  pts/0    00:00:00    su
 3343  pts/0    00:00:00    bash
 4744  pts/0    00:00:00    ps
```

【实例 6-18】以完整的输出格式显示系统中的所有进程。

```
[root@localhost ~]# ps -ef | head -n 5
UID        PID   PPID  C STIME TTY        TIME     CMD
root         1      0  0 00:18 ?      00:00:02 /usr/lib/systemd/systemd...
root         2      0  0 00:18 ?      00:00:00 [kthreadd]
root         3      2  0 00:18 ?      00:00:03 [kworker/0:0]
root         4      2  0 00:18 ?      00:00:00 [kworker/0:0H]
```

【实例 6-19】以长格式显示系统中的所有进程。

```
[root@localhost ~]# ps -el | head -n 5
F S  UID   PID  PPID  C  PRI  NI ADDR SZ  WCHAN   TTY     TIME   CMD
4 S    0     1     0  0   80   0    - 48524 ep_pol  ?  00:00:02 systemd
1 S    0     2     0  0   80   0    -     0 kthrea  ?  00:00:00 kthreadd
1 S    0     3     2  0   80   0    -     0 worker  ?  00:00:03 kworker/0:0
1 S    0     4     2  0   60  -20   -     0 worker  ?  00:00:00 kworker/0:0H
```

【实例 6-20】显示指定用户（如 nobody）的进程。

```
[root@localhost ~]# ps -lu nobody
F S   UID   PID  PPID  C PRI  NI ADDR SZ WCHAN  TTY          TIME CMD
5 S    99  1468     1  0  80   0 - 13469 poll_s  ?        00:00:00 dnsmasq
```

【实例 6-21】查看各个进程占用 CPU 及内存等情况。

```
[root@localhost ~]# ps aux
USER      PID %CPU %MEM   VSZ   RSS TTY     STAT START  TIME COMMAND
root        1  0.1  0.4 125816 4600 ?       Ss   13:57  0:04 /usr/lib/systemd
root        2  0.0  0.0      0    0 ?       S    13:57  0:00 [kthreadd]
root        3  0.0  0.0      0    0 ?       S    13:57  0:00 [ksoftirqd/0]
……// 省略若干行
nobody    575  0.0  0.0  15544  900 ?       S    13:57  0:00 /sbin/dnsmasq
……// 省略若干行
```

上述各例返回的结果是以列表形式出现的，列表中主要字段含义如下：

（1）USER：启动该进程的用户名，即进程所有者的用户名。

（2）UID：进程所属的用户 ID，在当前系统中是唯一的。

（3）PID(Process ID)：该进程在系统中的标识号（ID 号）。

（4）PPID：进程的父进程标识号。

（5）%CPU：该进程占用的 CPU 使用率。

（6）%MEM：该进程占用的物理内存和总内存的百分比。

（7）TTY：表明该进程在哪个终端上运行，"?"表示为未知或不需要终端。

（8）VSZ/VIRT：占用的虚拟内存（swap 空间）的大小（单位是 KB）。

（9）RSS/RES：占用的固定内存（物理内存）的大小（单位是 KB）。

（10）COMMAND/CMD：启动该进程的命令的名称。列中的信息用 [] 括起来则说明该进程为内核线程 (kernel thread)，一般以 k 开头。

（11）TIME：实际使用 CPU 的时间。

（12）STIME：进程的启动时间。

（13）STAT/S：进程当前的状态。进程状态主要有 A（活动的）、T（已停止）、Z（已取消）等；对于内核进程主要状态有 R（正在运行）、S（休眠）、s（父进程）、T（已停止）、Z（僵死或死锁）、<（优先级高的进程）、N（优先级较低的进程）、+（位于后台的进程）等。

（14）START：启动该进程的时间。

（15）PRI：进程的优先级（riority），程序的优先执行顺序，越小越早被执行。

（16）NI：进程的友善度或谦让度（niceness），是以数字形式给内核的暗示，通过它来表明一个进程在同其他进程竞争 CPU 时应该如何对待这个进程，友善度值越高，优先级越低，友善度值越低或负值表示优先级越高。"友善度"的取值范围为 -20 ~ 19。

【实例 6-22】通过管道操作符及有关过滤命令，在所有进程信息中过滤出包含指定进程的信息，以便确认该进程相对应的服务是否启动。

```
[root@localhost ~]# ps aux | grep sshd
root  3835  0.0  0.1 112900  4312 ?     Ss  01:28  0:00 /usr/sbin/sshd -D
root  5373  0.0  0.0 112824   976 pts/0 R+  03:13  0:00 grep --color=auto sshd
```

4. 使用 top 命令查看进程的动态信息

ps 命令只能显示进程某一时刻的静态信息，top 命令则能以实时、动态刷新（默认每 3 秒刷新一次）的方式显示进程状态，从而为系统管理员及时、有效地发现系统的缺陷提供方便。其执行 top 命令后结果如图 6-5 所示。

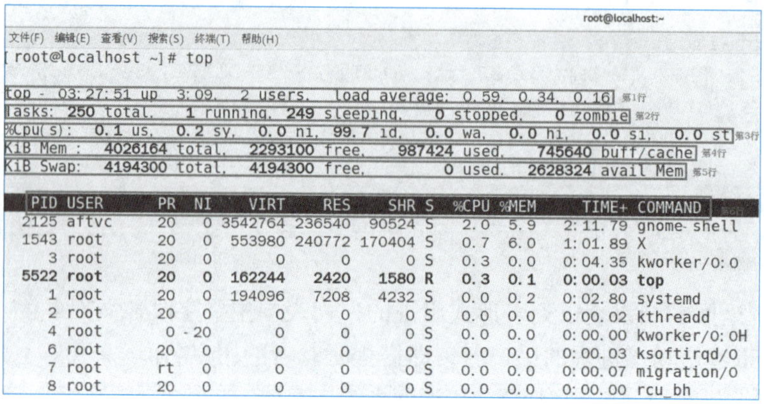

图 6-5　top 命令执行动态结果

（1）图 6-5 中 top 命令执行结果信息解读如下：

➢ 第 1 行：正常运行时间行。显示系统当前时间、系统已运行的时间、当前已登录的用户数、1/5/10 分钟前到现在系统平均负载（≤1 时属于正常，若持续≥5 表明系统很忙碌）。

➢ 第 2 行：进程统计行。包括进程的总量，以及正在运行、挂起、暂停、僵尸进程的数量。

➢ 第 3 行：CPU 统计行。包括用户空间占用 CPU 的百分比、系统内核空间占用 CPU 的时间、用户进程中修改过优先级的进程占用 CPU 的百分比、空闲 CPU 百分比、等待输入/输出 CPU 时间百分比、服务于硬件中断所耗费 CPU 时间百分比、服务于软件中断所耗费 CPU 时间百分比、st(steal time) 服务于其他虚拟机所耗费 CPU 时间百分比。

➢ 第 4 行：内存统计行。包括物理内存总量，以及已用、空闲、缓冲区内存量。

➢ 第 5 行：交换分区和缓冲区统计行。包括交换分区总量、已使用交换分区总量、空闲交换分区总量和缓存交换分区总量。

➢ 第 6 行：显示的是此后各行的标题，各标题栏的含义与 ps 命令相同。

（2）在 top 命令使用过程中，可以使用一些交互子命令来定制自己的输出和其他功能，这些子命令是通过快捷键启动的，见表 6-7。

表 6-7　top 命令快捷键功能简介

快捷键	功能	快捷键	功能
空格	立刻刷新	P	根据 CPU 使用率，按降序显示进程列表
T	根据时间、累计时间排序	q	退出 top 命令
m	切换显示内存信息	t	切换显示进程和 CPU 状态信息
c	切换显示命令名称和完整命令行	M	根据内存使用率，按降序显示进程列表
W	将当前显示配置写入 ~/.toprc 文件中，以便下次启动 top 时使用	K	结束进程的运行键后在列表上方将出现 "PID to kill:"，提示在其后输入指定进程的 PID 号，按【Enter】键后即可结束指定进程的运行
N	根据启动时间进行排序	r	修改进程的优先级
f	更改选择显示或隐藏列内容	o	更改显示列的顺序

项目小结

本项目首先讲述了使用 rpm 和 yum 工具管理软件包的两种方式及各自特点，并通过具体实例介绍了两种安装工具的使用方法；其次介绍了网络服务的相关概念，及使用 systemctl 工具管理服务的基本操作；最后介绍了进程和端口的概念，通过具体实例介绍了使用 ps 和 top 工具查看进程的信息和状态，并对进程的信息进行了解读。

项目实训

【实训目的】

熟练掌握 Linux 系统中使用 rpm 和 yum 工具管理软件包的技能，能使用 systemctl 工具对服务进行监控和管理，能使用 ps 和 top 查看进程的基本信息。

【实训环境】

一人一台 Windows 10 物理机，安装了 RHEL 7/CentOS 7 的一台虚拟机。

【实训内容】

任务一：用 rpm 工具管理软件包。

（1）执行 rpm -qa |less 命令，查询当前系统所安装的软件包程序，查看完毕后用子命令 q 退出 less 命令。

（2）查询显示当前所安装的软件包中包含 tel 关键字的软件包。

（3）查询已安装的 openssh 软件包所包含的文件及其安装位置。

（4）将系统光盘镜像通过虚拟机装载到虚拟光驱，使用 mount 命令将镜像光盘挂载到 /mnt 目录中。

（5）查询当前系统是否安装 vsftpd 软件包，若未安装，则将其安装，然后查询安装是否成功。

（6）查询安装 vsftpd 包后产生的配置文件，查询 /etc/vsftpd/ftpusers 文件是由安装什么软件包产生的。

任务二：创建与管理本地 yum 包仓库。

（1）将系统光盘镜像通过虚拟机装载到虚拟光驱，使用 mount 命令将光驱挂载到 /mnt 目录中，使用 mkdir 命令建立 /opt/centos 目录，使用 cp 命令将 /mnt 目录下所有文件复制到 /opt/centos 目录下。

（2）使用 vim 命令编辑 /etc/yum.repos.d/local.repo 文件，使其成为 yum 源配置文件。

（3）查看系统中的 yum 仓库源配置信息。

（4）清除旧的 yum 源缓存信息，重新导入本地 yum 仓库源中的软件包信息到缓存；

（5）使用 yum 命令安装 httpd 服务软件包，验证本地 yum 源是否可用。

（6）使用 yum 命令删除 httpd 服务软件包。

任务三：服务基本管理。

（1）使用 systemctl 命令查询 firewalld 服务是否已经启动，在开机时是否自动启动。

（2）使用 systemctl 命令查看 firewalld 服务运行的状态。

（3）使用 systemctl 命令启动 vsftpd 服务，并设置开机自启，若没有安装 vsftpd 包先安装此软件包。

任务四：进程信息查看。

（1）打开 Linux 系统一个终端，首先查看当前终端的进程信息。

（2）以完整的格式输出显示系统中的所有进程信息。

（3）查看各个进程占用 CPU 和内存的情况。

（4）使用管道操作符及筛选命令 grep 查看 sshd 进程的信息。

（5）动态实时查看进程信息。

课后习题

一、选择题

1. RHEL 7/CentOS 7 系统支持（　　）软件包的安装。
   A．rpm　　　　B．wim　　　　C．deb　　　　D．cab

2. 在 RHEL 7/CentOS 7 中一般服务的配置文件位于（　　）目录。
   A．/usr/src　　B．/var　　　　C．/etc/　　　　D．/usr/local

3. 在 rpm 命令中，（　　）参数用于安装 rpm 包。
   A．-i　　　　B．--install　　C．-s　　　　D．--setup

4. 使用（　　）可以查询安装包是否被安装。
   A．yum provides　　B．yum info　　C．yum update　　D．yum search

5. 假如需要找出 /etc/my.conf 文件属于哪个软件包，可以执行（　　）。
   A．rpm -q /etc/my.conf　　　　　　B．rpm -requires /etc/my.conf
   C．rpm -qf /etc/my.conf　　　　　D．rpm -q | grep /etc/my.conf

6. 利用 yum 安装 telnet 服务包的命令是（　　）。
   A．yum update telnet　　　　　　　B．yum install telnet
   C．yum update telnet-server　　　D．yum install telnet-server

7. （　　）不是进程和程序的区别。
   A．程序是一组有序的静态指令，进程是一次程序的执行过程
   B．程序只能在前台运行，而进程可以在前台或后台运行
   C．程序可以长期保存，进程是暂时的
   D．程序没有状态，而进程是有状态的

8. 首次启动 fcoe 服务的命令（　　）。
   A．systemctl restart fcoe　　　　B．systemctl enable fcoe
   C．systemctl start fcoe　　　　　D．systemctl active fcoe

9. 查看 fcoe 服务当前运行状态信息（　　）。
   A．systemctl is-active fcoe　　　B．systemctl is-enable fcoe
   C．systemctl status fcoe　　　　 D．systemctl is-disable fcoe

10. 实时查看进程状态信息命令（　　）。
    A．ps　　　　B．top　　　　C．ss　　　　D．kill

二、填空题

1. yum 源配置文件中描述仓库信息的参数是_____，指定仓库地址的参数是_____，enabled=1 表示_____。
2. 端口号用来标识计算机系统内正在运行的_____，端口号用_____唯一标识，端口号范围从_____，共有_____个端口。
3. 用 systemctl 命令查某个服务运行状态输出信息中，active（running）关键字表示_____，inactive（dead）关键字表示_____。
4. systemctl reload vsftpd 命令功能_____，systemctl enable sshd 命令功能设置_____。
5. top 命令则能动态、实时显示进程状态信息，默认每 3 秒刷新一次，若要立即刷新按下_____键，切换显示内存状态信息按下_____键，切换显示进程和 CPU 状态信息按下_____键，退出 top 运行状态按下_____键。

三、简答题

1. 简述 rpm 和 yum 工具的作用和区别。
2. 简述程序、服务和进程之间的关系。
3. 简述执行 ps aux 命令显示结果中各个字段的含义。

```
[root@localhost ~]# ps aux
USER    PID  %CPU %MEM    VSZ   RSS TTY   STAT START   TIME COMMAND
root      1   0.1  0.4 125816  4600 ?     Ss   13:57   0:04 /usr/lib/systemd
……// 省略部分
```

4. 简述网络服务器的概念和特点。

拓展阅读：中国卫星之父

孙家栋是中国人造卫星技术和深空探测技术的开拓者之一，被业界公认为中国的"卫星之父"，他为中国东方红一号卫星发射成功做出了重要贡献。（国际欧亚科学院中国科学中心评）

孙家栋为中国突破卫星基本技术、卫星返回技术、地球静止轨道卫星发射和定点技术、导航卫星组网技术和深空探测基本技术做出了重大贡献；为创建和发展中国人造卫星总体技术、卫星航天工程管理技术和深空探测技术做出了系统的、创造性的成就和贡献。孙家栋 50 年来倾注于中国的航天事业，参与创造了中国航天史上多个第一的辉煌，为中国航天事业做出了重大贡献，活跃在中国航天技术的前沿领域。他为人正直，顾全大局，并十分重视人才培养。（共产党员网评）

"不管孙家栋岁数怎么样，或者身体怎么样，他主管负责的这些大工程的发射任务，他都到现场去。不管是更细碎的工作，或者更具体的工作，他都勇于承担自己的这一份责任，勇于承担工程的风险，这是他人生一贯秉持的态度。"（长征三号甲系列火箭总设计师陈闽慷评）

孙家栋无疑是一位战略科学家，总能确定合理的战略目标。在困难面前，他决不低头；在责任面前，他又"俯首甘为孺子牛"。（嫦娥一号卫星总设计师、中国航天科技集团

五院深空探测和空间科学首席科学家叶培建院士评）

　　孙家栋为人正直，顾全大局，善于综合，敢于决策。他的业绩受到中国航天界广大科技人员的敬佩和赞誉。（网易新闻评）

　　"您是在中国航天事业发展历程中成长起来的优秀科学家，也是中国航天事业的见证人。自第一颗人造地球卫星首战告捷起，到绕月探测工程的圆满成功，您几十年来为中国航天的发展作出了突出贡献，共和国不会忘记，人民不会忘记。我为您取得的成就感到骄傲。"（钱学森评）

　　孙院士（孙家栋）是低调和善的航天人，当你与他交谈时，会被带入一种宽松融洽的探讨氛围，感受到他宽阔的胸怀、深厚的修养、与人为善的美德。（桂林电子科技大学评）

项目七
配置 Linux 系统网络

知识目标

- 理解计算机网络接口功能及配置文件内容。
- 理解 IP 地址和主机名映射文件内容。
- 了解虚拟机和宿主机 3 种通信模式特点。

技能目标

- 掌握通过网络接口配置文件和 nmtui 工具配置 TCP/IP 连接参数。
- 掌握配置主机名及 IP 地址和主机名映射关系。
- 掌握使用远程登录工具连接 Linux 系统服务器。

素养目标

- 通过配置网络连接参数培养学生细致耐心的职业素养。
- 通过拓展阅读培养学生自主自强的学习动力。

项目导入

某学校的校园网中,替换升级的 Linux 系统服务器要与网络中的其他计算机进行通信,首先要配置服务器网络接口的 TCP/IP 连接参数,主要包括 IP 地址、子网掩码、网关地址、DNS 服务器地址,还需要设置服务器的主机名及主机名与 IP 地址的映射信息,使用主机名进行一个子网或网段内的通信。通过配置和管理防火墙,防止非法用户访问校园网服务器的资源和服务。

因此,Linux 系统服务器的基本网络通信配置是网络运维管理人员的基本任务和必备技能。

知识准备

一、网络接口及网络连接

网络接口是指网络中的计算机或网络设备与其他设备实现通信的数据出入口,这里主要是指计算机的网络接口部件,也称为网络接口卡或网络适配器,简称网卡,是计算机连接一个网络的接口，通过此接口进行数据的发送和接收。从 RHEL 7 开始引入了一种新的"一致网络设备命名"的方式为网络接口命名，该方式可以根据固件、设备拓扑、设备类型和位置信息分配固定的名字。网络接口名称的前两个字符为网络类型符号，例如：

（1）en 表示以太网 (Ethernet)。

（2）wl 表示无线局域网 (wlan)。

（3）ww 表示无线广域网 (wwan)。

下面字符代表设备类型或设备位置，例如：

（1）o<index> 表示内置于主板上的集成设备 (即集成网卡) 及索引号。

（2）s<slot> 表示插在可以热拔插的插槽上独立设备及索引号。

（3）x<MAC> 表示基于 MAC 地址命名的设备。

（4）p<bus> 表示 PCI 插槽的物理位置及编号。

网络连接是为网络接口实施配置的设置集合。在同一个网络接口上，可以有多套不同的设置方案，即一个网络接口可以有多个网络连接，但同一时间只能有一个网络连接处于活动状态。任何一台计算机要连接到网络，都需要对该机的网络接口进行配置，而对网络接口的配置，实际上就是在网络接口上添加一个或多个网络连接。添加网络连接的方式有两种：

（1）添加临时生效的网络连接：该方式适合在调试网络时临时使用。这种方式虽然在设置后能马上生效，但由于是直接修改目前运行内核中的网络参数，并未改动网络连接配置文件中的内容，因此在系统或网络服务重启后会失效，可通过表 7-1 中的 IP 命令配置临时连接参数。

（2）持久生效的网络连接配置：此方式是对存放网络连接参数的配置文件进行修改或设置，适合在长期稳定运行的计算机上使用。其配置工具有 vi/vim、nmtui 和 nmcli 等。

表 7-1　IP 命令配置临时连接参数

命 令 用 法	功　　能
ip [-s] address show [网卡设备名]	查看网卡在网络层的配置信息，加 -s 表示增添显示相关统计信息，如接收 (RX) 及传送 (TX) 数据包数量等
ip [-s] link show [网卡设备名]	查看网卡在链路层的配置信息
ip [-4] address add|del IP 地址 [/ 掩码长度] dev 网卡设备名 ip -6 address add|del IP 地址 [/ 掩码长度] dev 网卡设备名	添加或删除网卡的临时 IPv4 地址 添加或删除网卡的临时 IPv6 地址
ip link set dev 网卡设备名　down|up	禁用 | 启用指定网卡

二、IP 地址和主机名映射关系

（一）主机名概念

主机名即计算机名，可以理解为计算机设备形象化的名字。在 RHEL 7 中，引入了静态（static）、瞬态（transient）和灵活（pretty）3 种主机名。

（1）"静态"主机名：也称为内核主机名，是系统在启动时对 /etc/hostname 文件自动初始化得到的主机名。

（2）"瞬态"主机名：在系统运行时临时分配的主机名，例如通过 DHCP 或 DNS 服务器分配。静态主机名和瞬态主机名都遵从作为互联网域名同样的字符限制规则。

（3）"灵活"主机名：允许使用自由形式（可包括特殊或空格字符）的主机名，以展示给终端用户（如 Tom's Computer）。

（二）IP 地址和主机名映射

Linux 系统大部分发行版使用 /etc/hosts 文件记录主机 IP 地址和主机名映射关系，此文件可以记录本机的或其他主机的 IP 地址及其主机名的映射关系。本机和其他主机一般在一个局域网或网段内。

主机名通常用于一个网段内两个计算机通信时使用，当用主机名访问一台目的主机时，首先查找本机 hosts 文件，通过映射关系找到主机名对应的 IP 地址，最终解析为 IP 地址去访问目的主机。

主机名（hostname) 和域名（domain) 的区别如下：

主机名通常用于在一个子网内或一个网段内计算机之间通信使用，通过查找 hosts 文件，主机名被解析到对应的 IP 完成通信；域名通常在 Internet 上使用，但如果本机不想使用 Internet 上的域名解析服务，这时就可以更改 hosts 文件，加入自己的域名解析记录。在项目九中会讲解域名解析服务。

当用 hostnamectl 命令修改静态主机名后，/etc/hostname 文件中保存的主机名会被自动更新，而 /etc/hosts 文件中的主机名却不会自动更新，因此在每次修改主机名后，一定要手工更新 /etc/hosts 文件，在其中添加新的主机名与 IP 地址的映射关系。

三、VMware 虚拟机和宿主机网络通信模式

在宿主机 Windows 系统上安装 VMware workstation 虚拟机软件后增加了 VSwtich0、VSwtich1、VSwtich8 三台虚拟交换机；同时宿主机上增加了 VMnet1 和 VMnet8 两个虚拟网络接口，即两块虚拟网卡。VMware Workstation 创建虚拟机后，宿主机和虚拟机存在 3 种基本网络通信模式：

（1）桥接模式：如图 7-1 所示，宿主机用物理网卡连接 VMSwtich0 交换机，虚拟机用虚拟网卡连接到 VMSwtich0 交换机，宿主机和虚拟机在同一网段，虚拟机通过桥接宿主机物理网卡可直接访问外网，前提是宿主机物理网卡连接参数配置可访问外网。

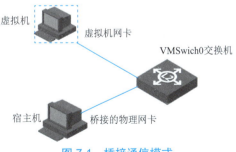

图 7-1　桥接通信模式

（2）仅主机模式：如图 7-2 所示，宿主机用 VMnet1 网卡连接 VMSwtich1 交换机，虚拟机用虚拟网卡连接到 VMSwtich1 交换机，宿主机和虚拟机在同一网段，虚拟机默认不能访问外网。

（3）NAT 模式：如图 7-3 所示，宿主机用 VMnet8 网卡连接 VMSwtich8 交换机，虚拟机用虚拟网卡连接到 VMSwtich8 交换机，虚拟机和宿主机在同一网段，虚拟机通过 NAT（network address translation, 网络地址转换）技术可间接访问外网，前提是宿主机物理网卡连接参数配置可访问外网。

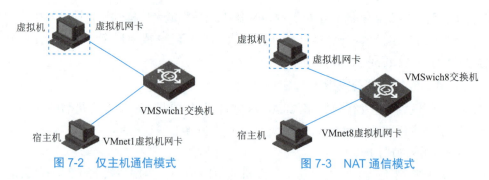

图 7-2　仅主机通信模式　　　　　　　图 7-3　NAT 通信模式

项目实施

项目实施分解为 4 个任务进行，基于任务使读者掌握网络接口 TCP/IP 连接参数配置、主机名和 IP 地址映射关系配置；验证虚拟机和宿主机的 3 种通信模式，掌握使用远程登录工具连接 Linux 服务器的基本技能。

任务一　配置网络接口 TCP/IP 连接参数

1. 通过网络接口配置文件配置连接参数

●视频

配置网络接口连接参数

在 VMware 虚拟机 CetnOS 7.9 系统上，通过编辑网络接口配置文件设置连接参数。操作步骤如下：

（1）通过编辑配置文件配置网络接口连接参数，修改 BOOTPROTO=static 和 ONBOOT=yes 两行，增加四行配置，其他行默认不变。

```
[root@localhost ~]#vim /etc/sysconfig/network-scripts/ifcfg-ens33
                                    // 设备名可变
BOOTPROTO=static                     // 修改为 static 表示手工设置 IP 地址等参数
……// 省略若干行
ONBOOT=yes                           // 修改为 yes 表示随系统启动而激活网卡
IPADDR=192.168.200.11                // 添加此行设置 IP 地址
NETMASK=255.255.255.0                // 添加此行设置子网掩码
GATEWAY=192.168.200.2                // 添加此行设置网关地址，仅用于访问外网
DNS1=114.114.114.114                 // 添加此行设置 DNS 服务器地址，仅用于访问外网
```

（2）重启网络服务使配置文件生效，并查看网络接口连接参数。

```
[root@localhost ~]# systemctl restart network        // 重新启动网络服务
[root@localhost ~]# ip address show ens33            // 查看网络接口连接配置
2: ens33: <BROADCAST,MULTICAST,UP,LOWER_UP> mtu 1500 qdisc pfifo_fast
state①UP group default qlen 1000
    ②link/ether 00:0c:29:e4:a3:2a brd ff:ff:ff:ff:ff:ff
    ③inet 192.168.200.11/24 ④brd 192.168.200.255 scope global noprefixroute ens33
       valid_lft forever preferred_lft forever
    ⑤inet6 fe80::b786:d40:849f:84f/64 scope link noprefixroute
       valid_lft forever preferred_lft forever
[root@localhost ~]# ip address                       // 查看所有网络接口连接配置
[root@localhost ~]# ifconfig ens33                   //ifconfig 命令查看某网络接口配置
[root@localhost ~]# ifconfig                         // 查看所有网络接口配置
```

ip address show ens33 命令执行结果关键部分解读：

① 已启用的活动接口状态为 UP，禁用接口状态为 DOWN。
② link 行指定网卡设备的硬件 (MAC) 地址。
③ inet 行显示 IPv4 地址和网络前缀 (子网掩码)。
④ 广播地址、作用域和网卡设备的名称。
⑤ inet6 行显示 IPv6 地址信息。

2. 配置网络接口临时生效的连接参数

在虚拟机 CentOS 7.9 系统中为网络接口临时添加一个 IP 地址 192.168.200.22/24，并查看其配置结果，重启网络接口后再次查看配置的结果。操作示步骤如下：

（1）查看网络接口已有的连接参数配置。

```
[root@localhost ~]# ip address show ens33
      ......// 省略若干行
  inet 192.168.200.11/24  brd 192.168.200.255 scope global noprefixroute ens33
      ......// 省略若干行
```

（2）在网络接口上添加临时连接参数并查看是否生效。

```
[root@localhost ~]# ip address add 192.168.200.22/24 dev ens33
[root@localhost ~]# ip address show ens33
   ......// 省略若干行
   inet 192.168.200.11/24 brd 192.168.200.255 scope global noprefixroute ens33
       valid_lft forever preferred_lft forever
   inet 192.168.200.22/24 scope global secondary ens33
      ......// 省略若干行
```

（3）网络接口先关闭再重新启动，此时查看网络接口配置的临时连接参数值"192.168.200.22/24"失效。也可以用 systemctl restart network 命令重启网络接口。

```
[root@localhost ~]# ip link set dev ens33 down        //ens33 接口关闭
[root@localhost ~]# ip link set dev ens33 up          //ens33 接口重新启动
[root@localhost ~]# ip address show ens33
2: ens33: <BROADCAST,MULTICAST,UP,LOWER_UP> mtu 1500 qdisc pfifo_fast
state UP group default qlen 1000
     link/ether 00:0c:29:e4:a3:2a brd ff:ff:ff:ff:ff:ff
     inet 192.168.200.11/24 brd 192.168.200.255 scope global noprefixroute ens33
       ......// 省略若干行
```

3. 用 nmtui 工具配置网络接口连接参数

图形界面的设置会直接写到网络接口配置文件中保存，相当于间接编辑网络接口配置文件，也是永久生效的，操作步骤如下：

（1）执行 nmtui 命令打开网络管理器图形化配置界面。

```
[root@localhost ~]# nmtui
```

（2）在打开的网络管理器窗口中按图 7-4 所示步骤顺序打开网络接口连接参数设置窗口。

（3）在打开的窗口中设置网络接口的 IP 地址、网关地址和 DNS 服务器地址等参数（见图 7-5），最后单击"确定"按钮保存并返回到图 7-6 窗口所示，单击"返回"按钮回到初始窗口。

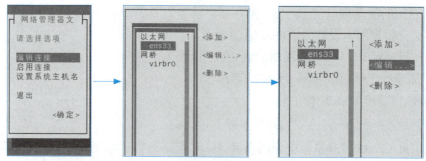

图 7-4　打开网络接口连接参数设置窗口步骤

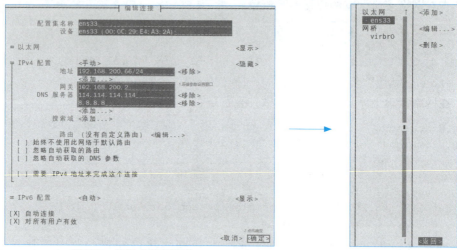

图 7-5　连接参数设置窗口　　　　　　图 7-6　返回窗口

（4）首先选中"启用连接"选项，接着选中对应的网络接口，按【Enter】键激活，前面有"*"号表示激活成功，最后选中"退出"选项，退出网络编辑器，如图 7-7 所示。

```
[root@localhost ~]# ip address show ens33
2: ens33: <BROADCAST,MULTICAST,UP,LOWER_UP> mtu 1500 qdisc pfifo_fast 
state UP group default qlen 1000
    link/ether 00:0c:29:e4:a3:2a brd ff:ff:ff:ff:ff:ff
    inet 192.168.200.66/24 brd 192.168.200.255 scope global noprefixroute ens33
       valid_lft forever preferred_lft forever
    inet6 fe80::b786:d40:849f:84f/64 scope link noprefixroute
       valid_lft forever preferred_lft forever
```

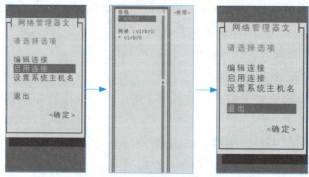

图 7-7　启动连接、激活接口及退出窗口操作步骤

（5）查看网络接口连接参数设置是否成功。

任务二　配置主机名及主机名和 IP 地址映射

1. 用 hostnamectl 命令查看和修改主机名

hostnamectl 命令用到的选项功能说明如下：

status：可同时查看静态、瞬态和灵活 3 种主机名及其相关的设置信息。

➤static：查看或修改静态 (永久) 主机名。

➤transient：查看或修改瞬态 (临时) 主机名。

➤pretty：查看或修改灵活主机名。

（1）用 hostnamectl 命令查看默认主机名。

```
[root@localhost ~]# hostnamectl status           //查看主机名信息，status 可省略
   Static hostname: localhost.localdomain        //默认主机名为 localhost.localdomain
         Icon name: computer-vm
           Chassis: vm
        Machine ID: 9801e40f2950409c94c02821e32450cd
           Boot ID: 4c6e03c6d581472a992e1ba890496d0f
    Virtualization: vmware
  Operating System: CentOS Linux 7 (Core)
       CPE OS Name: cpe:/o:centos:centos:7
            Kernel: Linux 3.10.0-1160.el7.x86_64
      Architecture: x86-64
[root@localhost ~]# hostnamectl --static         //查看静态主机名
localhost.localdomain
[root@localhost ~]# hostnamectl --transient      //查看瞬态主机名
localhost.localdomain
[root@localhost ~]# hostnamectl --pretty         //查看灵活主机名，无设置
```

（2）用 hostnamectl 命令修改主机名，省略选项时默认修改 3 种类型主机名。

```
[root@localhost ~]# hostnamectl set-hostname "My's Computer"
[root@localhost ~]# hostnamectl --static
myscomputer
[root@localhost ~]# hostnamectl --transient
myscomputer
[root@localhost ~]# hostnamectl --pretty         //灵活主机名原样不变
My's Computer
```

提示：在修改静态/瞬态主机名时，任何特殊字符或空格字符都会被移除，并且大写字母会自动转化为小写字母，而灵活主机名则保持原样，这正是起名为灵活主机名的缘由。

（3）用 hostnamectl 命令使用某个选项修改某种类型的主机名。

```
[root@myscomputer ~]# hostnamectl --static set-hostname aftvc
                                                 //修改静态主机名
[root@myscomputer ~]# hostnamectl --static
aftvc
[root@myscomputer ~]# bash                       //打开新的命令终端
[root@aftvc ~]#
[root@aftvc ~]# hostnamectl --transient set-hostname aftvc-T
```

```
                                          //修改瞬态主机名
[root@aftvc ~]# hostnamectl --transient
aftvc-T
```

提示：设置新的静态主机名后，会立即修改内核主机名，只是在命令提示符中"@"后面的主机名还未自动刷新，此时，只要执行 bash 命令重新开启 Shell 登录命令，便可在提示符中显示新的主机名。

2. 用 nmtui 工具通过图形界面修改主机名

（1）执行 nmtu 命令打开网络管理器图形化配置界面。

```
[root@localhost ~]# nmtui
```

（2）在打开的网络管理器窗口中选中"设置系统主机名"选项，并编辑设置主机名为 aftvc，如图 7-8 所示。

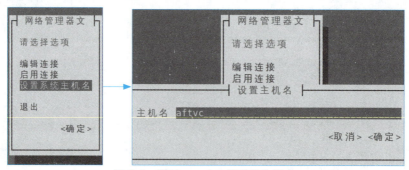

图 7-8　通过 nmtui 工具设置主机名

3. 编辑 hosts 文件添加 IP 地址和主机名映射

（1）验证 /etc/hosts 文件中的映射记录功能。

```
[root@aftvc ~]# cat /etc/hosts              //查看本机 hosts 文件内容
127.0.0.1   localhost localhost.localdomain localhost4 localhost4.localdomain4
::1         localhost localhost.localdomain localhost6 localhost6.localdomain6
[root@aftvc ~]# ping localhost              //测试 ping 主机名能否正常通信
PING localhost (127.0.0.1) 56(84) bytes of data.
64 bytes from localhost (127.0.0.1): icmp_seq=1 ttl=64 time=0.034 ms
64 bytes from localhost (127.0.0.1): icmp_seq=2 ttl=64 time=0.040 ms
^C                                          //按下【Ctrl+C】组合键终止执行
.....// 省略若干行
```

当执行 ping 命令时，因为目的地址是主机名，首先查找本机 hosts 文件，通过映射关系找到主机名对应的 IP 地址，再通过目的 IP 地址完成 ping 命令的通信测试。

（2）添加 IP 地址和主机名映射记录到 hosts 文件。

```
[root@aftvc ~]# vim /etc/hosts
.....// 省略若干行
192.168.200.66   afc              //添加此行，其中 192.168.200.66 是本机 IP 地址
192.168.200.66   wwwserver        //添加此行
```

（3）验证主机名通信时依赖文件 hosts 解析出主机 IP 地址。

```
[root@aftvc ~]# ping afc
```

项目七 配置 Linux 系统网络

```
PING afc (192.168.200.66) 56(84) bytes of data.
64 bytes from afc (192.168.200.66): icmp_seq=1 ttl=64 time=0.032 ms
……// 省略若干行
[root@aftvc ~]# ping wwwserver
PING wwwserver (192.168.200.66) 56(84) bytes of data.
64 bytes from afc (192.168.200.66): icmp_seq=1 ttl=64 time=0.033 ms
^……// 省略若干行
```

（4）注释掉一条映射记录，再验证主机名通信能否成功。

```
[root@aftvc ~]# vim /etc/hosts
……// 省略若干行
192.168.200.66    afc
#192.168.200.66   wwwserver              // 行首添加 # 号注释此行
[root@aftvc ~]# ping wwwserver           // 使用主机名通信失败
ping: wwwserver: 未知的名称或服务
```

任务三　验证虚拟机和宿主机三种通信模式

1. 验证桥接模式通信

视频

验证桥接模式通信

具体要求：设置 VMware 虚拟机通信为桥接模式，手工配置虚拟机网络接口连接参数，确保与宿主机访问外网的网络接口连接参数在同一网段，验证虚拟机能 ping 通宿主机和外网。

（1）如图 7-9 所示选中宿主机 Windows 10 系统中能访问外网的一个网络连接，右击选择"状态"命令，打开如图 7-10 所示的网络连接状态对话框，单击"详细信息"按钮，查看此网络连接的 IP 地址、子网掩码、网关和 DNS 服务器地址配置。

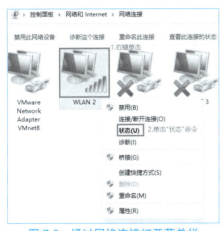

图 7-9　通过网络连接打开菜单栏

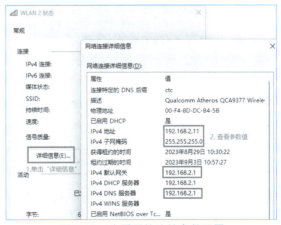

图 7-10　查看网络连接参数配置

（2）通过 VMware Workstation 管理界面，打开虚拟机 CentOS 7.9 设置管理界面，设置虚拟机网络接口通信为桥接模式，如图 7-11 所示。

（3）编辑虚拟机网络接口配置文件，参考图 7-10 所示的结果，设置 IP 地址、子网掩码和宿主机网络接口连接参数在同一网段，即 IP 地址网络号、网关地址、DNS 服务器地址和宿主机接口配置相同。

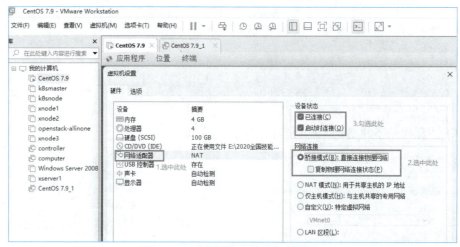

图 7-11　设置网卡通信为桥接模式

```
[root@localhost ~]# vi /etc/sysconfig/network-scripts/ifcfg-ens33
......// 省略部分行
BOOTPROTO=static              // 修改为 static 表示手工设置 IP 地址等参数
ONBOOT=yes                    // 修改为 yes 表示随系统启动而激活网卡
IPADDR=192.168.2.22           // 添加此行设置 IP 地址
NETMASK=255.255.255.0         // 添加此行设置子网掩码
GATEWAY=192.168.2.1           // 添加此行设置网关地址，仅用于访问外网
DNS1=192.168.2.1              // 添加此行设置 DNS 服务器地址，仅用于访问外网
```

（4）保存配置文件启动网络服务，使用 ping 命令验证确保 ping 通宿主机和外网。

```
[root@localhost ~]# systemctl restart network        // 重启网络
[root@localhost ~]# ip address show ens33            // 查看 IP 地址配置是否生效
2: ens33: <BROADCAST,MULTICAST,UP,LOWER_UP> mtu 1500 qdisc pfifo_fast state UP group default qlen 1000
    link/ether 00:0c:29:e4:a3:2a brd ff:ff:ff:ff:ff:ff
    inet 192.168.2.22/24 brd 192.168.2.255 scope global noprefixroute ens33
......// 省略部分行
[root@localhost ~]# ping 192.168.2.11
PING 192.168.2.11 (192.168.2.11) 56(84) bytes of data.
64 bytes from 192.168.2.11: icmp_seq=1 ttl=64 time=0.379 ms
......// 省略部分行
[root@localhost ~]# ping www.baidu.com
PING www.a.shifen.com (14.119.104.254) 56(84) bytes of data.
64 bytes from 14.119.104.254 (14.119.104.254): icmp_seq=1 ttl=54 time=32.3 ms
......// 省略部分行
```

2. 验证仅主机模式通信

具体要求：设置虚拟机通信模式为仅主机模式，手工设置虚拟机和宿主机 vmnet1 网络接口的 IP 地址和子网掩码，确保 IP 地址在同一网段 10.0.0.0/24，验证虚拟机 ping 通宿主机 vmnet1 网络接口地址，但 ping 不通外网。

（1）启用宿主机 Windows 系统中 VMnet1 虚拟网络接口的网络连接，如图 7-12 所示。

（2）打开 VMnet1 网络接口的连接属性设置对话框，如图 7-13 所示。

图 7-12 启用 VMnet1 接口网络连接

图 7-13 打开网络连接属性设置对话框

（3）如图 7-14 所示，在属性对话框中配置 VMnet1 网络接口的 IP 地址和子网掩码为 10.0.0.10/255.255.255.0，仅用于一个网段或子网内通信。由于仅主机通信模式虚拟机默认不能访问外网，所以无须配置 DNS 服务器地址和网关地址。

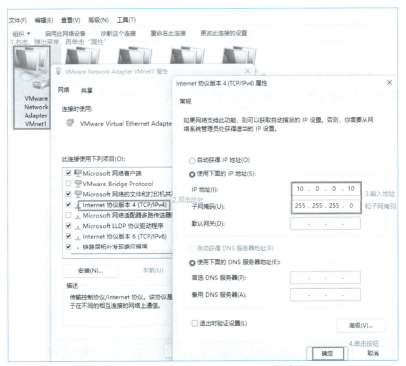

图 7-14 设置 VMnet1 网络接口连接参数

（4）通过 VMware Workstation 管理界面，打开虚拟机 CentOS 7.9 设置管理界面，设置虚拟机网卡通信为仅主机模式通信。

（5）编辑虚拟机 CentOS 7 系统网络接口配置文件，设置 IP 地址、子网掩码，要求与宿主机 VMnet1 网络接口的 IP 地址网络号相同。

```
[root@localhost ~]# vi /etc/sysconfig/network-scripts/ifcfg-ens33
......// 省略部分行
BOOTPROTO=static          // 修改为 static 表示手工设置 IP 地址等参数
```

```
ONBOOT=yes                     //修改为 yes 表示随系统启动而激活网卡
IPADDR=10.0.0.11               //添加此行设置 IP 地址
NETMASK=255.255.255.0          //添加此行设置子网掩码
```

（6）重新启动网络，使用 ping 命令验证 ping 通宿主机 VMnet1 的 IP 地址。

```
[root@localhost ~]# systemctl restart network        //重启网络
[root@localhost ~]# ip address show ens33            //查看 IP 地址配置是否生效
[root@localhost ~]# ping 10.0.0.10
PING 10.0.0.10 (10.0.0.10) 56(84) bytes of data.
64 bytes from 10.0.0.10: icmp_seq=1 ttl=64 time=0.852 ms
......// 省略部分行
```

3. 验证 NAT 模式通信

验证NAT模式通信

具体要求：设置虚拟机通信为 NAT 模式，手工设置虚拟机网络接口的网络连接参数；通过虚拟机的虚拟网络编辑器，设置 NAT 模式下的子网网段地址 192.168.200.0/24，宿主机的 VMnet8 网络接口会自动获得 IP 地址。验证虚拟机能否 ping 通，通过 NAT 技术也可以 ping 通外网，但前提是宿主机某个物理网络接口能正常访问外网。

（1）启用宿主机 Windows 系统中 VMnet8 虚拟网络接口。

（2）通过 VMware Workstation 管理界面，打开虚拟机 CentOS 7.9 设置管理界面，设置虚拟机网卡通信为 NAT 模式。

（3）编辑虚拟机网络接口配置文件设置 IP 地址、子网掩码、网关地址和 DNS 服务器地址。

```
[root@localhost ~]# vi /etc/sysconfig/network-scripts/ifcfg-ens33
......// 省略部分行
BOOTPROTO=static               //修改为 static 表示手工设置 IP 地址等参数
ONBOOT=yes                     //修改为 yes 表示随系统启动而激活网卡
IPADDR=192.168.200.11          //添加此行设置 IP 地址
NETMASK=255.255.255.0          //添加此行设置子网掩码
GATEWAY=192.168.200.2          //添加此行设置网关地址，用于访问外网
DNS1=114.114.114.114           //添加此行设置 DNS 服务器地址，用于访问外网
[root@localhost ~]# systemctl restart network        //重启网络
[root@localhost ~]# ip address show ens33            //查看 IP 地址配置是否生效
2: ens33: <BROADCAST,MULTICAST,UP,LOWER_UP> mtu 1500 qdisc pfifo_fast
state UP group default qlen 1000
    link/ether 00:0c:29:e4:a3:2a brd ff:ff:ff:ff:ff:ff
    inet 192.168.200.11/24 brd 192.168.200.255 scope global noprefixroute ens33
......// 省略部分行
```

💡 提示：网关地址 192.168.200.2 是通过虚拟机的虚拟网络编辑器窗口在 NAT 模式下设置完子网网段地址 192.168.200.0/255.255.255.0 后，自动生成的默认网关地址，见下述第 4、5 步的设置。

（4）如图 7-15 所示，通过虚拟机管理界面打开如图 7-16 所示的 "虚拟网络编辑器" 对话框，设置在 NAT 模式子网网段地址和子网掩码为 192.168.200.0 和 255.255.255.0，并应用设置。

项目七 配置 Linux 系统网络

图 7-15 打开虚拟网络编辑器窗口

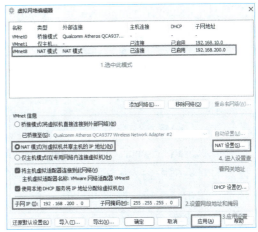

图 7-16 虚拟网络编辑器设置窗口

（5）单击"NAT 设置"按钮打开新的窗口（见图 7-17），可看到默认生成的网关地址为 192.168.200.2，也可修改此地址。同时，给宿主机 VMnat8 虚拟网卡也自动分配子网网段的一个 IP 地址和子网掩码 192.168.200.1/255.255.255.0，如图 7-18 所示。

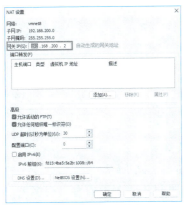

图 7-17 NAT 设置窗口

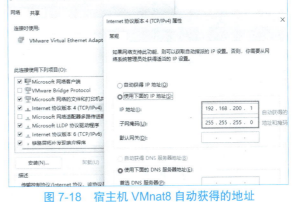

图 7-18 宿主机 VMnat8 自动获得的地址

（6）使用 ping 命令验证能 ping 通宿主机 VMnet8 网络接口、网关和外网地址。

```
[root@localhost ~]# ping 192.168.200.1          //检测和宿主机能否正常通信
PING 192.168.200.1 (192.168.200.1) 56(84) bytes of data.
64 bytes from 192.168.200.1: icmp_seq=1 ttl=64 time=0.696 ms
......// 省略部分行
[root@localhost ~]# ping 192.168.200.2          //检测到网关的通信
PING 192.168.200.1 (192.168.200.2) 56(84) bytes of data.
64 bytes from 192.168.200.2: icmp_seq=1 ttl=64 time=0.523 ms
......// 省略部分行
[root@localhost ~]# ping www.baidu.com          //测试DNS服务器地址配置是否正确
PING www.a.shifen.com (14.119.104.254) 56(84) bytes of data.
64 bytes from 14.119.104.254 (14.119.104.254): icmp_seq=2 ttl=128 time=38.8 ms
......// 省略部分行
```

任务四　使用远程登录工具连接 Linux 服务器

具体要求：在宿主机和虚拟机正常通信前提下用宿主机 Windows 系统中的远程登录

连接工具（secureCrt、mobaXterm、xshell6）连接虚拟机中的 Linux 服务器。本例使用 secureCrt 工具连接登录。

（1）基于完成的任务三中第 3 步用 ping 命令测试虚拟机和宿主机通信正常。

```
[root@localhost ~]# ping 192.168.200.1        //检测和宿主机能否正常通信
PING 192.168.200.1 (192.168.200.1) 56(84) bytes of data.
64 bytes from 192.168.200.1: icmp_seq=1 ttl=64 time=0.696 ms
......//省略部分行
```

（2）双击运行 secureCrt 连接程序，打开如图 7-19 的连接窗口，单击快速连接工具，在打开的对话框中输入被连接服务器的主机名和登录用户名，主机名是被连接的服务器 IP 地址，单击"连接"按钮进行下一步。

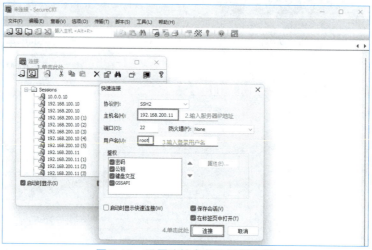

图 7-19 设置连接参数连接服务器

（3）在打开的对话框中输入登录的用户 root 密码，如图 7-20 所示。

（4）显示连接成功的界面（见图 7-21），在此终端配置服务器和本地登录服务器配置相同，便于用户远程管理和维护服务器，给远程登录用户操作也带来便利。

图 7-20 输入登录密码窗口

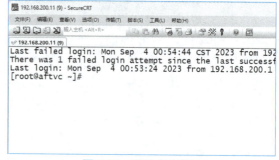

图 7-21 登录成功窗口

项目小结

本项目首先介绍了计算机网络接口的功能及对应配置文件内容的含义、IP 地址和主机名映射文件内容含义、VMware 虚拟机和宿主机 3 种通信模式的特点；其次讲解了网络

项目七　配置 Linux 系统网络

接口 TCP/IP 连接参数的配置、主机名及 IP 地址和主机名映射关系的设置；最后通过实验验证了虚拟机和宿主机的 3 种通信模式的特点，简要介绍了使用远程登录工具连接 Linux 服务器的操作。

项目实训

【实训目的】

掌握 Linux 系统中配置网络接口 IP 地址、子网掩码、网关和 DNS 服务器地址的技能；会设置计算机的主机名，添加 IP 地址和主机名的映射到 hosts 文件；掌握使用远程登录工具连接 Linux 服务器。

【实训环境】

一人一台 Windows 10 物理机，能连接到 Internet，物理机中安装了 RHEL 7/CentOS 7 的两台 VMware 虚拟机。

【实训内容】

任务一：设置虚拟机通信模式为桥接，配置虚拟机网络接口的连接参数，用 ping 命令检测能 ping 通宿主机和百度站点的地址，并用宿主机 Windows 的远程登录工具成功连接虚拟机中 Linux 系统。

任务二：用 ip address 命令给虚拟机配置一个临时地址，并查看此临时地址；然后重启网络接口，再查看此临时地址是否仍然有效。

任务三：用 hostnamectl 命令修改虚拟机 Linux 系统的静态主机名为自己姓名拼音，并立即生效，查看 /etc/hostname 文件内容是否保存此主机名信息。

任务四：在 /etc/hosts 文件中添加本机主机名和 IP 地址的映射记录，用 ping 命令测试主机名通信。

任务五：在 VMware 中启用两台虚拟机，通信模式设置为 NAT 模式，配置两台虚拟机的 IP 地址，保证在同一网段，用 ping 命令测试确保两台虚拟机能正常通信，同时要求两台虚拟机也能 ping 通宿主机的 VMnat8 虚拟网卡接口地址和 www.baidu.com 地址。

课后习题

一、选择题

1. （　　）命令能用来查看 Linux 系统中网络接口配置的 IP 地址。
   A. ipconfig　　　　B. ip address　　　C. iptables　　　　D. netstat
2. 文件（　　）存放主机名到 IP 地址的映射。
   A. /etc/hosts　　　B. /etc/host　　　　C. /etc/host.equiv　D. /etc/hdinit
3. （　　）命令能用来显示服务器当前正在监听的端口。
   A. ifconfig　　　　B. netlst　　　　　C. iptables　　　　D. netstat
4. 文件（　　）存放机器名到 IP 地址的映射。
   A. /etc/hosts　　　B. /etc/host　　　　C. /etc/host.equiv　D. /etc/hdinit
5. VMware 虚拟机为用户提供了 3 种可选的网络模式，不包含下面的（　　）。

　　　　A. 桥接模式　　　　B. NAT 模式　　　　C. 仅主机模式　　　　D. C/S 模式

6. VMware 虚拟机设置桥接通信模式下，虚拟机和物理主机连接到的虚拟网络为（　　）。

　　　　A. VMnet0　　　　B. Vmnet1　　　　C. Vmnet2　　　　D. Vmnet8

7. 在 NAT 通信模式下虚拟机网卡对应通信的物理网卡是（　　）。

　　　　A. VMnet0　　　　B. Vmnet1　　　　C. Vmnet2　　　　D. Vmnet8

8. 仅让虚拟机内的主机与物理主机通信，不能访问外网，仅主机模式下虚拟机网卡对应的物理网卡是（　　）。

　　　　A. VMnet0　　　　B. Vmnet1　　　　C. Vmnet2　　　　D. Vmnet8

二、填空题

1. 执行_____命令可打开网络管理器图形化配置界面。

2. 一块网卡对应一个配置文件，配置文件位于目录_____中，文件名以_____开始。

3. hostnamectl 命令修改主机名，其中 --static 选项指定修改_____。--transient 选项指定修改_____。--pretty 选项指定修改_____。

4. Vmware 虚拟机_____指虚拟机通过桥接宿主机物理网卡可直接访问外网，前提是宿主机物理网卡连接参数配置可访问外网。

5. scp（secure copy）是一个基于_____协议在网络中两台 Linux 系统主机间进行安全传输文件的命令，其命令使用格式为 scp [参数] 本地文件 登录用户名 @ 远程主机 IP 地址 : 远程目录。想要把本地文件 /root/myout.txt 传送到地址为 192.168.10.20 的远程主机的 /home 目录下，且本地主机与远程主机均为 Linux 系统，执行命令_____，并在进行口令验证后即可开始传送。

三、简答题

1. 在 Linux 操作系统中有多种方法可以配置网络接口参数，请列举几种。

2. 解释网络接口配置文件内容中配置参数的含义。

```
# vim /etc/sysconfig/network-scripts/ifcfg-ens33
TYPE=Ethernet
......// 省略部分行
BOOTPROTO=static
DEFROUTE=yes
......// 省略部分行
NAME=ens33
UUID=8cb13d11-b21b-4bca-83a9-79bf0474431c
DEVICE=ens33
ONBOOT=yes
IPADDR=192.168.200.11
NETMASK=255.255.255.0
GATEWAY=192.168.200.2
DNS1=114.114.114.114
```

3. 简述"静态"主机名、"瞬态"主机名、"灵活"主机名的区别。

4. 简述 /etc/hosts 配置文件的作用。

5. 简述虚拟机和宿主机 3 种基本网络通信模式的特点和区别。

拓展阅读：超级计算机

中国在超级计算领域取得了巨大的进展，建立了一系列世界一流的超级计算机。这些超级计算机不仅在性能和应用领域具备显著优势，还为中国在科学研究、工程模拟和技术创新方面提供了强大支持。

天河系列（Tianhe Series）：天河系列是中国超级计算机的代表，包括天河一号、天河二号和天河三号。天河一号于 2010 年首次登顶全球超级计算机排行榜，性能卓越。天河系列在气象预测、地震模拟、高能物理和生物医学等领域有广泛应用。

京系列（Sunway TaihuLight 和 Sunway SW26010）：京系列代表着中国在处理器技术上的重大突破。Sunway TaihuLight 曾一度是全球性能最强的超级计算机，采用自主研发的 SW26010 处理器。这一系列超级计算机在高性能计算、大规模模拟和数据分析方面有卓越表现。

神威·太湖之光（ShenWei Taihu Light）：神威·太湖之光是中国国家高性能计算中心研制的一款超级计算机，以其超强的计算能力和性能而著称。它在气象学、核能研究、材料科学和人工智能等领域发挥了重要作用。

气象学和气候模拟：中国的超级计算机在气象预测和气候模拟中取得了巨大成功。这对于准确的天气预测、灾害管理和应对气候变化具有关键意义。

生物医学研究：超级计算机在基因组学、蛋白质折叠、药物研发和生物信息学中有广泛应用，有助于推动生物医学研究的进展。

核能与工程模拟：超级计算机用于核反应堆模拟和核能研究，提高了核能的效率和安全性。此外，在工程领域，也用于飞机设计、建筑结构分析和材料研究。

天文学和宇宙研究：超级计算机用于模拟宇宙的演化、星系形成、黑洞研究和宇宙背景辐射分析，推动了天文学领域的前沿研究。

人工智能与深度学习：超级计算机在人工智能领域发挥了关键作用，用于训练大规模神经网络，改进自然语言处理、计算机视觉和自动驾驶等领域的性能。

中国的超级计算机已经在性能和应用领域与世界最先进水平媲美，已经在国际上脱颖而出，甚至在某些方面已经实现超越。例如，神威·太湖之光曾一度是世界上性能最强的超级计算机。中国的超级计算机代表着在超级计算领域的显著成就，在多个领域的应用为中国的科学研究、工程模拟和技术创新提供了强大支持，为解决全球性挑战和推动科学进步做出了卓越贡献。

项目八
配置 Samba 和 NFS 服务实现资源共享

知识目标
- 理解 Samba 和 NFS 服务的功能和特点。
- 理解 Samba 和 NFS 服务的工作原理。

技能目标
- 掌握 Samba 共享服务的匿名和本地用户身份验证配置。
- 掌握 Samba 共享服务的用户访问权限控制配置。
- 掌握 NFS 服务的共享存储资源配置和用户访问权限控制配置。

素养目标
- 通过配置资源共享培养学生学以致用和乐意分享的精神。
- 通过拓展阅读培养学生胸怀祖国、追求卓越的品质。

项目导入

数据资源存储在本地计算机会占用大量的存储空间,而且不利于资源共享。为了提高数据共享和资源服务水平,实现校内教师和学生灵活便捷的资源获取服务,在某学校的校园网升级改造中,新增 Samba 服务为用户提供文件共享服务,搭建 NFS 服务为用户提供存储资源共享服务。因此,配置和管理 Samba 和 NFS 服务是网络运维管理人员必备的技能。

知识准备

一、Samba 服务

(一)SMB 协议和 Samba 服务

SMB(server message block,服务器消息块)协议用于在不同操作系统之间实现文件和打印机资源共享服务。SMB 协议是 Microsoft 和 Intel 在 1987 年开发的，通过该协议使得客户端应用程序可以在各种网络环境下访问服务器端的文件和打印机等资源，从而实现用户可以在 Windows、Linux、UNIX 和 macOS 系统等各种平台上无缝地共享文件和打印机。

Samba 是开源服务软件包，是在 Linux 系统上对 SMB/CIFS 协议的具体实现，通过 Samba 服务软件包搭建的服务器，可以实现 Linux 系统主机和 Windows 主机之间的双向文件和打印机的共享。允许客户端通过网络连接访问 Samba 服务器上共享的文件和打印机。它支持基于用户名和密码进行身份验证，以确保只有经过授权的用户才能够访问共享资源。

使用 Samba 服务，可以在局域网或广域网中快速传输文件，搭建文件服务器，实现远程网站维护和更新，并提供高速下载站点。它为不同操作系统之间的文件共享提供了方便和灵活的解决方案，使得跨平台文件共享变得更加简单和可靠。Samba 服务的主要功能如下：

（1）在 Windows 与 Linux 系统主机间实现文件和打印机资源的共享。

（2）将服务器的主机名解析为 IP 地址，通过主机名访问共享。

（3）支持跨平台访问的用户身份验证和权限设置，支持加密传输 SSL（secure socket layer，安全套接层）协议。

（二）Samba 服务的工作原理

Samba 服务的工作原理是基于 SMB/CIFS 协议，以下是 Samba 的工作原理的简要说明：

（1）Samba 服务器启动：Samba 服务器运行在一个主机上，通过 smbd 进程和 nmbd 进程监听特定的端口（默认是 TCP 端口 445 和 139）等待客户端的连接请求。

（2）客户端请求连接：当客户端想要访问 Samba 服务器上的共享文件或打印机时，会发送一个连接请求到 Samba 服务器。

（3）用户身份验证：Samba 服务器接收到连接请求后，会对客户端进行身份验证。通常情况下，Samba 服务会与系统中的用户账号数据库（如 /etc/passwd）进行集成，以验证用户提供的用户名和密码。

（4）资源访问：一旦用户通过身份验证，客户端就可以向 Samba 服务器发送共享文件或打印机的访问请求。Samba 服务器会根据请求的资源类型（文件或打印机）进行处理。

（5）文件共享：对于文件共享请求，Samba 服务器会检查客户端请求的文件路径和权限。如果权限验证通过，Samba 服务器将允许客户端进行读取、写入或执行文件操作。

（6）打印服务：对于打印机请求，Samba 服务器会将打印任务转发给相应的打印机驱动程序，并将打印机的状态信息发送回客户端，以便客户端能够监控和管理打印任务。

（7）数据传输：客户端和 Samba 服务器之间的数据传输使用 SMB/CIFS 协议进行。Samba 使用该协议来封装和解封装文件和打印机数据，以确保可靠的数据传输和通信。

Samba 服务器通过接受客户端连接请求、身份验证、处理文件共享和打印服务请求等步骤，实现了不同操作系统之间文件共享和打印服务的互操作性。

二、NFS 服务

（一）NFS 服务简介

NFS（network file system）是一种基于网络的文件系统，是由 Sun 公司（已于 2009 年被 Oracle 公司收购）开发，目前已经发展到了第四代。它允许通过网络让客户端共享服务端的存储空间，通过使用 NFS 协议，客户机可以像访问本地存储空间一样使用远程服务器中的存储空间，将服务器上的共享存储资源通过共享目录形式挂载到客户端的本地目录。这样用户或者应用程序就可以将本地目录上建立的文件或保存的数据传输到服务器的共享目录，间接使用 NFS 服务器的存储空间资源，如图 8-1 所示。

图 8-1　NFS 服务原理

NFS 服务运行涉及的进程及功能见表 8-1。

表 8-1　NFS 服务涉及的进程及功能

NFS 系统	守护进程	功　　能
NFS 服务	nfsd	基本的 NFS 守护进程，主要功能是管理客户端是否能够登录服务器
	mountd	管理 NFS 的文件系统。当客户端身份验证通过后，还必须通过文件使用权限的验证。它会读取 NFS 的配置文件 /etc/exports 内容来控制客户端操作权限
RPC 服务	rpcbind	进行端口映射工作。当客户端尝试连接 NFS 服务时，会先向 rpcbind 服务的 110 端口发起连接请求，rpcbind 服务会将 NFS 服务对应的端口提供给客户端，从而使客户端可以向 NFS 服务进程请求服务

（二）NFS 服务依赖 RPC 服务的原因

因为 NFS 服务实现的功能较多，而每个功能分别使用不同的进程来实现，每启动一个进程就会占用一个端口，由于 NFS 服务使用多个端口，无法固定端口给多个进程，造成客户端无法通过固定端口主动连接 NFS 服务进程，这就需要 RPC（remote procedure call）服务，即远程过程调用服务。

NFS 服务依赖 RPC 服务的具体通信过程如下：

（1）RPC 服务端先启动 rpcbind 进程，启用 110 端口响应客户端请求。

（2）NFS 服务端启动 NFS 服务，随机占用多个端口，NFS 服务端进程主动向 RPC 服务端进程的 110 端口发起注册请求，向 RPC 服务端注册 NFS 服务进程的端口号。

（3）NFS 客户端进程主动向 RPC 服务端进程的 110 端口发起请求，为了获取 NFS 服务进程的端口号。

（4）RPC 服务端会把已注册的 NFS 服务进程端口号通过响应信息发送给 NFS 客户端。

（5）NFS 客户端获取 NFS 服务进程端口号后，主动建立到 NFS 服务进程的连接，完成用户数据传输。

项目八 配置 Samba 和 NFS 服务实现资源共享 151

（三）部署 NFS 系统的优点

（1）节省本地存储空间。将常用的软件或数据集中存放在一台服务端计算机上，并使用 NFS 服务发布，当其他客户端需要时，可以通过网络访问获取，而不必各自单独存储一份。

（2）集中管理用户，实现全网登录。配置一台 NFS 服务器用来放置所有用户的 home 目录，将这些目录共享发布后，用户不管在哪台工作站上登录，均能进入自己的 home 目录。

（3）减少硬件设备投入。将一些存储设备如 CDROM 和磁盘共享后，其他计算机需要时挂载到本地便可使用，不必在每台计算机上都装配存储设备。

项目实施

项目实施分解为 2 个任务进行，基于任务使读者掌握配置 samba 服务、NFS 服务的知识和技能。

任务一 配置 Samba 服务

1. 实训环境准备

两台 CentOS 7.9 虚拟机分别配置为 Samba 服务器和客户机，一台 Windows 10 系统作为客户端，测试能否成功访问 Samba 服务器；虚拟机通信模式设置 NAT 模式，手动配置 IP 地址等参数，见表 8-2。

视频●
准备Samba配置环境

表 8-2 配置参数

角 色	操 作 系 统	IP 地 址	通 信 模 式
虚拟机 1：Samba 服务器	CentOS7.9	192.168.200.11	NAT 模式，连接 VMnet8 网络
虚拟机 2：Samba 客户端	Centos7.9	192.168.200.12	NAT 模式，连接 VMnet8 网络
宿主机：Samba 客户端	Windows10	192.168.200.10	网卡接口 VMnet8 连接 VMnet8 网络

（1）配置宿主机 Windows 系统 VMnat8 虚拟网卡接口的 IP 地址和子网掩码为 192.168.200.10/255.255.255.0，仅用于一个网段或子网内通信，只需配置 IP 地址和子网掩码，配置网关地址和 DNS 服务器地址用于和外网计算机通信。

（2）通过 VMware Workstation 管理界面，打开虚拟机 CentOS 7.9 设置界面，设置两台虚拟机网卡通信为 NAT 模式。

（3）分别编辑两台虚拟机网卡接口配置文件设置 IP 地址和子网掩码，与宿主机 VMnat8 虚拟网卡接口的 IP 地址在一个网段，即 IP 地址网络号相同。操作如下：

```
[root@localhost ~]# vi /etc/sysconfig/network-scripts/ifcfg-ens33
   ......// 省略部分行
BOOTPROTO=static              // 修改为 static 表示手工设置 IP 地址等参数
ONBOOT=yes                    // 修改为 yes 表示随系统启动而激活网卡
   ......// 省略部分行
IPADDR=192.168.200.11         // 添加此行设置 IP 地址，另一台为 192.168.200.12
NETMASK=255.255.255.0         // 添加此行设置子网掩码
GATEWAY=192.168.200.2         // 添加此行，VMware 能默认生成此网关地址
DNS1=114.114.114.114          // 添加此行设置 DNS 服务器地址，仅用于访问外网
```

（4）修改保存配置文件后，启动网络服务，使用 ping 命令验证确保能 ping 通宿主机

VMnat8 虚拟接口地址。操作示例如下：

```
[root@localhost ~]# systemctl restart network      // 重启网络
[root@localhost ~]# ip addr show ens33             // 查看 IP 地址配置是否生效
[root@localhost ~]# ping 192.168.200.10            // 检测和宿主机能否正常通信
PING 192.168.200.10 (192.168.200.10) 56(84) bytes of data.
64 bytes from 192.168.200.10: icmp_seq=1 ttl=64 time=0.696 ms
64 bytes from 192.168.200.10: icmp_seq=2 ttl=64 time=1.40 ms
......// 省略部分行
```

提示：如需要设置虚拟机能和外网计算机通信，还需要设置第（5）～（7）。

（5）通过虚拟机管理界面（见图 8-2）打开虚拟网络编辑器，如图 8-3 所示。设置在 NAT 模式下子网网段地址和子网掩码为 192.168.200.0/255.255.255.0，并应用设置。

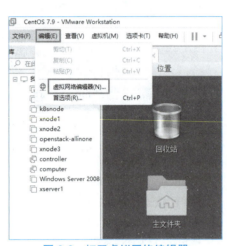

图 8-2　打开虚拟网络编辑器

图 8-3　虚拟网络编辑器设置对话框

（6）单击"NAT 设置"按钮打开设置界面，可看到默认生成的网关地址为 192.168.200.2，也可修改此地址，如图 8-4 所示。同时宿主机 Windows 10 系统的 VMnat8 虚拟网卡接口自动获得对应网段的 192.168.200.1/255.255.255.0 地址，如图 8-5 所示。

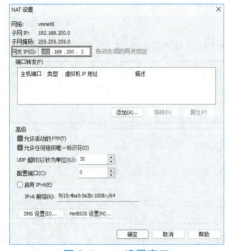

图 8-4　nat 设置窗口

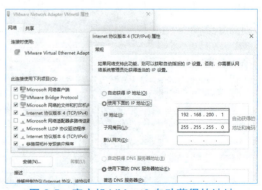

图 8-5　宿主机 VMnat8 自动获得的地址

(7)此时测试虚拟机能否 ping 通网关和外网主机。操作示例如下：

```
[root@localhost ~]# ping 192.168.200.2        //检测到网关的通信
PING 192.168.200.1 (192.168.200.2) 56(84) bytes of data.
64 bytes from 192.168.200.2: icmp_seq=1 ttl=64 time=0.523 ms
......// 省略部分行
[root@localhost ~]# ping www.baidu.com        // 测试 DNS 服务器地址配置是否正确
PING www.a.shi×××.com (14.119.104.189) 56(84) bytes of data.
64 bytes from 14.119.104.189 (14.119.104.189): icmp_seq=1 ttl=128 time=32.2 ms
......// 省略部分行
```

2. 配置 yum 工具使用环境

（1）虚拟机装载光盘镜像文件。如图 8-6 所示，通过 VMware Workstation 虚拟机管理界面，设置 CentOS 7.9 系统所使用的光盘镜像文件路径，按实际路径浏览到宿主机上的光盘镜像文件，相当于在光驱中插入一张光盘，此镜像文件中包含已经制作好的包仓库和包依赖关系数据库文件。

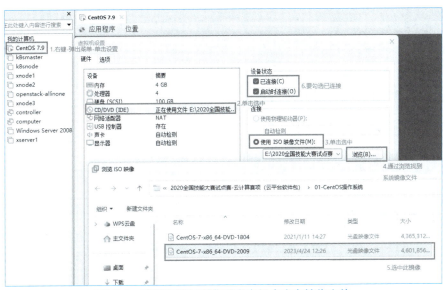

图 8-6　设置虚拟机浏览到宿主机中光盘镜像文件

（2）Linux 系统中挂载镜像光盘。通过 mount 命令挂载光盘到指定目录，通过挂载目录可浏览到包仓库目录 Packages 和记录依赖关系的数据库文件存放目录 repodata。

```
[root@localhost ~]# mount /dev/cdrom /mnt
mount: /dev/sr0 写保护，将以只读方式挂载
[root@localhost ~]# ls /mnt    // 包存放目录 Packages 和依赖关系文件存放目录 repodata
CentOS_BuildTag  GPL       LiveOS    RPM-GPG-KEY-CentOS-7
EFI              images    Packages  RPM-GPG-KEY-CentOS-Testing-7
EULA             isolinux  repodata  TRANS.TBL
```

（3）在指定目录 etc/yum.repos.d/ 中建立扩展名为 repo 的文件。此文件主要指明客户端访问的包仓库信息和下载包的地址，可以是访问本地仓库地址 file:///mnt 或网络仓库地址 ftp://192.168.200.11 或 http://192.168.200.11。

```
[root@localhost ~]# cd /etc/yum.repos.d/        // 进入指定目录
```

```
[root@localhost yum.repos.d]# mv * /opt        // 移动自带的 yum 源文件
[root@localhost yum.repos.d]# vim local.repo   // 建立 repo 文件
[cdrom]                              // 设置访问的仓库 ID
name=cdrom                           // 设置访问的仓库名称
baseurl=file:///mnt                  // 设置访问的仓库地址
enabled=1                            // 仓库可以被访问
gpgcheck=0                           // 从仓库中下载包忽略包的安全性检测
```

（4）测试能否浏览到包仓库信息，包括仓库 ID、仓库名、仓库中包的个数，只有显示确切的仓库信息，yum 安装环境才配置成功。

```
[root@localhost yum.repos.d]# yum repolist
已加载插件:fastestmirror, langpacks
Loading mirror speeds from cached hostfile
cdrom                                        | 3.6 kB  00:00:00
(1/2): cdrom/group_gz                        | 153 kB  00:00:00
(2/2): cdrom/primary_db                      | 3.3 MB  00:00:00
源标识                      源名称                              状态
cdrom                       cdrom                               4,070
repolist: 4,070
[root@localhost yum.repos.d]# yum list        // 显示仓库中的所有包信息
```

3. Samba 服务包安装和主配置文件内容解读

（1）安装 Samba 服务所需的软件包及依赖包。

```
[root@localhost ~]# hostnamectl set-hostname samba-server
[root@localhost ~]# bash
[root@samba-server ~]# yum -y install samba
......// 省略部分行
已安装：
samba.x86_64 0:4.10.16-5.el7
作为依赖被安装：
pyldb.x86_64 0:1.5.4-1.el7          pytalloc.x86_64 0:2.1.16-1.el7
python-tdb.x86_64 0:1.3.18-1.el7    samba-common-tools.x86_64 0:4.10.16-5.el7
samba-libs.x86_64 0:4.10.16-5.el7
```

（2）Samba 服务主配置文件内容解读。

Samba 服务的主配置文件为 /etc/samba/smb.conf，主配置文件内容主要由全局设置、特定共享设置和自定义共享设置 3 个段构成，具体每个段作用见表 8-3。其中 [homes] 为特殊共享目录，其名字不能改变，[homes] 段设置登录用户可以共享 Samba 服务器上的用户家目录。[printers] 行也是特殊的行，此段定义共享打印机设置，不能修改其名字。自定义共享段用于自定义一个共享目录。

表 8-3　smb.conf 主配置文件的主要组成部分

组成部分	节 / 段落名	作 用
全局设置段	[global]	用于定义 Samba 服务器的总体特性，其配置对所有节生效，主要有基本设置参数、安全设置参数、打印机设置参数和日志设置参数等
特定共享段	[homes]	用于设置用户家目录的共享属性
	[printes]	用于设置打印机共享资源的属性
自定义共享段	[段名]	用于用户自定义共享目录的属性设置 (需要用户添加，每个共享目录对应一段)

Samba 服务的主配置文件为 /etc/samba/smb.conf，全局设置段的主要配置参数解读见表 8-4。

表 8-4 smb.conf 主配置文件全局设置参数解读

类 型	配置项及默认值	功 能 说 明
基本设置	workgroup=MYGROUP	设置 Samba 服务器所属的工作组名或域名
	;netbios name=MYSERVER	设置 Samba 服务器 NETBIOS 名称，即在 Windows 网上邻居中显示出来的 Samba 服务器的名称
	;interfaces=lo eth0 192.168.12.2/24	指定 Samba 服务器监听网卡，若服务器上有多块网卡应配置此项，可以写网卡名或该网卡的 IP 地址
访访问控制设置	security=user	设置 Samba 服务器的安全认证级别为本地身份验证；若实现客户端匿名访问共享文件夹，需要 security = user 和 map to guest = Bad User 两个配置行方可，还需要在定义共享资源时添加 public=yes
	;password server=<NT-Server-Name>	当 Samba 服务器的安全级别不是 share 或 user 时，用于指定验证 Samba 用户和口令的服务器名
	;hosts allow=127. 192.168. 192.168.13.	设置可访问 Samba 服务器的主机、子网或网络，可用 EXCEP 排除某些 IP 地址，默认全部允许
	username map=/etc/samba/smbusers	设置 Linux 用户到 Windows 的用户映射

Samba 服务的主配置文件为 /etc/samba/smb.conf，自定义共享段使用的配置参数解读见表 8-5。

表 8-5 smb.conf 主配置文件自定义共享配置参数解读

配 置 项	功 能 说 明
[自定义共享名]	用户访问时服务端可看到的资源名，通过此共享名来识别不同的共享资源
comment= 备注信息	设置共享目录或打印机的说明信息
path= 绝对地址路径	指定共享目录在 Samba 服务器中的绝对路径（此项必须要设置）
public=yes|no	是否允许用户匿名访问共享文件夹或打印机资源
guest ok = yes|no	是否允许用户匿名访问共享文件夹或打印机资源，与 public 配置项作用相同
valid users= 用户名或组名列表	设置允许访问共享资源的用户或组列表，不允许列表以外的用户访问。多个用户名或组名以空格或逗号分隔，组名前面应带 @、+、& 三种符号之一，其中 @ 表示先通过 NIS 服务器查找，NIS 找不到再到本机查找；+ 表示只在本机的密码文件组中查找；& 表示只在 NIS 服务中查找。若列表为空，表示允许所有用户访问共享
readonly=yes|no	yes 设置共享目录只读，no 表示不可读，默认 yes 只读
writable=yes|no	指定用户对共享目录是否有写权限（若可写，还需要目录在系统中有写权限），默认 no 没有写权限（即只读权限）
Write list= 用户或组名	设置对共享目录具有可读/写权限的用户或组名。多个以空格或逗号分隔，若 writeable=no，则不在 write list 列表中的用户将具有只读权限
browseable=yes|no	设置共享目录名是否被客户端登录浏览到（默认 yes 可浏览到共享目录，no 设置隐藏共享）
create mask= 文件权限	设置用户在共享目录下创建文件的默认访问权限。通常是以数字表示，如 create mask=644
directory mask= 子目录权限	设置用户在共享目录下创建子目录的默认访问权限

4. 配置基于匿名用户身份访问共享目录

具体要求：某学校的校园网添加 Samba 服务器实现文件共享服务，工作组名为 mygroup，发布共享目录为 /opt/share，共享名为 public，允许 192.168.200.0/24 网段中的所有客户端匿名访问，限制匿名用户只能读取共享目录中的文件，禁止写入和删除文件。

视频

匿名访问 Samba 共享

（1）建立共享目录和测试文件，设置共享目录的系统权限。

```
[root@samba-server ~]# mkdir /opt/share
[root@samba-server ~]# echo "hello samba" >/opt/share/hello.txt
[root@samba-server ~]# chmod -R 777 /opt/share/
```

（2）编辑 Samba 主配置文件发布共享目录和设置共享权限。

```
[[root@samba-server ~]# vi /etc/samba/smb.conf
......// 省略部分行
[global]
        workgroup = mygroup             // 修改工作组名
        security = user
        map to guest=Bad User           // 添加此行，开启匿名访问
        hosts allow=192.168.200.        // 添加允许访问的客户端地址段
......// 省略部分行
[public]                                // 共享资源名称
comment=public stuff                    // 共享资源描述
path=/opt/share                         // 共享目录物理路径
public=yes                              // 设置允许匿名访问，等同于 guest ok=yes
browseable=yes                          // 能浏览到共享目录，默认设置
readonly=yes                            // 设置共享权限只读，默认设置
```

（3）启动 Samba 服务端的 smb 和 nmb 服务。

```
[root@samba-server ~]#systemctl start smb nmb  //nmb 服务实现主机名到 IP 地址解析
[root@samba-server ~]#systemctl enable smb nmb
```

（4）关闭 Firewalld 防火墙和设置 SElinux 系统放行服务。

```
[root@samba-server ~]# systemctl stop firewalld
[root@samba-server ~]# setenforce 0
```

（5）添加 Samba 服务器主机名到 IP 地址映射关系，支持主机名访问服务器。

```
[root@samba-server ~]# vim /etc/hosts
......// 省略部分行
192.168.200.11 samba-server                     // 添加此行
```

（6）Windows 客户端访问 Samba 服务器。通过 Windows 系统的地址栏输入 \\192.168.200.11 或 \\samba-server 访问，并测试在共享目录中是否有写入和删除权限，如图 8-7 所示。

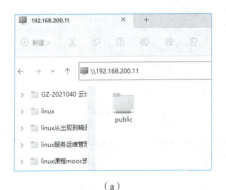
（a）

（b）

图 8-7　Windows 客户端访问 Samba 服务

（7）Linux 客户端匿名访问 Samba 服务器测试，先安装 Samba 客户端工具包。

```
[root@localhost ~]# hostnamectl set-hostname samba-client
[root@localhost ~]# bash
[root@samba-client ~]#yum -y install samba-client  cifs-utils
......// 省略部分
已安装：
cifs-utils.x86_64 0:6.2-10.el7        samba-client.x86_64 0:4.7.1-6.el7
完毕！

// 方法一：通过挂载共享目录到客户机本地目录访问共享
[root@samba-client ~]# mkdir /mydata
// 将匿名用户访问的共享目录临时挂载到客户端的 /mydata 目录下
[root@samba-client ~]# mount -o guest //192.168.200.11/public /mydata
[root@samba-client ~]# ls -l /mydata              // 匿名用户对共享目录可读
总用量 1024
-rwxr-xr-x. 1 root root 12 10月 24 12:11 hello.txt
[root@samba-client ~]# touch /mydata/file1.txt    // 匿名用户能否建立文件
touch: 无法创建"/mydata/file1.txt": 权限不够
[root@samba-client ~]# rm /mydata/hello.txt       // 匿名用户能否删除文件
rm: 是否删除普通文件 "/mydata/hello.txt"？y
rm: 无法删除 "/mydata/hello.txt": 权限不够
// 若希望客户端开机后自动挂载共享目录到本地目录，可编辑 /etc/fstab 文件添
// 加挂载信息
[root@client ~]# vim /etc/fstab
……          // 省略若干行，在文件末尾添加以下信息行，保存退出
//192.168.200.11/public    /mydata    cifs    guest    0  0
[root@client ~]# umount /mydata// 从挂载点卸载共享目录
[root@client ~]# mount -a    // 测试 /etc/fstab 文件中设置的挂载信息是否正确
[root@client ~]# ls -l /mydata  // 显示挂载目录中的文件清单
// 方法二：通过 Samba 客户端工具直接访问共享目录
[root@samba-client ~]# touch file1.txt                // 建立测试文件
[root@samba-client ~]# smbclient //192.168.200.11/public // 用命令直接访问共享
Enter SAMBA\aftvc's password:     // 匿名访问不需要密码，直接按【Enter】键
Try "help" to get a list of possible commands.
smb: \> ls                   // 读取共享目录中文件
  .                                   D        0  Tue Oct 24 12:11:49 2023
  ..                                  D        0  Tue Oct 24 12:11:33 2023
  hello.txt                           N       12  Tue Oct 24 12:11:49 2023

        52403200 blocks of size 1024. 43930140 blocks available
smb: \> get hello.txt                    // 下载文件
getting file \hello.txt of size 12 as hello.txt (3.9 KiloBytes/sec) (average 3.9 KiloBytes/sec)
smb: \> put file1.txt                    // 上传写入被拒绝
NT_STATUS_ACCESS_DENIED opening remote file \file1.txt
smb: \> help                             // 获得子命令帮助信息
smb: \> quit                             // 退出 Samba 客户端
[root@samba-client ~]ls hello.txt        // 查看下载的文件
```

5. 配置基于本地用户身份访问共享目录

本地用户访问 Samba 共享

具体要求：在第 4 节基础上，为学生处和教务处分别建立单独的共享目录，部门用户只能访问本部门的共享目录，但校长（rector）可以访问所有部门的共享目录，校长和部门负责人（director_jwc 和 director_xsc）对共享目录有写入权限，其他用户对共享目录只能读取，并且教务处用户访问不能浏览到共享目录。具体规划见表 8-6。

表 8-6 配置本地用户身份验证的参数规划

部门名称	共享目录	共享名	部门组账号	部门用户账号	访问权限
办公室	/opt/share	public			匿名用户读取
教务处	/opt/jwc	jwc		rector、director_jwc	读、写、执行
			gjwc	一般用户 j_u1,j_u2	读取，不能浏览
学生处	/opt/xsc	xsc		rector,director_xsc	读、写、执行
			gxsc	一般用户 x_u1,x_u2	读取

（1）建立对应的部门用户和组，useradd 命令的 -M 选项创建用户无家目录，-s 选项创建用户不能登录系统，仅访问 Samba 服务器，-G 指定用户所属的附属组。

```
[root@samba-server ~]# groupadd gjwc
[root@samba-server ~]# groupadd gxsc
[root@samba-server ~]# useradd -M -s /sbin/nologin rector
[root@samba-server ~]# useradd -M -s /sbin/nologin director_jwc
[root@samba-server ~]# useradd -M -s /sbin/nologin director_xsc
[root@samba-server ~]# useradd -M -G gjwc -s /sbin/nologin j_u1
[root@samba-server ~]# useradd -M -G gjwc -s /sbin/nologin j_u2
[root@samba-server ~]# useradd -M -G gxsc -s /sbin/nologin x_u1
[root@samba-server ~]# useradd -M -G gxsc -s /sbin/nologin x_u2
```

（2）设置访问 Samba 服务的专属用户和密码。使用 pdbedit 命令创建与上述 Linux 系统用户同名的 Samba 用户。在 user 身份验证模式下，用户在访问 Samba 服务器中的共享资源时，必须以 Samba 服务器的本地用户身份验证登录，由于 Samba 用户需要访问系统文件，在建立 Samba 用户账号时还要确保有同名的 Linux 系统用户存在。

```
[root@samba-server ~]#pdbedit -a rector      //设置用户访问 Samba 服务的密码
[root@samba-server ~]#pdbedit -a director_jwc
[root@samba-server ~]#pdbedit -a director_xsc
[root@samba-server ~]#pdbedit -a  j_u1
[root@samba-server ~]#pdbedit -a  j_u2
[root@samba-server ~]#pdbedit -a  x_u1
[root@samba-server ~]#pdbedit -a  x_u2
```

（3）建立部门共享目录和测试文件，设置目录系统权限最大，具体通过设置 Samba 共享权限来控制不同用户的网络访问权限。

```
[root@samba-server ~]# mkdir /opt/share /opt/jwc /opt/xsc
[root@samba-server ~]# echo "jwc stuff" > /opt/jwc/jwc.txt
[root@samba-server ~]# echo "xsc stuff" > /opt/xsc/xsc.txt
[root@samba-server ~]# echo "hello world" > /opt/share/hello.txt
[root@samba-server ~]# chmod -R 777 /opt/share /opt/jwc /opt/xsc
```

（4）编辑主配置文件设置身份验证方式、共享目录及共享权限。

```
[root@samba-server ~]# vi /etc/samba/smb.conf
[global]
      workgroup = SAMBA
      security = user                // 本地身份验证方式。默认已有
      map to guest=bad user          // 添加此行，开启匿名访问
      hosts allow=192.168.200.
      ......// 省略部分内容
// 配置所有匿名用户访问的共享目录
[public]
comment=public stuff
path=/opt/share
public=yes
// 配置教务处用户访问的共享目录
[jwc]
comment=jwc stuff
path=/opt/jwc
valid users=rector director_jwc @gjwc   // 可以访问 Samba 服务的用户列表，组名加 @
write list=rector director_jwc          // 有写入权限的用户列表，其他用户只读
browseable=no                           // 设置隐藏共享目录
// 配置学生处用户访问的共享目录
[xsc]
comment=xsc stuff
path=/opt/xsc
valid users=rector director_xsc @gxsc
write list=rector director_xsc
[root@samba-server ~]# testparm                    // 测试配置语句是否有语法错误
[root@samba-server ~]#systemctl start smb          // 启动 samba 服务
[root@samba-server ~]# systemctl stop firewalld
[root@samba-server ~]# setenforce 0
```

（5）Windows 客户端以本地用户身份访问共享资源，输入用户名和密码完成身份验证，才能访问成功，如图 8-8 所示。访问隐藏共享要输入访问地址和共享资源名称，即 \\192.168.200.11\jwc 才能访问成功，如图 8-9 所示。

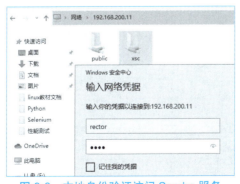

图 8-8　本地身份验证访问 Samba 服务

图 8-9　访问隐藏共享

（6）在 Linux 客户端挂载服务端共享目录到本地目录的访问测试。

```
// 在 Linux 客户端安装客户端工具包，建立挂载目录
[root@samba-client ~]# yum -y install cifs-utils samba-client
```

```
[root@samba-client ~]# mkdir /jwc   /xsc
// 以 rector 用户身份挂载共享目录到客户端本地目录
[root@samba-client ~]# mount -o username=rector //192.168.200.11/jwc /jwc
Password for rector@//192.168.200.11/jwc:   ****        // 输入 rector 用户密码
[root@samba-client ~]# ls /jwc                           // 可以读取文件
jwc.txt
[root@samba-client ~]# touch /jwc/file1.txt              // 可以写入文件
// 以教务处 j_u1 用户访问教务处共享目录
[root@samba-client ~]# mount -o username=j_u1 //192.168.200.11/jwc   /jwc
Password for j_u1@//192.168.200.11/jwc:   ****           // 输入 j_u1 用户密码
[root@samba-client ~]# touch /jwc/file2.txt
touch: 无法创建 "/jwc/file2.txt": 权限不够          //j_u1 用户没有写入权限
// 以学生处 x_u1 用户访问教务处共享目录
[root@localhost yum.repos.d]# mount -o username=x_u1 //192.168.200.11/jwc /jwc
Password for x_u1@//192.168.200.11/jwc:   ****
mount error(13): Permission denied             // 学生处 x_u1 用户没有权限访问教务
// 处共享目录 Refer to the mount.cifs(8) manual page (e.g. man mount.cifs)
```

（7）在 Linux 客户端直接使用 Samba 客户端命令工具访问共享目录测试。

```
[root@samba-client ~]#touch file2.txt
// 以学生处 director_xsc 用户访问学生处共享目录
[root@samba-client ~]# smbclient //192.168.200.11/xsc -U director_xsc
Enter SAMBA\director_xsc's password:            // 输入 director_xsc 用户密码
Try "help" to get a list of possible commands.
smb: \> ls                                      // 可以读取文件
  .                                   D        0  Wed Oct 25 05:15:38 2023
  ..                                  D        0  Wed Oct 25 01:45:13 2023
  xsc.txt                             N       10  Wed Oct 25 01:53:34 2023
     52403200 blocks of size 1024. 48875712 blocks available
smb: \> put file2.txt                           // 可以上传文件
putting file file2.txt as \file2.txt (0.0 kb/s) (average 0.0 kb/s)
smb: \> mkdir test                              // 可以建立目录
smb: \> get xsc.txt                             // 可以下载文件
getting file \xsc.txt of size 10 as xsc.txt (4.9 KiloBytes/sec) (average 4.9 KiloBytes/sec)
smb: \> quit                                    // 退出客户端命令行
// 以学生处 x_u1 用户访问学生处共享目录
[root@samba-client ~]# smbclient //192.168.200.11/xsc -U x_u1
Enter SAMBA\x_u1's password:
Try "help" to get a list of possible commands.
smb: \> put file2.txt                           // 没有写入文件权限
smb: \> quit
// 以教务处 j_u1 用户访问学生处共享目录
[[root@samba-client ~]# smbclient //192.168.200.11/xsc -U j_u1
Enter SAMBA\j_u1's password:
tree connect failed: NT_STATUS_ACCESS_DENIED    // 访问被拒绝
```

> **提示**：使用 Windows 客户端访问 Samba 服务器，如果需要切换不同的用户访问 Samba 服务，需要输入 net use * /del /y 命令手动删除已经打开的用户访问连接后，再重新以新的用户身份访问共享。

```
C:\>net use * /del /y
```

任务二　配置 NFS 服务

实训环境准备：启用两台虚拟机，一台虚拟机配置为 NFS 服务器，另一台虚拟机配置为 NFS 客户端，虚拟机通信模式设置 NAT 模式，手动配置 IP 地址等参数，见表 8-7。

表 8-7　参数配置

角　色	操作系统	ip 地址	通　信　模　式
虚拟机 1：NFS 服务器	CentOS7.9	192.168.200.11	NAT 模式，连接 VMnet8 网络
虚拟机 2：NFS 客户端	CentOS7.9	192.168.200.12	NAT 模式，连接 VMnet8 网络

1. NFS 与 rpcbind 服务包安装和配置参数解读

（1）修改虚拟机 1 主机名为 nfs-sever。

```
[root@localhost ~]# hostnamectl set-hostname nfs-server    //设置主机名
[root@localhost ~]# bash                                    //主机名生效
```

（2）安装 NFS 服务包和 rpcbind 服务包。

```
[root@nfs-server ~]# yum install -y nfs-utils rpcbind
```

（3）认识 NFS 服务的主配置文件。主配置文件 /etc/exports 内容默认为空，添加的每一行是设置共享目录、访问控制和访问权限。配置行一般格式如下：

共享目录　　客户端 1 (参数 , 参数 , …)　　客户端 2 (参数 , 参数 , …)　……

格式说明：

（1）共享目录：服务器上一个目录的完整路径表示。

（2）"客户端"的指定方式有以下几种：

➢ 客户端 IP 地址：如 192.168.0.100。

➢ 客户端 IP 网段：如 192.168.1.0/24 或 192.168.1.0/255.255.255.0。

➢ 可解析的主机名或主机完全合格域名：如 localhost、nfs.abc.com，指定的主机名或域名必须在 /etc/hosts 文件或 DNS 服务器中能解析出 IP 地址。

➢ 解析特定网络所有客户机：如 *.afc.edu.cn、s[1-30].company.com。

➢ 所有客户机：用 * 表示。

（3）"参数"必须用英文的圆括号括起，且与前面的"客户端"符号不能留空；圆括号内的"参数"可以有多个，前后两个用英文逗号隔开。配置文件使用的参数及功能见表 8-8。

表 8-8　NFS 主配置文件使用的参数及功能

参　　数	功　　能
ro (默认)	客户机访问 NFS 服务器中的共享目录只有读权限
rw	客户机访问 NFS 服务器中的共享目录有读写权限
root_squash（默认）	当客户机使用 root 用户访问时，将其映射为 NFS 服务端的匿名用户 (nfsnobody)，默认只有读权限
no_root_squash	客户端以 root 用户访问，拥有 root 权限，即对共享目录有读 / 写权限，开启此项不太安全
no_all_squash（默认）	客户机以某个用户访问，先以该用户 ID 与 NFS 服务器的本地用户进行匹配，匹配成功以该用户的身份进行访问；匹配失败后再映射为匿名用户访问
all_squash	不论 NFS 客户端在连接服务器时使用什么用户，均映射为 NFS 服务端的匿名用户，默认只有读权限

续表

参　数	功　能
anonuid=<UID>	指定匿名访问的本地用户 UID，默认为 nfsnobody(65534)
anongid=<GID>	指定匿名访问的本地组 GID，默认为 nfsnobody(65534)
sync(默认)	将数据同时写入内存和硬盘中，效率低，但可以保证数据的一致性
async	将数据先保存在内存中，必要时才写入硬盘，效率较高，但可能造成数据丢失
wdelay(默认)	检查是否有相关的写操作，如果有则将这些写操作一起执行，可以提高效率
no_wdelay	若有写操作则立即执行，应与 sync 配合使用
subtree_check(默认)	若输出目录是一个子目录，则 NFS 服务器将检查其父目录权限
no_subtree_check	即使输出目录是一个子目录，NFS 服务器也不检查其父目录的权限，可以提高效率
secure(默认)	限制客户机只能从小于 1 024 的 TCP/IP 端口连接服务器
insecure	允许客户机从大于 1 024 的 TCP/IP 端口连接服务器

2. 配置 NFS 服务共享存储资源和用户访问资源权限

具体要求：某学校的校园网添加 NFS 服务器提供共享存储资源。

➢ 设置所有客户端访问共享目录 /var/public 的最大权限只能读取。

视频
配置NFS服务

➢ 设置只有 IP 地址为 192.168.200.12 的客户端才能访问共享目录 /var/xxgc，且 root 用户对共享目录可读/写，其他用户只能读取。

➢ 设置 192.168.200.0/24 网段的客户端访问共享目录为 /var/test，且默认所有用户以匿名身份访问，并指定以匿名用户 ID(UID=1200) 匹配服务器上的用户进行访问。

（1）在 NFS 服务器上建立共享目录及测试文件。

```
[root@nfs-server ~]# mkdir /var/public /var/xxgc /var/test
[root@nfs-server ~]# echo "hello,nfs"> /var/public/hello.txt
[root@nfs-server ~]# echo "hello,xxgc"> /var/xxgc/xxgc.txt
[root@nfs-server ~]# echo "hello,test"> /var/test/test.txt
[root@nfs-server ~]# ll -d /var/public/ /var/xxgc/ /var/test
drwxr-xr-x. 2 root root 23 10月 27 21:49 /var/public/
drwxr-xr-x. 2 root root 22 10月 30 23:10 /var/test
drwxr-xr-x. 2 root root 22 10月 30 23:10 /var/xxgc/
```

（2）在 NFS 服务器上编辑主配置文件，设置共享目录、客户端访问控制及设置共享目录访问权限。

```
[root@nfs-server ~]# vi /etc/exports
/var/public   *(ro)
/var/xxgc    192.168.200.12/32(rw,sync,no_root_squash,no_all_squash)
/var/test    192.168.200.0/24(rw,all_squash,anonuid=1200,anongid=1200)
```

对主配置文件内容三行含义解读如下：

（1）第一行表示允许所有客户端访问共享目录，ro 表示所有用户对共享目录的最大访问权限为只读。

（2）第二行表示只有 IP 地址为 192.168.200.12 客户端才能访问 NFS 服务器共享目录，rw 表示用户对共享目录最大访问权限为读/写，no_root_squash 表示以 root 用户身份访问共享目录有读/写权限；no_all_squash 表示其他用户访问先匹配服务器上是否存在此本地用户，若存在以该本地用户对服务器共享目录的实际权限进行操作；若不存在，则转换为匿名用户访问共享目录，默认只有读取权限。

（3）第三行表示只有 192.168.200.0/24 网段客户端才能访问 NFS 服务器，rw 表示所有用户对共享目录最大访问权限为读/写，但由于 all_squash 将所有访问用户都映射为匿名用户访问，并且指定以匿名用户 ID(UID=1200) 匹配服务器存在的本地用户。若不指定 UID 值，默认以匿名用户 nfsnobody 的 ID(UID=65534) 进行匹配，最终匿名用户访问权限默认为读取。

（4）在 NFS 服务器上生效配置并导出配置文件内容，注意一些默认配置项。

```
[root@nfs-server ~]# exportfs -r            // 加载配置文件，使配置生效
[root@nfs-server ~]# exportfs -v            // 查看配置文件默认内容
/var/xxgc       192.168.200.12(sync,wdelay,hide,no_subtree_check,
sec=sys,rw,secure,no_root_squash,no_all_squash)
/var/test       192.168.200.0/24(sync,wdelay,hide,no_subtree_check,
anonuid=1200,anongid=1200,sec=sys,rw,secure,root_squash,all_squash)
/var/public     <world>(sync,wdelay,hide,no_subtree_check,sec=sys,ro,
secure,root_squash,no_all_squash)
```

（5）在 NFS 服务器上关闭 Firewalld 防火墙和设置 SElinux 系统放行服务。

```
[root@nfs-server ~]# systemctl stop firewalld
[root@nfs-server ~]# setenforce 0
```

（6）nfs-server 先启动 rpcbind 服务，再启动 NFS 服务。

```
[root@nfs-server ~]# systemctl start rpcbind
[root@nfs-server ~]# systemctl start nfs
[root@nfs-server ~]# rpcinfo -p             // 查看 NFS 服务所占用的端口
```

提示：一定要先启动 rpcbind，再启动 NFS 服务，否则可能导致服务不可用，因为 NFS 服务启动后占用的端口要先注册到 rbcbind 服务上。

（7）在 NFS 客户端上查看可被访问的 NFS 服务器共享目录信息。

```
[root@localhost ~]# hostnamectl set-hostname nfs-client
[root@localhost ~]# bash
[root@nfs-client~]# yum -y install nfs-utils
[root@nfs-client~]# showmount -e 192.168.200.11
Export list for 192.168.200.11:
/var/public *
/var/test    192.168.200.0/24
/var/xxgc    192.168.200.12
```

（8）在 NFS 客户端上挂载 NFS 服务器共享目录到本地目录。

```
// 建立挂载目录，挂载共享目录到本地目录
[root@nfs-client ~]# mkdir /public /xxgc /test
[root@nfs-client ~]# mount -t nfs 192.168.200.11:/var/public /public
[root@nfs-client ~]# mount -t nfs 192.168.200.11:/var/xxgc   /xxgc
[root@nfs-client ~]# mount -t nfs 192.168.200.11:/var/test   /test
// 查看 NFS 服务器共享目录已经挂载到 NFS 客户端的本地目录
[root@nfs-client ~]# df -h | grep var
```

```
192.168.200.11:/var/public    5.0G  1.4G  3.7G  27%  /public
192.168.200.11:/var/xxgc      5.0G  1.4G  3.7G  27%  /xxgc
192.168.200.11:/var/test      5.0G  1.4G  3.7G  27%  /test
```

（9）在 NFS 客户端上验证对 NFS 共享目录的访问权限。

➤ 以 NFS 客户端本地目录 /public 验证对共享目录 /var/public 的访问权限。

```
[root@nfs-client ~]# whoami              //查看当前用户
root
[root@nfs-client ~]# ls /public          //root 用户对目录可读
hello.txt
[root@nfs-client ~]# touch /public/f.txt //root 用户对目录不可写
touch: 无法创建"/public/f.txt": 只读文件系统
[root@nfs-client ~]# su - aftvc    //切换到普通用户 aftvc，若没有可新建此用户
[aftvc@nfs-client ~]$ ls /public/        //aftvc 用户对目录可读
hello.txt
[aftvc@nfs-client ~]$ touch /public/f.txt //aftvc 用户对目录不可写
touch: 无法创建"/public/f.txt": 只读文件系统
```

➤ 以 NFS 客户端本地目录 /xxgc 验证对共享目录 /var/xxgc 访问权限。

```
[root@nfs-client ~]# whoami
root
[root@nfs-client ~]# touch /xxgc/f1.txt  //root 用户对目录可写
[root@nfs-client ~]# ls /xxgc/
f1.txt  xxgc.txt
[root@nfs-client ~]# su - aftvc
[aftvc@nfs-client ~]$ touch /xxgc/f2.txt //普通用户 aftvc 对目录不可写
touch: 无法创建"/xxgc/f2.txt": 权限不够
```

➤ 以 NFS 客户端本地目录 /test 验证对共享目录 /var/test 访问权限。

```
[root@nfs-client ~]# whoami
root
[root@nfs-client ~]# touch /test/f1.txt
touch: 无法创建"/test/f1.txt": 只读文件系统   //root 用户对目录不可写
[root@nfs-client ~]# ls /test/                //root 用户可读
test.txt
[root@nfs-client ~]# su - aftvc
[aftvc@nfs-client ~]$ touch /test/f2.txt     //普通用户 aftvc 对目录不可写
touch: 无法创建"/test/f2.txt": 权限不够
[root@nfs-client ~]# ls /test/                //普通用户 aftvc 用户可读
test.txt
```

项目小结

本项目首先从理论知识层面讲述了 Samba 和 NFS 服务的功能、特点及工作原理；其次从实践操作层面介绍了基于匿名用户和本地用户进行身份验证的 Samba 服务配置，重点介绍了结合系统权限和共享权限，对 Samba 服务的共享目录实施用户访问权限控制；最后介绍了配置 NFS 服务端共享存储资源的知识和技能，分析了 NFS 服务配置中参数 root_squash、no_all_squash、no_root_squash、all_squash 和参数 ro、rw 结合使用的用户访问权限控制。

项目实训

【实训目的】

掌握配置 Samba 服务基于匿名用户和本地用户访问共享目录的知识和技能，掌握 NFS 服务共享存储资源的配置，以及使用相关参数设置客户端的访问控制和用户的访问权限。

【实训环境】

一人一台 Windows 10 物理机，物理机中安装了 RHEL7/CentOS 7 的 3 台 VMware 虚拟机，虚拟机通信模式设置为 NAT 模式，参数规划见表 8-9。

表 8-9 网络环境参数规划

主 机 名 称	操 作 系 统	IP 地址	通 信 模 式
虚拟机 1：NFS 服务器	CentOS 7	192.168.10.10/24	NAT 模式，连接 VMnet8 网络
虚拟机 2：Samba 服务器	CentOS 7	192.168.10.11/24	NAT 模式，连接 VMnet8 网络
虚拟机 3：Linux 客户端	CentOS 7	192.168.10.21/24	NAT 模式，连接 VMnet8 网络
宿主机：Windows 客户端	Windows 10	192.168.10.22/24	网卡 vmnet8 连接 VMnet8 网络

【实训内容】

任务一：如果公司有多个部门，因工作需要必须分门别类地在 Samba 服务器建立相应部门的目录，存放本部门的共享资源，供用户访问。

（1）建立共享目录 /share，共享名为 public，该共享目录只允许 192.168.10.0/24 网段员工匿名访问，具有只读权限。

（2）技术部的资料存放在 Samba 服务器的 /companydata/tech/ 目录下集中管理，共享名 tech，以便技术部员工浏览，用户账号设为 tuser，对应组账户设置 tech，且该目录只允许技术部员工访问。

（3）开发部资源放在 Samba 服务器 /companydata/deve/ 目录下，共享名 deve，开发部一般员工只能读取，但开发部经理可以读/写此共享目录，用户账号设置为 duser，经理账号设置为 manager，对应组账户设置为 deve。请给出配置代码并上机调试实现。

任务二：公司架设 NFS 服务器，满足多个部门和个人的访问需求，建立相应的目录实现不同的访问需求。

（1）共享 /pub1，允许所有客户端访问该目录并只有只读权限。

（2）共享 /nfs/public，允许 192.168.10.0/24 和 192.168.9.0/24 客户端访问，对此目录只有只读权限。

（3）共享 /nfs/test，所有人都具有读/写权限，但是当用户使用该共享目录时，都将账号映射成匿名用户，并且指定匿名用户的 UID 和 GID 都为 65534。

（4）共享 /nfs/security，仅允许 192.168.10.21 客户端访问并具有读/写权限。

课后习题

一、选择题

1. Samba 是基于（　　）通信协议完成共享资源传输。
   A. HTTP　　　　　B. SMTP　　　　　C. SMB/CIFS　　　　　D. DNS

2. 在 Samba 中，可用于授权用户访问共享目录的参数是（　　）。
   A. path　　　　　B. hosts allow　　　　　C. valid users　　　　　D. public

3. Samba 服务配置了共享目录，但是在 Windows 网络邻居中却浏览不到该共享目录，应该在 /etc/samba/smb.conf 中添加的配置参数为（　　）。
   A. AllowWindowsClients=yes　　　　　B. Hidden=no
   C. browseable=yes　　　　　D. 以上都不是

4. （　　）命令可以设置允许 198.168.0.0/24 网段客户端访问 Samba 服务器。
   A. hosts enable = 198.168.0.　　　　　B. hosts allow = 198.168.0.
   C. hosts accept = 198.168.0.　　　　　D. hosts accept = 198.168.0.0/24

5. 下面列出的服务器类型中，（　　）服务可以使用户在异构网络操作系统之间进行文件共享。
   A. FTP　　　　　B. Samba　　　　　C. DHCP　　　　　D. Squid

6. Samba 的主配置文件中不包括（　　）。
   A. global 部分　　　　　B. directory shares 部分
   C. printers shares 部分　　　　　D. applications shares 部分

7. 查看 NFS 服务器 192.168.12.1 中的共享目录命令是（　　）。
   A. show–e 192.168.12.1　　　　　B. show //192.168.12.1
   C. showmount–e 192.168.12.1　　　　　D. showmount–l 192.168.12.1

8. NFS 服务器上的共享目录通过（　　）文件进行配置。
   A. /etc/nfs.conf　　B. /etc/exports　　C. /etc/nfs　　D. /etc/nfs-server

9. 将 NFS 服务器 192.168.12.1 的共享目录 /tmp 装载到本地目录 /nfs/shere 的命令是（　　）。
   A. mount 192.168.12.1/tmp /nfs/shere
   B. mount–t nfs 192.168.12.1/tmp /nfs/shere
   C. mount–t nfs 192.168.12.1:/tmp /nfs/shere
   D. mount–t nfs //192.168.12.1/tmp /nfs/shere

10. 在 NFS 配置文件中，设置将数据同时写入内存和硬盘中，可保证数据的一致性参数是（　　）。
    A. rw　　　　　B. wdelay　　　　　C. sync　　　　　D. async

二、填空题

1. Samba 服务功能强大，使用_____协议，英文全称是_____，中文意思_____。

2. Samba 服务由两个进程组成，分别是_____和_____。

3. Samba 的配置文件一般就放在_____目录中，主配置文件名为_____。
4. 在 Samba 的配置文件中，指定共享目录路径的参数是_____。
5. NFS 的英文全称是_____，中文名称是_____。
6. RPC 的英文全称是_____，中文名称_____。RPC 最主要的功能是记录每个 NFS 功能对应的端口，它工作在固定端口_____。
7. _____守护进程的主要作用是判断、检查客户端是否具备登录主机的权限，负责处理 NFS 请求，_____守护进程管理 NFS 的文件系统，检查用户对共享资源的操作权限。

三、简答题

1. 简述 Samba 服务实现的功能。
2. 简述 Samba 服务的工作通信流程。
3. 简述基本的 Samba 服务器配置的主要步骤。
4. NFS 服务系统中包含了哪些进程？各进程的作用是什么？
5. NFS 服务依赖 RPC 服务的原因。

拓展阅读：中国互联网之父

在互联网迅猛发展的今天，我国已成为全球互联网大国，拥有庞大的网络体系和无数的域名。很少有人知道，这一切的背后，有一位被誉为"中国互联网之父"的钱天白教授，是他为我国在互联网世界奠定了基石。

钱天白，1945 年出生于江苏无锡，自幼聪颖过人，1963 年考入清华大学无线电系无线电技术专业，展现出卓越的科研才华。1979 年，他被调至中国兵器工业计算所工作，从此与计算机结下不解之缘。

1990 年，钱天白教授敏锐地捕捉到了互联网发展的重要信息，他毅然地代表我国首次登记了顶级域名".CN"，并建立了相应的域名服务器。这一举措，确保了我国在互联网上的一席之地，防止了外国人抢注属于我们自己的顶级域名。此后，我国的互联网发展步入了快车道。

1994 年 4 月 20 日，在钱天白教授等人的努力下，中国实现了与互联网的全功能连接，被国际上正式承认为一个有互联网的国家。1996 年 1 月，中国互联网的全国骨干网建成并正式开通，开始提供服务。至此，我国互联网进入了崭新的发展阶段。

钱天白教授不仅为我国互联网的发展奠定了基础，还积极参与国际互联网交流与合作，推动我国互联网走向世界。在他的推动下，我国的互联网技术不断进步，网络应用日益丰富，互联网产业迅速崛起，为我国经济发展注入了强大动力。

钱天白教授的事迹得到了广泛认可。1997 年 6 月 17 日，中央电视台在《东方时空》栏目《东方之子》版块中播出了《计算机网络专家钱天白》的专辑，以表彰他的贡献。他的一生，充分展现了一位科学家胸怀祖国、追求卓越的崇高品质。

如今，我国互联网发展取得了举世瞩目的成就，钱天白教授和他的战友们所付出的努力得到了回报。这些离不开钱天白教授等一代又一代互联网人的艰辛付出。钱天白教授虽然已经离世，但他的精神永存。让我们铭记钱天白教授的名字，传承他的精神，继续推动我国互联网事业的繁荣发展，为实现网络强国的梦想不懈努力。

项目九
配置 BIND 服务实现域名解析

知识目标

- 理解域名和主机完全合格域名的区别。
- 理解域名空间组织结构和域名注册流程。
- 理解域名解析服务功能及 DNS 域名解析通信过程。
- 理解域名解析服务资源记录类型及特点。

技能目标

- 掌握使用 BIND 配置主辅 DNS 服务器。
- 掌握使用 BIND 配置转发 DNS 服务器。
- 掌握使用 BIND 的 view 功能配置智能解析。

素养目标

- 通过配置主辅 DNS 服务器引导学生树立高可用性和容错性的设计理念。
- 通过拓展阅读激发学生为国争光的爱国情怀和学习动力。

项目导入

当前,某学校的校园网内用户访问 Web 站点或应用的域名解析服务主要由互联网服务商提供,使用公网的 DNS 服务器进行解析。为了提高校内用户访问 Web 站点的域名解析速度和减少对出口流量的占用,决定在这次校园网升级改造中,搭建主辅 DNS 服务器,兼缓存 DNS 服务器角色,为校园网内用户提供快捷的本地域名解析服务。

BIND 是一款实现 DNS 服务的开源软件,是全球使用最广泛的 DNS 服务器软件。DNS 是域名解析系统,在 Internet 中提供域名和 IP 地址的转换服务。作为网络运维管理人员掌握 DNS 服务的配置和管理是必备技能之一。

知识准备

一、域名和 FQDN 的含义

域名是单位、机构、组织或个人向 Internet 管理机构注册自己的网络系统时,使用一个唯一的、形象的、直观的、易于记忆的名称来标识自己的网络系统，如 afc.edu.cn、qq.com、internic.net、hefei.city 等域名。

如果还要标识某个网络内提供特定服务的主机，如提供 WWW（world wide web）服务的主机，提供 FTP 服务的主机，提供邮件服务的主机，可通过 FQDN（fully qualified domain name，完全合格域名），来标识提供特定服务的主机。FQDN 由主机名和域名组合而成，反映某个网络内提供特定服务的主机。例如，由主机名 www 和域名 afc.edu.cn 构成一个 FQDN 为 www.afc.edu.cn，表示 afc.edu.cn 网络中提供万维网服务的一台 www 主机。同样 vod.ifeng.com 表示 ifeng.com 网络中提供视频服务的 vod 主机，mail.126.com 表示 126.com 网络中提供邮件服务的主机 mail，主机名 vod 和 mail 只是为了形象地表示此主机提供网络服务的功能，不是必需的，也可以用其他主机名代替。这里的主机是指一台高性能的计算机，也称为服务器。

一个主机完全合格域名 FQDN 由 26 个英文字母、10 个阿拉伯数字或"—"符号构成，整个 FQDN 分成若干部分，每部分之间用点分隔，每部分最多不能超过 63 个字符，总长度不能超过 255 个字符，现在也支持含有中文的 FQDN。例如，www.ustc.edu.cn、3.1415926.com、www.端午节.com。

二、域名空间组织结构

因特网采用了树状层次结构来组织域名，任何一个连接在因特网上的主机或路由器，在树状层次结构中都对应一个唯一形象的名字，即主机完全合格域名，如图 9-1 所示。域名各个部分用点"."分隔开，一个 FQDN 的各个部分是按照一定级别组织起来，包括顶级域名、二级域名、三级域名等，通过域名的级别划分，一个完全合格域名 FQDN 可表示为：

<…．…．三级域名．二级域名．顶级域名>

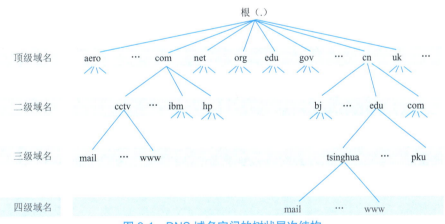

图 9-1　DNS 域名空间的树状层次结构

图 9-1 中两台 mail 主机的完全合格域名分别为 mail.cctv.com 和 mail.tsinghua.edu.cn。分析主机域名 mail.tsinghua.edu.cn 各部分含义，cn 是国家顶级域名，标识中国；edu.cn 是二级域名，标识国内某个教育机构或部门；三级域名 tsinghua.edu.cn 标识清华大学的网络系统；mail.tsinghua.edu.cn 标识校清华大学网络中提供邮件服务的主机。所以，FQDN 是分级别构成的，每部分代表不同的含义。其中，国际组织规定的顶级域名又分为两类：一

类是国家顶级域名（national top-level domain names，nTLDs），200 多个国家都按照国家代码分配了顶级域名，例如中国是 cn，美国是 us，日本是 jp 等。另一类是国际顶级域名（international top-level domain names，iTDs），例如 ".com" 表示公司企业组织，".net" 表示网络提供商或服务商，".org" 表示非营利组织等。为加强域名管理，解决域名资源紧张问题，互联网管理机构等国际组织经过广泛协商，新增加了一些国际通用顶级域名，部分列举如下：

（1）.biz 用于公司和企业。
（2）.coop 用于合作团体。
（3）.info 适用于各种情况。
（4）.museum 用于博物馆。
（5）.name 用于个人。

三、域名申请注册

域名使用首先要申请注册，才能保证唯一性和合法性。注册域名遵循先申请先注册原则，要搞清在什么顶级域名下注册二级域名以及在二级域名下注册三级域名。在域名的构思选择过程中，需要一定的创造性劳动，使得代表自己公司的域名简洁并具有吸引力，以便使公众熟知并对其访问，从而达到扩大企业知名度、促进经营发展的目的。可以说，域名不是简单的标识性符号，而是企业商誉的凝结和知名度的表彰，域名的使用对企业来说具有丰富的内涵，远非简单的"标识"二字可以概况。

当然，相对于传统的知识产权领域，域名是一种全新的客体，具有其自身的特性，例如域名的使用是全球范围的，没有传统的严格的域性限制；从时间性的角度看，域名一经获得即可永久使用。域名在网络上是绝对唯一的，一旦取得注册其他任何人不得注册、使用相同的域名，因此其专有性也是绝对的；另外，域名非经法定机构注册不得使用，把域名作为知识产权的客体也是科学和可行的，在实践中对于保护企业在网络上的相关合法权益是有利而无害的。用户可以通过万网、新网、易名中国或西部数码等注册商网站注册域名，这些域名注册商都已被授权管理和运营相关顶级域名的业务。注册的域名要有升值空间，注册成功的域名可以在这些平台上交易。

四、DNS 域名解析基本原理

通过主机完全合格域名 FQDN 能访问网络中提供服务的主机，如果知道目的主机 IP 地址也能访问到主机。采用友好的域名便于人记忆和查找，在计算机网络中两个计算机不同进程之间的通信只能通过数字形式的 IP 地址完成通信，不能识别 FQDN 这种形象的目的主机地址。

当用客户机上网打开浏览器在地址栏输入目的主机 FQDN 时，必须有一套系统把这种形象的目的地址转换成数字形式的 IP 地址，才能完成计算机之间的通信。这套系统就是域名解析系统，包括客户端解析程序、服务器端服务程序、域名服务器中的 FQDN 和 IP 地址映射的资源记录信息。图 9-2 所示为域名系统解析过程简单示意图。

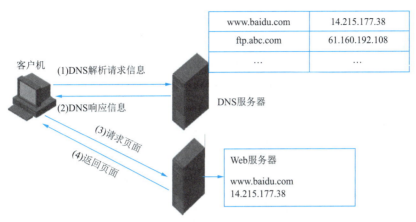

图 9-2 域名系统解析简单示意图

（1）客户端用户在浏览器地址栏输入 www.baidu.com 主机域名，调用客户端 DNS 解析程序，向本地 DNS 服务器发送域名解析请求信息，此消息含有被解析的主机域名 www.baidu.com。

（2）DNS 服务进程响应客户端的解析请求消息，根据 www.baidu.com 查找自己的资源记录信息，获得主机名 www 对应的 IP 地址并转发给客户端。

（3）客户端获得 Web 服务器的 IP 地址，主动发起到 Web 服务器的通信，向 Web 服务器发送请求页面的消息。

（4）Web 服务器响应客户端的请求，传输网页资源到客户端，客户端用浏览器浏览网页信息。

五、域名服务器类型

1. 客户机的 hosts 文件完成主机域名解析

hosts 文件是 Linux 或 Windows 系统的客户机进行域名解析时第一个查询对象，hosts 文件中保存有主机域名到 IP 地址映射记录。互联网诞生初期，主要通过查询客户机的 hosts 文件内容完成主机域名解析，当时互联网还没有专门负责解析的各种类型 DNS 服务器。hosts 文件在 Windows 系统中默认路径为 C:\windows\System32\drivers\etc，Linux 系统中默认路径为 /etc/。

2. 本地 DNS 服务器

一个单位、企业或 ISP，如中国电信或中国联通，都可以配置本地 DNS 服务器，完成本地区域网络中客户机的域名解析请求，是客户机的首选 DNS 服务器。因为本地意味着客户机和服务器物理距离较近，请求和响应消息能很快到达彼此。实际上也可以配置其他地区 DNS 服务器地址，甚至国外的 DNS 服务器。这里推荐两个 DNS 服务器地址：114.114.114.114 是国内公用 DNS 服务器地址；8.8.8.8 是谷歌公司的 DNS 服务器地址。

3. 授权 DNS 服务器

授权 DNS 服务器是指对于某个或者多个区域网络具有授权管理的服务器。授权 DNS 服务器保存着其所拥有授权区域网络内的原始域名资源记录信息，能直接返回给客户机的应答是权威性应答。本地 DNS 也可以是授权 DNS 服务器。

（1）主授权 DNS 服务器：被配置成管理区域内资源记录发布源的授权服务器，保存授权资源记录数据，实现与辅助授权服务器数据的主辅更新。

（2）辅授权 DNS 服务器：通过传送协议从主授权服务器中获取（复制）区域资源记录数据的授权服务器，一个区域内可以没有辅授权 DNS，也可以有多台辅授权 DNS。

4. 根 DNS 服务器

在书写完整域名时，最后应该以"."结尾，"."就是表示最高级别的根 DNS 服务器。根 DNS 服务器用来管辖所有的顶级域名服务器，并不直接解析域名，但它能返回管理顶级域的 DNS 服务器 IP 地址。目前在因特网上有多套主根域名服务器装置，在世界各地有主根 DNS 服务器的镜像服务器。

5. 顶级域名 DNS 服务器

顶级域名 DNS 服务器用来管理二级域名的 DNS 服务器，不直接解析域名，能返回管理二级域名的 DNS 服务器 IP 地址。顶级域名服务器（如 .cn）保存有管理".edu.cn"二级域名的 DNS 服务器地址信息。

通过以上分析，每个域名服务器都管理对应级别的域名，它们之间通过相互协助完成整个互联网的域名解析，根域名服务器和顶级域名服务器一般不直接解析域名，但能管理下属级别的 DNS 服务器。

六、DNS 域名详细解析过程

FQDN 被解析过程中单个域名服务器往往无法完成解析，需要借助 Internet 上多个不同级别域名服务器的分工协作才能完成主机域名的解析，假设用户在客户机浏览器地址栏输入主机域名 www.abc.com 访问 Web 站点时，域名解析详细通信过程如图 9-3 所示。

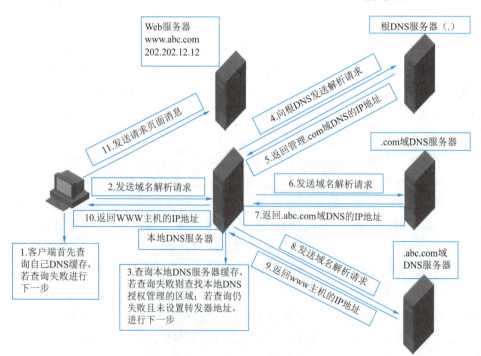

图 9-3　DNS 域名系统解析详细通信过程

具体通信过程描述如下：

（1）客户机首先调用 DNS 解析程序，查询自己的 DNS 缓存是否有主机域名 www.abc.com 映射的 IP 地址，如查询成功则返回 IP 地址给客户机，否则进行下一步。

提示：客户端 DNS 缓存记录内容有两个来源：一是本机的 hosts 文件，hosts 文件内容会自动加载到客户机 DNS 缓存中；二是最近一段时间内解析过的 FQDN，解析结果会临时保存到客户机的 DNS 缓存中。

（2）DNS 客户机解析程序发送含有 www.abc.com 的解析请求消息给本地 DNS 服务器。"本地"一般指距离客户机物理距离较近，或者使用 ISP 服务商提供的，或者本网络中的 DNS 服务器，客户机要预先在自己的 TCP/IP 参数配置中指定一个本地 DNS 服务器的 IP 地址。

（3）本地 DNS 服务器收到请求后，先查询本地 DNS 缓存，如果有 www.abc.com 的映射记录，则本地 DNS 服务器直接把查询的结果返回给客户端；如果本地的缓存没有，就在本地 DNS 服务器管理的区域记录中查找，如找到 www.abc.com 的映射记录，则返回给客户端权威应答消息；如果在本地 DNS 服务器中仍无法查找到映射记录，则根据本地 DNS 服务器中是否设置转发器地址（转发器是互联网上游另一台 DNS 服务器），按以下两种不同方式进行查询。

未设置转发器地址：

➤ 本地 DNS 服务器代理 DNS 客户机发送含有 www.abc.com 域名解析请求消息给根 DNS 服务器。

➤ 根 DNS 服务器一般不直接对此域名进行解析，通过响应消息返回管理 ".com" 域的顶级 DNS 服务器 IP 地址给本地 DNS 服务器。

➤ 本地 DNS 服务器发送含有 www.abc.com 域名解析请求消息给管理 ".com" 域的 DNS 服务器。

➤ 管理 ".com" 域的 DNS 服务器通过响应消息返回管理二级域名 ".abc.com" 的 DNS 服务器 IP 地址给本地 DNS 服务器。

➤ 本地 DNS 服务器发送含有 www.abc.com 域名解析请求消息给管理 ".abc.com" 域的 DNS 服务器。

➤ 管理二级域名的 ".abc.com" 的 DNS 服务器授权管理此区域，有主机名和 IP 地址的映射记录，通过响应消息返回 www.abc.com 对应的 IP 地址给本地 DNS 服务器。

➤ 本地 DNS 服务器通过响应消息返回 www.abc.com 的 IP 地址给 DNS 客户机。

➤ 客户机获得 Web 服务器的 IP 地址，主动发起到 Web 服务器的通信，向 Web 服务器发送请求页面的消息。

已设置转发器地址：

➤ 本地 DNS 服务器代理客户机将查询请求转发至上游 DNS 服务器，由上游 DNS 服务器进行解析，当上游 DNS 服务器不能解析时，或找根 DNS 或把请求转至再上一级的 DNS 服务器，以此循环直至最后将查询结果返回给本地 DNS 服务器。

➤ 本地 DNS 服务器将 www.abc.com 的 IP 地址发送给客户机。

➤ 客户机获得 www.abc.com 的 IP 地址，主动发起到 Web 服务器的通信，完成对网站的访问。

在整个域名解析过程中可采用以下方式提高域名解析的效率。

（1）DNS 客户机的缓存技术，缓存客户机的 hosts 文件内容或客户机最近一段时间的解析结果，为下次重复查询节约时间，提高响应速度。

（2）解析从本地 DNS 服务器开始，本地 DNS 服务器和客户机一般在同一地区，物理距离近，请求和响应消息传输快。

（3）DNS 服务器的高速缓存技术，缓存其他 DNS 服务器响应的解析结果，为下次重复查询节约时间，提高响应速度。

七、DNS 服务查询方式与查询类型

DNS 服务查询方式如下：

（1）递归查询：DNS 服务器接收到查询请求时，要么返回查询成功的响应，要么做出查询失败的响应。在图 9-3 步骤 2 中客户机与本地 DNS 服务器之间的查询关系就属于递归查询。

（2）迭代查询：DNS 服务器接收到查询请求后，若该服务器中不包含所需查询映射记录，它会告诉请求方另一台 DNS 服务器的 IP 地址，使请求方转向另一台 DNS 服务器继续查询。依此类推，直到查到所需记录为止，否则由最后一台 DNS 服务器通知请求者查询失败。在图 9-3 中步骤 4 ~ 9 中本地 DNS 服务器与其他 DNS 服务器之间的查询则属于迭代查询，也称为反复查询。

按照查询内容的不同 DNS 服务器支持两种查询类型：

（1）正向查询（正向解析）：由主机域名查找 IP 地址。

（2）反向查询（反向解析）：由 IP 地址查找主机域名，一般不常用，只用于一些特殊场合，如反垃圾邮件的验证。

八、DNS 服务资源记录及其类型

域名与 IP 之间的对应关系称为记录（record）。DNS 资源记录（resource records，RR）是 DNS 区域中的条目，用于指定有关该区域中某个特定名称或对象的信息，根据使用场景，"记录"可以分成不同的类型，一个资源记录包含 type、TTL、class 和 data 等字段，并且按以下格式组织。资源记录字段及作用见表 9-1。

owner-name	TTL	class	type	data
www.example.com.	300	IN	A	192.168.1.10

表 9-1　DNS 资源记录字段及作用

字 段 名	作　用
owner-name	该资源记录的形象名称
TTL	资源记录的生存时间（秒），指定 DNS 解析器应缓存此记录的时间长度
class	记录的"类"，IN 表示 Internet 类型
type	此资源记录属于何种类型。例如，A 记录类型将主机名映射到 IPv4 地址
data	此资源记录存储的数据。确切格式根据记录类型的不同而不同

域名系统是一个将域名和 IP 地址相互映射的分布式数据库，能够使人更方便地访问

互联网。在域名系统的资源记录类型中,不同的记录类型有着不同的用途。DNS 服务基本的资源记录类型及作用见表 9-2。

表 9-2 DNS 基本的资源记录类型及作用

资源记录类型	作用
A 记录	主机记录,也称正向解析记录,用于说明一个主机域名映射的 IPv4 地址信息
AAAA 记录	主机记录,也称正向解析记录,用于说明一个主机域名映射的 IPv6 地址信息
CNAME 记录	别名 (canonical name) 记录,用于给主机设置另外一个新域名,该记录是新域名到原域名的映射。此前的原域名应设置过相应的 A 记录或 AAAA 记录
PTR 记录	也称指针记录或反向解析记录,用于将 IP 地址逆向映射到主机域名
MX 记录	邮件交换 (mail exchange) 记录,用于将邮件域 (即邮箱地址 @ 后面的域名) 映射到邮件服务器的主机域名,MX 记录解析要求建立邮件主机记录。DNS 解析时通过 MX 记录首先将域名解析到邮件主机域名,再通过邮件主机记录解析到邮件主机 IP 地址
NS 记录	域名服务器记录,用于将域名映射到区域内的授权 DNS 服务器,表明负责此区域的权威域名服务器信息,即用哪一台 DNS 服务器解析该区域主机。一个区域可能有多条 NS 记录
SOA 记录	SOA(start of authority,起始授权)记录,每个区域都有一条 SOA 记录,用于指定本区域内负责解析的 DNS 服务器中哪个是主授权服务器,以及管理区域的负责人的邮箱地址和主、辅授权 DNS 服务器之间实现数据同步的控制参数,见表 9-3

表 9-3 主、辅授权 DNS 服务器进行数据同步的控制参数

参数	作用
主授权主机名 (Mname)	域名服务器主机名,该域名服务器是区域内资源记录信息的原始来源
邮箱地址 (Rname)	负责本区域内管理者的电子邮箱地址,该地址中的 "@" 改为 "." 表示
序列号 (serial number)	每次记录修改区域时,都会增加序列号的值,它是辅授权 DNS 服务器更新数据的依据
刷新时间 (refresh)	辅授权 DNS 服务器根据此时间间隔周期性地检查主授权 DNS 服务器的序列号是否改变,若有改变则更新自己的区域记录 (以秒为单位)
重试延时 (retry)	当辅授权 DNS 服务器因与主授权 DNS 无法连通而导致更新区域记录信息失败后,要等待多长时间会再次请求刷新区域记录 (以秒为单位)
失效时间 (expire)	若辅授权 DNS 服务器超过该时间仍无法与主授权 DNS 连通,则不再尝试,且辅授权 DNS 服务器不再响应客户端要求域名解析的请求 (以秒为单位)
无效缓存时间 (minimum)	无效解析记录 (查找名称且名称不存在的资源记录) 在缓存中持续的时间 (以秒为单位)

九、BIND 简介

BIND 是一款实现 DNS 服务的开放源码软件包,源于伯克利大学(Berkeley)开设的一个研究生课题,现已发展为世界上使用最为广泛的 DNS 服务器软件。所以,DNS 服务又称 BIND 服务,世界上 90% 的 DNS 服务都选用 bind 服务软件实现,架设在 Linux 和 UNIX 上。BIND 是 Linux 或 UNIX 下实现 DNS 服务最受欢迎的服务软件。

在 Linux 下配置 BIND 服务涉及 3 个配置文件:全局配置文件、区域配置文件、资源记录配置文件。全局配置文件实现全局性的设置,对整个服务器起作用,设置 DNS 服务器监听客户端请求的 IP 地址和端口,指定响应哪些客户端的发送域名解析请求,指定资源记录配置文件存放的路径等;区域配置文件主要用于建立主要区域、备份区域、存根区域等,添加授权管理的区域网络信息,设置每个区域对应的资源记录配置文件名等;资源记录配置文件主要在指定区域中建立不同类型的资源记录,即不同类型域名到 IP 地址的映射记录。3 个文件的调用关系如图 9-4 所示,全局配置文件可调用不同的区域配置文件,每个区域配置文件调用对应区域的资源记录配置文件。

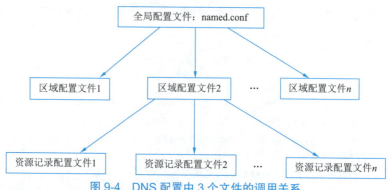

图 9-4 DNS 配置中 3 个文件的调用关系

项目实施

项目实施分解为 5 个任务进行，基于 5 个任务使读者掌握使用 BIND 配置主 DNS 服务器、辅助 DNS 服务器、转发 DNS 服务器的知识和技能，以及使用 view 视图功能配置智能解析。

任务一 准备实训环境

具体要求：三台计算机构建实训环境，一台 CentOS 7.9 虚拟机配置主 DNS 服务器；另一台 CentOS 7.9 虚拟机配置辅助 DNS 服务器；一台 Windows 10 系统作为 DNS 客户端，测试 DNS 服务器配置能否正确解析；虚拟机通信模式设置 Nat 模式，手动配置 IP 地址等参数，具体参数设置见表 9-4。

表 9-4 参数规划

角色	操作系统	IP 地址	通信模式
虚拟机 1：主 DNS 服务器	CentOS 7.9	192.168.200.20	Nat 模式，连接 VMnet8 网络
虚拟机 2：辅 DNS 服务器兼客户端	CentOS 7.9	192.168.200.21	Nat 模式，连接 VMnet8 网络
宿主机：Windows 客户端	Windows 10	192.168.200.1	网卡 VMnet8 连接 VMnet8 网络

（1）设置网络通信和配置 IP 地址。具体参考项目八任务一的第 1 步。
（2）配置 yum 工具使用环境。具体参考项目 8 任务一的第 2 步。

任务二 安装 BIND 服务包

（1）安装 BIND 服务包，启动 DNS 服务并查看服务进程和端口信息。

```
[root@localhost ~]#hostnamectl set-hostname master
[root@localhost ~]#bash
[root@master ~]#yum -y install bind-chroot bind-utils
[root@master ~]#systemctl start named
[root@master ~]# ps -ef | grep named
Named  7984  1  0 23:40 ?  00:00:00 /usr/sbin/named -u named -c /etc/named.conf
[root@master ~]# netstat -ntpl |grep named
tcp    0    0 127.0.0.1:53    0.0.0.0:*    LISTEN    7984/named
```

（2）使用 BIND 软件部署 DNS 服务器时，相关的 DNS 配置文件及作用见表 9-5。

表 9-5　DNS 服务相关配置文件及作用

文 件 名 称	作　　　用
/etc/named.conf	主（全局）配置文件
/etc/hosts	用于指定 IP 地址与主机名的映射关系
/etc/resolv.conf	为 Linux 客户端指定 DNS 服务器 IP 地址的配置文件
/etc/nsswitch.conf	此文件的第 42 行 "hosts: files dns" 规定了一台主机解析的顺序，首先找的是本地文件 /etc/hosts，然后是 DNS

任务三　配置主 DNS 服务器

具体要求：为某学校搭建一台主授权 DNS 服务器，该服务器能访问 Internet，能为校园网内 DNS 客户端提供域名解析服务，并通过配置转发器地址（114.114.114.114），转发不能直接解析的 DNS 客户端查询请求给上游 DNS 服务器。

主授权 DNS 服务器负责 afc.edu.cn 域的域名解析，DNS 服务器的 FQDN 为 dns.afc.edu.cn，IP 地址为 192.168.200.20。要求为 afc.edu.cn 区域中的主机实现正、反向域名解析，添加的资源记录信息见表 9-6。

表 9-6　资源记录信息

序　号	记录类型	域和主机名信息	解析结果
1	NS	@（代表 afc.edu.cn）	dns.afc.edu.cn.
2	A	dns	192.168.200.20
3	A	www	192.168.200.4
4	CNAME	web	www.afc.edu.cn.
5	A	ftp	192.168.200.5
6	A	mail	192.168.200.6
7	MX	@（代表 afc.edu.cn）	mail.afc.edu.cn.

（1）修改主授权 DNS 服务器的全局配置文件。

```
[root@master ~]# vim  /etc/named.conf
    ......// 省略若干行
 options{
   listen-on  port 53 { 192.168.200.20; };     // 指定 BIND 侦听的本机 IP 地址及端口
   directory  "/var/named";                    // 指定资源记录配置文件存放路径
   ......// 省略若干行
   allow-query { any; };                       // 指定接收 DNS 查询请求的客户端条件
recursion yes;                                 // 默认允许递归查询
   dnssec-enable yes;                          // 默认启用 DNS 安全功能
   dnssec-validation no;                       // 改为 no 时忽略 SElinux 防火墙作用
bindkeys-file "/etc/named.root.key";           //DNS 加密解密使用的文件
   ......// 省略若干行
   };
......// 省略若干行
   zone "." IN {                               // 指定根 DNS 服务器的配置信息，一般不改动
     type hint;
     file "named.ca";                          // 此文件有根 DNS 服务器 IP 地址等信息
   };
```

```
include   "/etc/named.zones";           // 指定区域配置文件名
include   "/etc/named.root.key";
```

（2）修改主 DNS 服务器的区域配置文件。建立的区域配置文件名要与全局配置文件指定的文件名相同，将 /etc/named.rfc1912.zones 模板文件复制为指定的区域配置文件 /etc/named.zones。"-p" 选项保证复制文件时目标文件和源文件属性相同，这里主要保证区域配置文件所属组仍为 named。

```
[root@master ~]# cp  -p  /etc/named.rfc1912.zones /etc/named.zones
[root@master ~]# ls -l /etc/named.rfc1912.zones /etc/named.zones
                                            // 比较文件属性
[root@master ~]# vim  /etc/named.zones      // 添加以下区域信息
zone  "afc.edu.cn" IN {                     // 正向解析区域
type master;                    // 表明是主 DNS 服务器（slave 表示辅助 DNS 服务器）
    file  "afc.edu.cn.zone";    // 指定正向区域的资源记录配置文件名
    allow-update { none; };
};
zone  "200.168.192.in-addr.arpa" IN {       // 反向解析区域
 type   master;
 file   "192.168.200.zone";                 // 指定反向区域的资源记录配置文件名
 allow-update { none; };
};
```

提示：zone 定义区域配置信息，包括的重要参数及功能总结如下：

① type 参数指定区域的类型，确定 DNS 服务器的角色。type 字段值有 5 种：

➢ master：表示为主 DNS 服务器类型，拥有自己区域的资源记录数据文件。

➢ slave：表示为从 DNS 服务器，本身没有资源记录数据文件，但是会从主 DNS 服务器上下载区域数据文件，也能够提供 DNS 服务。

➢ stub：stub 区域与 Slave 区域类似，两者之间的区别在于 Stub 只复制 DNS 服务器上的 NS 记录而不是复制所有区域数据。

➢ forward：forward 区域是转发区域，类似于一个 DNS 的缓存服务器，采用该配置的 DNS 区域会从外网其他 DNS 服务器复制数据并起到向导的作用。

➢ hint：根域名服务器的初始化指定使用的线索区域，当服务器启动时，还会使用线索区域查找根域名服务器，并找到最近的根服务器列表。

② file：配置 DNS 服务器定义的资源记录数据文件名称。

③ allow-update：当配置 DNS 服务主辅架构时使用，在主服务器上配置允许进行同步的从服务器 IP 地址。

（3）配置主 DNS 服务器正向解析的资源记录配置文件。正向解析资源记录配置文件位于 /var/named 目录下，为编辑方便可先将模板文件 named.localhost 复制为 afc.edu.cn.zone，再对此文件进行修改。

```
[root@master ~]# cd  /var/named
[root@master named]# cp  -p  named.localhost    afc.edu.cn.zone
[root@master named]# vim  afc.edu.cn.zone
$TTL 1D
@       IN SOA   @ root.afc.edu.cn. (          // 注意域名后应有一个 . 标记
```

```
......// 省略若干行
// 下面开始的所有记录行都要顶格输入，不能有空格，@ 表示区域 afc.edu.cn.
@                       IN              NS              dns.afc.edu.cn.
dns                     IN              A               192.168.200.20
www                     IN              A               192.168.200.4
ftp                     IN              A               192.168.200.5
mai                     IN              A               192.168.200.6
web                     IN              CNAME           www.afc.edu.cn.
@                       IN              MX      10      mail.afc.edu.cn.
```

（4）配置主 DNS 服务器反向解析的资源记录配置文件。反向资源记录配置文件位于 /var/named 目录下，可先将模板文件 named.loopback 复制为 /var/named/192.168.200.zone，再对此文件进行修改。

```
[root@master named]# cp   -p  named.loopback   192.168.200.zone
[root@master named]# vim   /var/named/192.168.200.zone
$TTL 1D
@       IN SOA   @ root.afc.edu.cn.(
......// 省略若干行
@                       IN              NS              dns.afc.edu.cn.
20                      IN              PTR             dns.afc.edu.cn.
4                       IN              PTR             www.afc.edu.cn.
5                       IN              PTR             ftp.afc.edu.cn.
6                       IN              PTR             mail.afc.edu.cn.
@                       IN              MX      10      mail.afc.edu.cn.
```

（5）检查配置文件是否有语法格式错误。

```
#named-checkconf   /etc/named.conf
#named-checkconf   /etc/named.zones           // 执行没有提示信息，则语法格式正确
#named-checkzone   afc.edu.cn /var/named/afc.edu.cn.zone
zone afc.edu.cn/IN: loaded serial 0
OK
#named-checkzone   200.168.192.in-addr.arpa   /var/named/192.168.200.zone
zone 200.168.192.in-addr.arpa/IN: loaded serial 0
OK
```

（6）关闭 Firewalld 防火墙和设置 SElinux 系统放行服务，重启 DNS 服务并设为开机自启。

```
[root@master named]# systemctl stop firewalld
[root@master named]# setenforce 0
[root@master named]# systemctl   restart named
[root@master named]# systemctl   enable  named
```

（7）通过 Windows 客户端 DOS 命令行，用 nslookup 命令验证主 DNS 服务器域名解析功能。

```
C:\Windows\System32>nslookup /?                   // 获得此命令使用帮助信息
用法：
   nslookup [-opt ...]                            // 使用默认服务器的交互模式
   nslookup [-opt ...] - server                   // 使用 server 的交互模式
   nslookup [-opt ...] host                       // 仅查找使用默认服务器的 host
```

```
    nslookup [-opt ...] host server      //仅查找使用server的host
C:\Windows\System32>nslookup - 192.168.200.20
默认服务器：  dns.afc.edu.cn
Address:  192.168.200.20
> www.afc.edu.cn
......//省略若干行
名称：    www.afc.edu.cn
Address:  192.168.200.4
> ftp.afc.edu.cn
......//省略若干行
名称：    ftp.afc.edu.cn
Address:  192.168.200.5
//通过set设置客户端递交的解析记录类型，有CNAME、MX、NS、SOA、PTR等，默认A记录
> set type=CNAME
> web.afc.edu.cn
......//省略若干行
web.afc.edu.cn   canonical name=www.afc.edu.cn
afc.edu.cn       nameserver=dns.afc.edu.cn
dns.afc.edu.cn   internet address=192.168.200.20
> set type=MX
> afc.edu.cn
......//省略若干行
afc.edu.cn       MX preference=10, mail exchanger = mail.afc.edu.cn
afc.edu.cn       nameserver=dns.afc.edu.cn
mail.afc.edu.cn  internet address=192.168.200.6
dns.afc.edu.cn   internet address=192.168.200.20
> set type=PTR
> 192.168.200.4
......//省略若干行
4.200.168.192.in-addr.arpa           name=www.afc.edu.cn
200.168.192.in-addr.arpa             nameserver=dns.afc.edu.cn
dns.afc.edu.cn   internet address=192.168.200.20
```

（8）通过 Linux 客户端使用相关工具测试主 DNS 服务器域名解析功能。

➢Linux 客户端测试也可用 nslookup、dig 和 host 命令工具测试，先通过 /etc/resolv.conf 配置文件设置使用的 DNS 服务器 IP 地址，Linux 客户端要安装 bind-utils 套件。

```
[root@client ~]#yum -y install bind-utils
[root@client ~]#vi /etc/resolv.conf
  nameserver 192.168.200.20
```

➢ 用 dig 命令验证主 DNS 服务器能否解析域名。dig 用法如下：

@<服务器地址>：指定进行域名解析的域名服务器地址。

-t <类型>：指定要查询的 DNS 记录类型，类型值有 A、CNAME、MX、NS、SOA、PTR，默认为 A 记录类型；

-x <IP 地址>：执行逆向域名查询。

-h: 显示指令帮助信息。

```
[root@client ~]#dig  www.afc.edu.cn
[root@client ~]#dig -t cname  web.afc.edu.cn
```

```
[root@client ~]#dig  -t  mx  afc.edu.cn
[root@client ~]#dig  -x  192.168.200.4
```

➢ 用 host 命令验证主 DNS 服务器能否解析域名。

```
[root@client ~]# host www.afc.edu.cn
www.afc.edu.cn has address 192.168.200.4
[root@client ~]# host -t cname web.afc.edu.cn
web.afc.edu.cn is an alias for www.afc.edu.cn.
[root@client ~]# host -t mx afc.edu.cn
afc.edu.cn mail is handled by 10 mail.afc.edu.cn.
[root@client ~]# host -t ptr  192.168.200.4
4.200.168.192.in-addr.arpa domain name pointer www.afc.edu.cn.
```

（9）设置主 DNS 服务器的转发器地址。转发器是上游另一个 DNS 服务器的地址，当前 DNS 服务器收到非自己授权管理区域的查询请求，同时在自己的缓存中也无法找到解析记录时，作为 DNS 客户端代理向指定的上游转发器发起解析请求，由转发器完成域名解析工作。在全局配置文件的 options 选项中添加配置参数如下：

```
[root@master ~]# vim  /etc/named.conf
 options{
     ......// 省略若干行
     forwarders {114.114.114.114;8.8.8.8;};
     ......// 省略若干行
};
```

任务四　配置辅助 DNS 服务器

具体要求：为了提高校园网络 DNS 域名解析服务的高可用性和容错性，要求为主授权 DNS 服务器建立辅助 DNS 服务器，对主 DNS 服务器区域的资源记录做备份。

（1）主 DNS 服务器全局配置文件无须改动，修改主 DNS 服务器区域配置文件。

```
[root@master ~]#vim /etc/named.zones
zone "afc.edu.cn" IN{
    type master;
    file "afc.edu.cn.zone";
    allow-update {192.168.200.21;};         // 允许从 DNS 服务器更新
};
zone "100.168.192.in-addr.arpa" IN{
    type master;
    file "192.168.200.zone";
    allow-update {192.168.200.21;};         // 允许从 DNS 服务器更新
};
#systemctl restart named                     // 重启主 DNS 服务器的 named 服务
```

（2）辅助 DNS 服务器（192.168.200.21）上安装 BIND 服务软件和客户端工具。

```
[root@slave ~]# hostnamectl set-hostname slave
[root@slave ~]# bash
[root@slave ~]# yum -y install  bind-chroot  bind-utils
```

（3）修改辅助 DNS 服务器的全局配置文件 /etc/named.conf，直接在此文件中集成区域配置文件 named.zones 的内容，无须再单独建立区域配置文件 named.zones。服务器类型设置 slave，表示辅助 DNS 服务器，建立的区域名需要和主 DNS 服务器设置的区域名相同。

```
[root@slave ~]#vim  /etc/named.conf
......// 省略若干行
options{
    listen-on port 53{ 192.168.200.21; };
    directory  "/var/named";
    allow-query{ any; };
         ......// 省略若干行
};
    ......// 省略若干行
    // 集成以下区域信息
zone "afc.edu.cn" IN{
    type slave;                             // 设置为辅助 DNS 服务器角色
    masters{ 192.168.200.20; };             // 获取更新源的主 DNS 服务器地址
    file "slaves/afc.edu.cn.zone";          // 资源记录配置文件存放路径及文件名
};
zone "200.168.192.in-addr.arpa" IN{
    type slave;
    masters{ 192.168.200.20; };
    file "slaves/192.168.200.zone";
};
include "/etc/named.rfc1912.zones";
include "/etc/named.root.key";
```

（4）辅助 DNS 服务器上关闭 Firewalld 防火墙和设置 SElinux 系统放行服务，并启动 DNS 服务。

```
[root@slave ~]# setenforce 0
[root@slave ~]# systemctl stop firewalld
[root@slave ~]# systemctl start named
```

💡 提示：辅助 DNS 服务器资源记录配置文件会自动建立，文件中记录内容会自动实时从主 DNS 服务器获取和更新，无须配置辅助 DNS 服务器的资源记录配置文件。

（5）验证辅助 DNS 服务器的解析功能。

➤ 辅助 DNS 服务器的资源记录配置文件是否从主 DNS 服务器复制获取，通过查看主 DNS 服务器的日志文件来查看区域复制是否成功。

```
[root@master ~]# tail /var/log/messages
Nov 21 19:53:48 client named[5143]: zone 200.168.192.in-addr.arpa/IN: transferred serial 0
Nov 21 19:53:48 client named[5143]: transfer of '200.168.192.in-addr.arpa/IN' from 192.168.200.20#53: Transfer status: success
Nov 21 19:53:49 client named[5143]: zone afc.edu.cn/IN: transferred serial 0
Nov 21 19:53:49 client named[5143]: transfer of 'afc.edu.cn/IN' from 192.168.200.20#53: Transfer status: success
```

➤ 查看辅助 DNS 服务器的资源记录配置文件及内容是否复制成功。

```
[root@slave ~]# ll /var/named/slaves/             // 查看资源记录文件是否生成
```

```
总用量 8
-rw-r--r--. 1 named named 532 11月 21 19:53 192.168.200.zone
-rw-r--r--. 1 named named 433 11月 21 19:53 afc.edu.cn.zone
```

➤ 通过 Windows 客户端测试辅助 DNS 服务器能否正常解析域名。

```
C:\Windows\System32>nslookup www.afc.edu.cn 192.168.200.21
名称：www.afc.edu.cn
Address:  192.168.200.4
C:\Windows\System32>nslookup -qt=mx afc.edu.cn 192.168.200.21
afc.edu.cn   MX preference = 10, mail exchanger = mail.afc.edu.cn
afc.edu.cn   nameserver = dns.afc.edu.cn
mail.afc.edu.cn internet address = 192.168.200.6
C:\Windows\System32>nslookup -qt=ptr 192.168.200.4 192.168.200.21
4.200.168.192.in-addr.arpa   name = www.afc.edu.cn
```

任务五　配置转发 DNS 服务器

按照转发需求的区别，分为完全转发 DNS 服务器和条件转发 DNS 服务器。

（1）完全转发 DNS 服务器会将所有区域的 DNS 查询请求发送到指定的其他 DNS 服务器来完成查询，在全局配置文件的 option 选项中添加配置参数。配置参考如下：

```
[root@master ~]# vim  /etc/named.conf
   ......// 省略若干行
options{
   ......// 省略若干行
   allow-query{ any; };              // 接受任何 DNS 客户端的查询请求
   recursion yes;                    // 允许递归查询
   dnssec-validation no;             // 改为 no 时忽略 SElinux 防火墙作用
   forwarders {202.102.192.68;114.114.114.114;};   //DNS 服务器地址列表
   forward only;                     // 仅执行查询请求转发
};
```

（2）条件转发 DNS 服务器只转发指定区域的 DNS 解析请求，在某一区域中添加 DNS 服务器信息。配置参考如下：

```
[root@master ~]# vim  /etc/named.conf
   ......// 省略若干行
options{
   ......// 省略若干行
   allow-query{ any; };              // 接受任何 DNS 客户端的查询请求
   recursion yes;                    // 允许递归查询
   dnssec-validation no;             // 改为 no 时忽略 SElinux 防火墙作用
};
   ......// 省略若干行
zone "afc.edu.cn" IN{                // 指定仅区域 afc.eud.cn 为条件转发区域
   type forward;
   forwarders {202.102.192.68;114.114.114.114;};   //DNS 服务器地址列表
};
```

任务六　使用 view 视图配置智能解析

具体要求：主 DNS 服务器提供 baidu.com 域名解析服务，对不同位置的客户端（基

视 频
配置view视图
智能解析

于客户端不同 IP 地址）递交的同一主机域名解析请求返回不同的解析结果，使用 BIND 的 view 视图功能完成智能解析。

➢192.168.200.1 客户端的解析请求返回 www 主机名的地址为 14.215.177.38。
➢192.168.200.2 客户端的解析请求返回 www 主机名的地址为 111.13.100.91。

具体见表 9-7。

表 9-7 资源记录配置文件的记录类型和对应值

客户端地址	记 录 类 型	baidu.com 域记录值	解 析 结 果
any	NS	@	dns.baidu.com.
192.168.200.1	A	www	14.215.177.38
192.168.200.2	A	www	111.13.100.91

（1）修改主 DNS 服务器全局配置文件，直接集成区域配置文件内容，添加 baidu.com 区域信息。

```
[root@master ~]#vim  /etc/named.conf
......// 省略若干行
 options{
    listen-on  port 53 { 192.168.200.20; };
    directory   "/var/named";
    ......// 省略若干行
    allow-query { any; };
    ......// 省略若干行
};
    ......// 省略若干行
 #zone "." IN {                             // 用 # 注释或删除此 4 行内容
 #   type hint;
 #   file "named.ca";
 #};
// 添加以下 view 视图内容，注意所有以 zone 开头配置的区域信息都要包括在 view 视图中。
// 配置视图 area1，匹配客户端（192.168.200.1）发送的解析请求
view "area1" {
    match-clients { 192.168.200.1; };
    zone "." IN {
       type hint;
       file "named.ca";
    };
    zone "baidu.com" IN {
       type master;
       file "baidu.com.area1";           // 指定对应的资源记录配置文件名
       allow-update {none;};
    };
};
// 配置视图 area2，匹配客户端（192.168.200.2）发送的解析请求
view  "area2" {
    match-clients { 192.168.200.2; };
    zone "." IN {
       type hint;
       file "named.ca";
    };
```

```
        zone "baidu.com" IN {
            type master;
            file "baidu.com.area2";           // 指定对应的资源记录配置文件名
            allow-update {none;};
        };
    };
#include "/etc/named.rfc1912.zones";          // 注释或删除此行内容
```

（2）建立 area1 视图 baidu.com 区域资源记录文件 baidu.com.area1。

```
[root@master ~]#cd /var/named/
[root@master named]# cp -p named.localhost baidu.com.area1
[root@master named]# vim baidu.com.area1
$TTL 1D
@     IN SOA   @    root.baidu.com. (
      ......// 省略若干行
@          IN       NS      dns.baidu.com.
dns        IN       A       192.168.200.20
www        IN       A       14.215.177.38
```

（3）建立 area2 视图 baidu.com 区域资源记录文件 baidu.com.area2。

```
[root@master named]# cp -p named.localhost baidu.com.area2
[root@master named]# vim baidu.com.area2
$TTL 1D
@     IN SOA   @    root.baidu.com. (
      ......// 省略若干行
@          IN       NS      dns.baidu.com.
dns        IN       A       192.168.200.20
www        IN       A       111.13.100.91
```

（4）检测配置文件是否有语法格式错误。

```
[root@master named]# named-checkconf /etc/named.conf
[root@master named]# named-checkzone  baidu.com /var/named/baidu.com.area1
zone baidu.com/IN: loaded serial 0
OK
[root@master named]# named-checkzone  baidu.com /var/named/baidu.com.area2
zone baidu.com/IN: loaded serial 0
OK
```

（5）Windows 客户端测试 DNS 服务器不同 view 视图的解析功能。

```
// 客户端 IP 地址设置为 192.168.200.1 时，返回的解析结果为 14.215.177.38 正确
C:\Windows\System32>nslookup  www.baidu.com 192.168.200.20
服务器：   UnKnown
Address:  192.168.200.20
名称：    www.baidu.com
Address:  14.215.177.38
// 客户端 IP 地址设置为 192.168.200.2 时，返回的解析结果为 111.13.100.91 正确
C:\Windows\System32>nslookup  www.baidu.com 192.168.200.20
服务器：   UnKnown
Address:  192.168.200.20
名称：    www.baidu.com
Address:  111.13.100.91
```

本例只限于两个不同 IP 地址的客户端发送域名解析请求，通过 view 视图功能返回不同解析结果。也可以基于不同的 IP 地址网段，如设置 192.160.200.0/24 特定网段和不属于此特定网段的通用网段区别客户端请求。配置代码如下：

```
[root@master ~]#vim  /etc/named.conf
......// 省略若干行
// 配置视图 area1，匹配客户端（192.168.200.0/24）发送的解析请求
view "area1"{
    match-clients{ 192.168.200.0/24; };
    ......// 省略若干行
};
// 配置视图 area2，匹配除 192.168.200.0/24 网段外任何客户端发送的解析请求
view  "area2"{
    match-clients { any; };
    ......// 省略若干行
};
```

提示：view 视图优先级按定义的先后顺序确定，排在前面的视图优先级高，如果在前面视图中找到符合条件的解析结果,后面的视图将不再查找。如果没有配置任何视图，BIND 会自动创建默认视图，任何客户端发送的查询请求都在默认视图中查找。

使用 BIND 服务器的 view 视图功能可以根据发送解析请求的不同客户端 IP 地址范围，实现同一个域名记录解析为不同的结果。有两个具体的应用场景：

➢ 需要将一个域名分成内网和外网两个不同的区域进行解析。

➢ 在多个运营商网络或 CDN（content delivery network，内容分发网络）上部署了镜像服务的业务，根据访问业务的用户所在位置不同，将域名解析为用户访问速度最近最快的镜像服务器 IP 地址。例如，使用中国电信网络的用户请求域名解析，解析结果为业务部署在电信网络上的镜像服务器 IP 地址；使用中国联通网络的用户请求域名解析，解析结果为业务部署在联通网络上的镜像服务器 IP 地址。

项目小结

本项目首先讲述了域名和主机完全合格域名的概念、域名空间组织结构及域名注册流程；其次分析了 DNS 服务功能及 DNS 域名系统工作原理；最后介绍了 DNS 服务的资源记录类型及特点，通过具体实践任务介绍了配置主 DNS 服务器、辅助 DNS 服务器、转发 DNS 服务器的知识和技能；基于不同 IP 地址范围的客户端使用 view 视图功能配置 DNS 服务的智能解析功能。

项目实训

【实训目的】

掌握配置主 DNS 服务器、辅助 DNS 服务器、转发 DNS 服务器的知识和技能，并能在 Windows 和 Linux 客户端验证 DNS 服务能否正确解析客户端的解析请求。

【实训环境】

一人一台 Windows 10 物理机，能访问 Internet，物理机中安装了 RHEL 7/CentOS 7 的

3 台 VMware 虚拟机，虚拟机通信设置为 NAT 模式，参数设置见表 9-8。

表 9-8 网络环境参数设置

主 机 名 称	操 作 系 统	IP 地址	通 信 模 式
虚拟机 1：主 DNS 服务器	CentOS 7	192.168.16.177/24	NAT 模式，连接 VMnet8 网络
虚拟机 2：辅助 DNS 服务器	CentOS 7	192.168.16.17/24	NAT 模式，连接 VMnet8 网络
虚拟机 3：Linux 客户端	CentOS 7	192.168.16.100/24	NAT 模式，连接 VMnet8 网络
宿主机：Windows 客户端	Windows 10	192.168.16.101/24	网卡 VMnet8 连接 VMnet8 网络

【实训内容】

任务一： 配置 DNS 服务器，根据以下要求配置主授权 DNS 服务器，并验证。

（1）建立 xyz.com 主区域，设置允许区域复制的辅助 DNS 服务器的地址为 192.168.16.17。

（2）建立以下 A 资源记录。

```
xyz.com.              IN   NS   dns.xyz.com.
dns.xyz.com.          IN   A    192.168.16.177
www.xyz.com.          IN   A    192.168.16.9
ftp.xyz.com.          IN   A    192.168.16.10
mail.xyz.com.         IN   A    192.168.16.178
```

（3）建立以下 CNAME 别名资源记录。

```
bbs                   IN   A    192.168.16.9
```

（4）建立以下 MX 邮件交换器资源记录。

```
xyz.com.              IN   MX   10   mail.xyz.com.
```

（5）建立反向解析区域 16.168.192.in-addr.arpa，并为以上 A 资源记录建立对应的 PTR 指针资源记录。

任务二： 配置辅助 DNS 服务器，并根据以下要求配置辅助 DNS 服务器，并进行验证。

（1）建立 xyz.com 从区域，设置主 DNS 服务器的地址为 192.168.16.177。

（2）建立反向解析从区域 16.168.192.in-addr.arpa，设置主 DNS 服务器的地址为 192.168.16.177。

任务三： 配置完全转发 DNS 服务器，将客户机的查询转发到 114.114.114.114 这台 DNS 服务器上。

课后习题

一、选择题

1. 在 Linux 环境下，能实现域名解析软件包的是（　　）。
   A. Apache　　　B. dhcpd　　　C. BIND　　　D. SQUID
2. www.ryjiaoyu.com 是互联网中主机的（　　）。
   A. 用户名　　　B. 密码　　　C. 别名　　　D. FQDN
3. 在 DNS 服务器配置文件中 A 类资源记录是（　　）。
   A. 官方信息　　　　　　　　　　　　　B. IP 地址到名字的映射

C. 名字到 IP 地址的映射　　　　　　D. 一个域名服务器的规范

4. 在 Linux DNS 系统中，根服务器提示文件是（　　）。

　　A. /etc/named.ca　　　　　　　　B. /var/named/named.ca

　　C. /var/named/named.loca　　　　D. /etc/named.local

5. DNS 指针记录的标志是（　　）。

　　A. A　　　　B. PTR　　　　C. CNAME　　　　D. NS

6. DNS 服务使用的端口是（　　）。

　　A. TCP 53　　　B. UDP 54　　　C. TCP 54　　　D. UDP 53

7. （　　）命令不能测试 DNS 服务器的解析功能。

　　A. dig　　　　　　　　　　　　　B. host

　　C. nslookup　　　　　　　　　　D. named-checkzone

8. 启动 DNS 服务的命令是（　　）。

　　A. systemctl bind start　　　　　B. service start bind

　　C. systemctl named start　　　　D. systemctl start named

9. 在 Linux 系统中 DNS 客户端保存所使用的 DNS 服务器 IP 地址信息的配置文件是（　　）。

　　A. /etc/dns.conf　　　　　　　　B. /etc/hosts

　　C. /etc/nis.conf　　　　　　　　D. /etc/resolv.conf

10. 在 Windows 客户端查看 DNS 缓存的命令为（　　）。

　　A. ipconfig /all　　　　　　　　 B. ipconfig /release

　　C. ipconfig /displaydns　　　　　D. ipconfig /flushdns

二、填空题

1. 因为在 Internet 中，计算机之间直接利用 IP 地址进行寻址，所以需要将用户提供的主机域名转换成 IP 地址，把这个过程称为_____。

2. DNS 系统组织域名空间采用_____结构。

3. DNS 顶级域名中表示商业组织的是_____，"cn"顶级域名表示_____。

4. _____表示主机名到 IP 的资源记录，_____表示别名的资源记录。

5. 可以用来检测 DNS 资源记录创建是否正确的工具有_____、_____。

6. DNS 服务器的查询模式有_____、_____。

7. DNS 服务器按功能角色分为 4 类：_____、_____、转发 DNS 服务器和缓存 DNS 服务器。

8. 一般在 DNS 服务器之间的查询请求属于_____查询。

三、简答题

1. Linux 中的 DNS 服务器主要有哪几种类型？
2. BIND 的配置文件主要有哪些？每个文件的作用是什么？
3. 测试 DNS 服务器和配置是否正确主要有哪几个方法？
4. 正向区域配置文件和反向区域配置文件分别由哪些记录组成？
5. 简述域名系统进行域名解析的通信工作流程。

拓展阅读：雪人计划

根服务器是互联网最重要的战略基础设施，是互联网通信的"中枢"。由于各种原因，IPv4 互联网根服务器数量一直被限定为 13 个。基于全新技术架构的全球下一代互联网（IPv6）根服务器测试和运营实验项目——"雪人计划"于 2015 年 6 月 23 日正式发布。"雪人计划"由中国下一代互联网工程中心领衔发起，联合 WIDE 机构（现国际互联网 M 根运营者）、互联网域名工程中心（ZDNS）等共同创立。

到 2017 年 11 月"雪人计划"已在全球完成 25 台 IPv6 根服务器架设，中国部署了其中的 4 台，由 1 台主根服务器和 3 台辅根服务器组成，打破了中国过去没有根服务器的困境。在与现有 IPv4 根服务器体系架构充分兼容基础上，形成了 13 台原有根加 25 台 IPv6 根的新格局，为建立透明的国际互联网治理体系打下坚实基础。

"雪人计划"是一个试验项目，目的不在于改变互联网的运营模式，根服务器组数的扩展也不会对互联网运营模式有直接影响。该计划对中国网络主权和安全利好。随着互联网根服务器组数的增加，与 IPv6 相关的真实源地址认证、不受地址数限制的移动互联网应用将给网民带来新的体验。这是中国争取根服务器管理权行动的有意义的切入点，是中国为互联网做出的重大贡献。

项目十 配置 DHCP 服务自动分配 IP 地址

知识目标

➢ 理解 DHCP 服务的功能和优点。
➢ 理解 DHCP 服务分配 IP 地址的工作原理。
➢ 理解 DHCP 中继代理服务解决的问题。

技能目标

➢ 掌握配置 DHCP 服务为直连子网分配 IP 地址。
➢ 掌握配置 DHCP 服务为客户端分配固定 IP 地址。
➢ 掌握配置 DHCP 中继代理服务为多个子网分配 IP 地址。

素养目标

➢ 通过配置 DHCP 服务培养学生分而治之、循序渐进的做事方法。
➢ 通过拓展阅读培养学生树立崇高的人生目标。

项目导入

在某学校的校园网升级改造之前,机房、实验室和办公计算机基本都是网络管理员手工配置 IP 地址等参数,手工配置 IP 地址的工作量大,且在配置时容易导致 IP 地址冲突,甚至配置错误的网关地址或 DNS 服务器地址等,导致无法上网。

特别随着校园网无线网络的覆盖,移动终端设备、笔记本等增多,无法给这些位置不断移动的终端设备配置静态 IP 地址。因此,在本次升级改造校园网中,决定部署 DHCP 服务和 DHCP 中继代理服务为多个子网或移动设备提供动态分配 IP 地址的解决方案。作为网络运维管理人员掌握 DHCP 服务的配置和管理是必备技能之一。

知识准备

一、DHCP 服务概述

网络中的每台计算机要访问网上资源，都必须进行包括 IP 地址在内的基本网络参数配置。设置 IP 地址可以采用两种方式：一种为手工配置 IP 地址等参数，这种方式配置的 IP 地址容易出现冲突、错误，导致无法上网，特别是随着网络内移动设备的不断增多，移动办公的情况越来越多，计算机位置经常变动而不得不频繁修改 IP 地址，使得此类错误越来越多；另一种由网络中服务器自动给客户机分配 IP 地址，适用于规模较大的网络、移动网络或经常变动的网络，这就用到 DHCP 服务。

DHCP(dynamic host configuration protocol，动态主机配置协议) 是 TCP/IP 层次模型的应用层协议，是一种用于简化网络内计算机获得 IP 地址等相关配置参数的协议。通过 DHCP 服务器为网络上启用自动获得 IP 地址的客户机自动分配 IP 地址、子网掩码、网关及 DNS 服务器地址等参数。

DHCP 服务基于客户 / 服务器的通信模式，DHCP 服务器为 DHCP 客户端提供自动分配 IP 地址的任务，既可以为直连子网分配 IP 地址，亦可以跨网络通过中继功能为另一个子网分配 IP 地址。如图 10-1 所示，DHCP 服务器可以为网络 1 客户端直接分配 IP 地址等参数，为网络 2 客户端分配 IP 地址要通过路由器或三层交换机的中继转发功能完成 IP 地址分配。

二、DHCP 服务分配 IP 地址工作过程

第一次启用 DHCP 功能的客户端和 DHCP 服务器通过图 10-2 所示的通信过程完成 IP 地址等参数的分配。

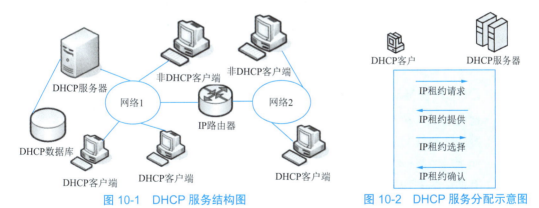

图 10-1　DHCP 服务结构图　　　　图 10-2　DHCP 服务分配示意图

具体通信过程如下：

（1）客户端 IP 租约请求阶段：DHCP 客户端广播一个请求发现分组，向本网络上的 DHCP 服务器请求提供 IP 租约。此请求分组的源 IP 地址为 0.0.0.0，源端口 68，目的 IP 地址为广播地址 255.255.255.255，目的端口为 67。即

```
Src=0.0.0.0    sPort=68    Dest=255.255.255.255    DPort=67
```

（2）服务端 IP 租约提供阶段：网络上所有的 DHCP 服务器均会收到此广播请求，每台 DHCP 服务器回应一个响应分组，提供一个 IP 地址给客户端。此响应分组的

源 IP 地址为服务器 IP 地址 (假设为 192.168.1.1)，源端口 67，目的 IP 地址为广播地址 255.255.255.255，目的端口为 68。即

```
Src=192.168.1.1    sPort=67    Dest=255.255.255.255    DPort=68
```

（3）客户端 IP 租约选择阶段：客户端可能收到多个 DHCP 服务器提供的 IP 地址，从收到的第一个响应消息中选中服务器提供的 IP 地址，并向网络中广播一个请求分组，表明自己已经接受了一个 DHCP 服务器提供的 IP 地址，该广播包中包含所接受的 IP 地址和提供此地址的 DHCP 服务器 IP 地址，也告知没有被选中的 DHCP 服务器收回自己预分配的 IP 地址。此请求分组的源 IP 地址为 0.0.0.0，源端口 68，目的 IP 地址为广播地址 255.255.255.255，目的端口为 67。即

```
Src=0.0.0.0    sPort=68    Dest=255.255.255.255    DPort=67
```

（4）服务端 IP 租用确认阶段：被客户机选中的 DHCP 服务器在收到客户端请求广播分组后，广播给客户端一个响应分组，表明已经接受客户机的选择，并将这一 IP 地址的合法租用以及其他配置信息都放入该广播分组发送给客户机。客户机在收到服务器响应分组后，会使用该广播分组中的信息来配置自己的 TCP/IP 地址，租用过程完成。此响应分组的源 IP 地址为服务器 IP 地址 (假设为 192.168.1.1)，源端口 67，目的 IP 地址为广播地址 255.255.255.255，目的端口为 68。即

```
Src=192.168.1.1    sPort=67    Dest=255.255.255.255    DPort=68
```

三、DHCP 服务地址续租

DHCP 服务器分配给客户机的 IP 地址是有使用期限的，只能在一段有限的时间内使用，DHCP 协议称这段时间为租用期。租约将到期时有自动续订和人工续订两种方式。

（1）自动续订：租约期限到一半时，客户机会自动向 DHCP 服务器发送 DHCP 请求分组，如果此 IP 地址继续有效，DHCP 服务器会回应 DHCP 响应分组，完成续约。如果没有完成续约，则租约期限到 3/4 时，再重新发起租约请求，重复上述过程。

（2）人工续订：DHCP 客户端使用 ipconfig /renew 命令重新发起 IP 地址租约请求。

四、DHCP 服务功能和优势

（1）避免人工配置 IP 等参数的错误和冲突。
（2）减轻管理员配置管理负担。
（3）便于对经常移动的计算机和终端进行 TCP/IP 上网参数自动配置。
（4）有助于解决 IP 地址不够用的问题，提供 IP 地址使用效率。

项目实施

项目实施分解为 5 个任务进行，基于 5 个任务使读者掌握配置 DHCP 服务的知识和技能，掌握配置 DHCP 中继代理服务为多个子网分配 IP 地址。

任务一　准备实训环境

具体要求：三台计算机构建实训环境，一台 CentOS 7.9 虚拟机配置为 DHCP 服务器，手动配置 IP 地址等参数；另一台 CentOS 7.9 虚拟机作为客户端，测试能否自动获得 IP 地

址；一台 Windows 10 系统作为客户端，测试能否自动获得 IP 地址，虚拟机通信模式设置为仅主机模式，构建和外网隔离的内部网络，不受其他 DHCP 服务的影响。具体参数规划见表 10-1。

表 10-1 参数规划

角 色	操作系统	IP 地址	通 信 模 式
虚拟机 1：DHCP 服务器	CentOS 7.9	10.0.0.1/24	仅主机模式，连接 VMnet1 网络
虚拟机 2：Linux 客户端	CentOS 7.9	自动获取	仅主机模式，连接 VMnet1 网络
宿主机：Windows 客户端	Windows 10	自动获取	网卡接口 VMnet1 连接 VMnet1 网络

（1）Windows 客户端中启用 VMnet1 虚拟网卡，如图 10-3 所示。使用 VMnet1 虚拟网卡验证能否自动获得 DHCP 服务器分配的 IP 地址。

（2）在 Windows 客户端中通过单击桌面"开始"按钮，在搜索栏中输入"服务"，以"管理员身份运行"（见图 10-4）打开服务管理窗口；找到默认的 DHCP 服务，"停止"该服务，如图 10-5 所示。

图 10-3 启用 VMnet 虚拟网卡

图 10-4 打开 Windows 系统服务管理窗口

图 10-5 停止 VMware 默认的 DHCP 服务

> **提示**：此 DHCP 服务是由于安装 VMware 虚拟机软件自动产生，为确保自己配置的 DHCP 服务器的唯一性，关闭此 DHCP 服务。

（3）设置作为 DHCP 服务器的虚拟机网络通信为仅主机模式。

> **提示**：仅主机通信模式下 DHCP 服务器和客户端构建一个内部网络，与外网隔离，避免外网存在的 DHCP 服务器给客户端也分配 IP 地址，确保自己配置 DHCP 服务器的唯一性。

（4）手动配置 DHCP 服务器 IP 地址，通过编辑网络接口配置文件修改 BOOTPROTO=static 和 ONBOOT=yes 两行，增加两行配置，其他行默认不变。

```
[root@dhcpserver ~]#vim  /etc/sysconfig/network-scripts/ifcfg-ens33
    ......// 省略部分行
    BOOTPROTO=static                // 修改为 static 表示手工设置 IP 地址等参数
    ONBOOT=yes                      // 修改为 yes 表示随系统启动而激活网卡
    IPADDR=10.0.0.1                 // 添加此行设置 IP 地址
    NETMASK=255.255.255.0           // 添加此行设置子网掩码
[root@dhcpserver ~]#systemctl restart network   // 重新启动网络服务
[root@dhcpserver ~]#ip addr show ens33          // 查看网络接口连接配置
    ......// 省略部分行
    link/ether 00:0c:29:e4:a3:2a brd ff:ff:ff:ff:ff:ff
    inet 10.0.0.1/24 brd 10.0.0.255 scope global noprefixroute ens33
    ......// 省略部分行
```

任务二　解读 DHCP 服务安装和主配置文件内容

（1）配置 yum 工具使用环境。具体参考项目八任务一第 2 步。

（2）安装 DHCP 服务软件。

```
[root@dhcpserver ~]# yum -y install dhcp
......// 省略部分行
已安装：
  dhcp.x86_64 12:4.2.5-82.el7.centos
完毕！
```

（3）用 rpm -ql dhcp 命令查看安装 DHCP 服务软件后，产生所有相关文件。表 10-2 列出了配置 DHCP 服务的相关文件及作用。

```
[root@dhcpserver ~]# rpm -ql dhcp      // 查看安装 DHCP 软件包后产生的文件列表信息
```

表 10-2　DHCP 服务相关配置文件及作用

文 件 名	作　　用
/etc/dhcp/dhcpd.conf	主配置文件，可以从 /usr/share/doc/dhcp-4.2.5/dhcpd.conf.sample 样例文件中复制模板内容去修改完成配置
/etc/sysconfig/dhcpd	DHCP 命令参数配置文件，指定启动 DHCP 服务的网络接口设备
/etc/systemd/system/dhcrelay.service	中继代理服务配置文件，可以从 /lib/systemd/system/dhcrelay.service 中复制样本
/var/lib/dhcpd/dhcpd.lease	租约文件，用于记录分配给客户端的 IP 地址、对应的 MAC 地址、租约的起始时间和结束时间等信息，每当发生租约变化时，都会在文件尾添加新的租约记录
/usr/share/doc/dhcp-4.2.5/	存放 DHCP 说明文档的目录

其中，主配置文件为 /etc/dhcp/dhcpd.conf，用 cat 命令打开查阅，发现里面有一行内容 see /usr/share/doc/dhcp*/dhcpd.conf.example，这是主配置文件的样例配置文件，此文件

给出了配置 DHCP 服务的主要参数和典型例子。下面以此样例文件讲解 DHCP 服务配置关键参数、选项和声明的功能。

```
[root@dhcpserver ~]# cat /etc/dhcp/dhcpd.conf
# DHCP Server Configuration file.
#       see /usr/share/doc/dhcp*/dhcpd.conf.example
#       see dhcpd.conf(5) man page
[root@dhcpserver ~]# cat /usr/share/doc/dhcp*/dhcpd.conf.example
                                                              //查看样例文件
```

DHCP 主配置文件 /etc/dhcp/dhcpd.conf 内容分为两部分：全局配置部分和子网配置部分。通常包括参数、选项、声明 3 种类型的配置项。

```
参数 / 选项；                    // 作用范围是整个作用域
…
声明作用域 1 {
    参数 / 选项；                // 这些"参数 / 选项"只影响本作用域
    ……// 省略部分行
}
声明作用域 2 {
    参数 / 选项；
    ……// 省略部分行
}
```

➤ 参数：设置 DHCP 服务分配 IP 地址时对客户端的一些功能和限制，见表 10-3。

表 10-3　相关参数功能

参　　数	作　　用
ddns-update-style interim	定义所支持的 DNS 动态更新类型 (必选)，且放在第一行，其中 "类型" 可取 none/interim/ad-hoc，分别表示不支持动态更新 / 互动更新模式 / 特殊 DNS 更新模式
ignore|allow client-updates	忽略 / 允许客户机更新 DNS 记录
default-lease-time 数字	指定默认租约时间，默认单位为秒
max-lease-time 数字	指定最大租约期限，默认单位为秒
hardware 网卡类型 MAC 地址	指定网卡接口类型和 MAC 地址，常用类型为以太网 (ethernet)，该参数只能用于 host 声明中
fixed-address IP 地址	分配给 DHCP 客户机一个固定 IP 地址，该选项只能用于 host 声明中
server-name 主机名	通知 DHCP 客户机服务器的主机名

➤ 选项：用来配置 DHCP 服务的可选参数，以 option 关键字开头，主要设置给客户端分配的额外参数，不是必需的，见表 10-4。

表 10-4　相关选项作用

选　　项	作　　用
option routers 默认网关	分配给客户机的网关地址或路由 IP 地址
option subnet-mask 子网掩码	为客户端指定子网掩码
option nis-domain " 名称 "	为客户端指定所属的 NIS 域的名称
option domain-name " 域名 "	为客户端指定 DNS 域名扩展名
option domain-name-servers ip 地址 [,ip 地址…]	为客户端指定 DNS 服务器的 IP 地址
option time-offset 偏移差	为客户端指定与格林尼治时间的偏移差

续表

选 项	作 用
option ntp-server IP 地址	为客户端指定网络时间服务器的 IP 地址
option netbios-name-servers IP 地址 [,IP 地址 ,...]	为客户端指定 WINS 服务器的 IP 地址
option netbios-node-type 节点类型	为客户端指定节点类型
option host-name " 主机名 "	为客户端指定主机名
option broadcast-address 广播地址	为客户端指定广播地址
option nis-servers IP 地址	为客户端指定 NIS 域服务器的地址

➢ 声明：用来描述 DHCP 服务器所服务网络的信息，分配给客户端的地址等参数信息，或把一组参数应用到声明中，见表 10-5。

表 10-5　相关声明语句及作用

声 明	作 用
shared-network 名称 {…}	定义超级作用域，设置同一个物理网络可以使用不同子网的 IP 地址，通常用于包含多个 subnet 声明
subnet 网络号 netmask 子网掩码 { 选项 / 参数 ;…}	定义作用域（或 IP 子网）
range dynamic-bootp 起始 IP 终止 IP	定义作用域范围，一个 subnet 中可以有多个 range，但多个 range 所定义 IP 范围不能重复
group {…}	为一组参数提供声明
host 主机名 { 选项 / 参数 ;…}	定义保留地址，通常放在 subnet 声明
shared-network 名称 {…}	定义超级作用域，设置同一个物理网络可以使用不同子网的 IP 地址，通常用于包含多个 subnet 声明

DHCP 主配置文件 /etc/dhcp/dhcpd.conf 的配置模板如下：

```
# 全局配置项，影响所有作用域
参数　值
option　参数　值
……// 省略部分行
// 利用 subnet 定义 DHCP 作用域，一个作用域对应一个子网
 subnet 子网 1　netmask　子网掩码 {
    option routers 默认网关地址 ;
    range [dynamic-bootp] low-address  [high-address]; // 指定分配的 IP 地址范围
    [ 其他可选设置 ]
}
    ……// 省略部分行
 subnet 子网 n　netmask 子网掩码 {
    option routers 默认网关地址 ;
    range [dynamic-bootp] low-address  [high-address];
    [ 其他可选设置 ]
}
   Group{  // 组配置项设置
       host 主机名 1{
           hardware ethernet　网卡物理地址 ;
           对该主机的设置 ;
       }
   }
```

任务三　配置 DHCP 服务为直连子网分配 IP 地址

为直连子网分配IP地址

具体要求：某学校架设 DHCP 服务器，为其中一个机房内计算机分配的 IP 地址范围为 10.0.0.20 ～ 10.0.0.100，子网掩码为 255.255.255.0，默认网关为 10.0.0.254，DNS 服务器 IP 地址为 114.114.114.114，指定网络域名为 afc.edu.cn，默认租约为 3 600 s，最大租约为 7 200 s。

（1）修改 DHCP 服务器的主配置文件 /etc/dhcp/dhcpd.conf。添加部分代码如下：

```
[root@dhcpserver ~]# vim /etc/dhcp/dhcpd.conf
//subnet 定义 DHCP 作用域，对应一个子网，设置分配给客户端的 IP 地址等参数
subnet 10.0.0.0 netmask 255.255.255.0 {
    range 10.0.0.20  10.0.0.100;              //指定可分配的 IP 地址池范围
    option domain-name-servers  114.14.114.114;  //指定分配的 DNS 服务器地址
    option domain-name  "afc.edu.cn";            //指定 DNS 域名扩展名
    option routers  10.0.0.254;                  //指定分配的网关地址
    option broadcast-address 10.0.0.255;         //指定分配的广播地址
    default-lease-time 3600;                     //指定默认租约时间，默认单位秒
    max-lease-time 7200;                         //指定最大租约时间
}
```

（2）启动 DHCP 服务和设置 Firewalld 防火墙放行 DHCP 服务。

```
[root@dhcpserver ~]#dhcpd  -t                        //检查语法有无错误
[root@dhcpserver ~]#systemctl  start dhcpd           //启动 DHCP 服务使配置生效
[root@dhcpserver ~]#systemctl  enable dhcpd          //设置开机自动启动
[root@dhcpserver ~]#firewall-cmd --permanent --add-service=dhcp
                                                     //放行 DHCP 服务
[root@dhcpserver ~]#firewall-cmd  --reload           //加载生效配置
```

（3）设置 Windows 10 客户端 VMnet1 虚拟网卡自动获得 IP 地址等参数，如图 10-6 所示。

图 10-6　设置网卡自动获得地址等参数

（4）通过 Windows 10 客户端图形界面查看 VMnet1 虚拟网卡获得的 IP 地址等连接参数，如图 10-7 所示。

图 10-7　查看自动获得的 IP 地址等参数

（5）通过 Windows 10 客户端打开命令行，用 ipconfig 命令查看 VMnet1 虚拟网卡获得的 IP 地址等参数。

```
C:\Windows\System32>ipconfig /all
    ……// 省略部分行
    以太网适配器 VMware Network Adapter VMnet1:
    连接特定的 DNS 后缀 . . . . . . . . :  afc.edu.cn
    描述. . . . . . . . . . . . . . . :  VMware Virtual Ethernet Adapter for VMnet1
    物理地址. . . . . . . . . . . . . :  00-50-56-C0-00-01    // 网卡物理地址
    ……// 省略部分行
    IPv4 地址 . . . . . . . . . . . . :  10.0.0.20(首选)      // 分配的 IP 地址
    子网掩码  . . . . . . . . . . . . :  255.255.255.0        // 分配的子网掩码
    获得租约的时间  . . . . . . . . . :  2023年9月8日 23:35:59
    租约过期的时间  . . . . . . . . . :  2023年9月9日 0:35:59
    默认网关. . . . . . . . . . . . . :  10.0.0.254           // 分配的网关地址
    DHCP 服务器 . . . . . . . . . . . :  10.0.0.1             //DHCP 服务器地址
    DHCPv6 IAID . . . . . . . . . . . :  83906646
    DHCPv6 客户端 DUID  . . . . . . . :  00-01-00-01-28-64-4B-BD-00-F4-8D-DC-B4-5B
    DNS 服务器  . . . . . . . . . . . :  114.114.114.114      // 分配DNS服务器地址
    TCPIP 上的 NetBIOS  . . . . . . . :  已启用
C:\Windows\System32>ipconfig                // 简单查看获得的 IP 地址信息
C:\Windows\System32>ipconfig /release       // 重新释放 IP 地址等参数
C:\Windows\System32>ipconfig /renew         // 重新获得 IP 地址等参数
```

（6）通过 Linux 客户端验证自动获得的地址。编辑客户端的网卡接口配置文件，将网卡获取 IP 地址的方式改为 dhcp→重启网络服务→查看客户端是否获取了 IP 地址等网络参数。

```
[root@dhcpclient ~]# vi /etc/sysconfig/network-scripts/ifcfg-ens33
```

```
    ……// 省略部分行
    BOOTPROTO=dhcp          // 将网卡获取 IP 地址的方式修改为 dhcp
    ONBOOT=yes
    ……// 省略部分行
[root@dhcpclient ~]# systemctl restart network      // 重启网络服务使新配置的
                                                    // 网卡生效
[root@dhcpclient ~]# ip addr show ens33
    ……// 省略部分行
    inet 10.0.0.21/24 brd 10.0.0.255 scope global noprefixroute dynamic ens33
    ……// 省略部分行
[root@dhcpclient ~]# dhclient -r                    // 重新释放 IP 地址
[root@dhcpclient ~]# dhclient                       // 重新获取 IP 地址
[root@dhcpclient ~]# ip addr show ens33             // 再查看获得的 IP 地址
```

（7）在 DHCP 服务器的租约文件 /var/lib/dhcpd/dhcpd.leases 中，能查看到分配给客户端的 IP 地址和租约时间。

```
[root@dhcpserver yum.repos.d]# cat /var/lib/dhcpd/dhcpd.leases
# The format of this file is documented in the dhcpd.leases(5) manual page.
# This lease file was written by isc-dhcp-4.2.5
lease 10.0.0.20 {
    starts 6 2023/09/09 13:21:58;
    ends 6 2023/09/09 13:46:08;
    tstp 6 2023/09/09 13:46:08;
    cltt 6 2023/09/09 13:21:58;
    binding state free;
    hardware ethernet 00:50:56:c0:00:01;
    uid "\001\000PV\300\000\001";
}
lease 10.0.0.21{
    starts 6 2023/09/09 13:41:38;
    ends 6 2023/09/09 14:41:38;
    ……// 省略部分行
```

任务四　为客户端分配固定 IP 地址

具体要求：为 Windows 10 客户端分配固定 IP 地址 10.0.0.64，为 Linux 客户端分配固定 IP 地址 10.0.0.65。查看两个客户端网卡的物理地址，在 DHCP 服务器中建立客户保留，把分配的固定 IP 地址和客户端网卡 MAC 地址绑定即可。

（1）查看 Windows 10 客户端 VMnet1 网卡接口的物理地址。

```
C:\Windows\System32>ipconfig /all
……// 省略部分行
以太网适配器 VMware Network Adapter VMnet1:
    连接特定的 DNS 后缀 . . . . . . . . : afc.edu.cn
    描述. . . . . . . . . . . . . . . : VMware Virtual Ethernet Adapter
 for VMnet1
    物理地址. . . . . . . . . . . . . : 00-50-56-C0-00-01    // 网卡物理地址
……// 省略部分行
```

（2）查看 Linux 客户端 ens33 网卡的物理地址。

```
[root@dhcpclient ~]# ip addr show ens33
```

```
2: ens33: <BROADCAST,MULTICAST,UP,LOWER_UP> mtu 1500 qdisc pfifo_fast
state UP group default qlen 1000
       link/ether 00:0c:29:c4:6b:5a brd ff:ff:ff:ff:ff:ff
       inet 10.0.0.21/24 brd 10.0.0.255 scope global noprefixroute dynamic ens33
……// 省略部分行
```

（3）编辑 DHCP 服务主配置文件添加配置语句，建立客户保留，设置客户端网卡 MAC 地址和固定 IP 地址的绑定。

```
[root@dhcpserver ~]# vi /etc/dhcp/dhcpd.conf
……// 省略部分行
subnet 10.0.0.0 netmask 255.255.255.0{
    ……// 省略部分行
    host win10{                                    // 使用 host 定义客户保留 win10
        hardware ethernet 00:50:56:c0:00:01;       // 客户端网卡物理地址
        fixed-address 10.0.0.64;                   // 分配给客户端的固定 IP 地址
    }
    host linux{                                    // 使用 host 定义客户保留 linux
        hardware ethernet 00:0c:29:c4:6b:5a;
        fixed-address 10.0.0.65;
    }
}
[root@dhcpserver ~]#dhcpd  -t                      // 检查语法有无错误
[root@dhcpserver ~]#systemctl  restart dhcpd       // 启动 DHCP 服务使配置生效
```

（4）查看 Windows10 客户端 VMnet1 网卡能否获得分配的固定 IP 地址。

```
C:\Windows\System32>ipconfig /release
C:\Windows\System32>ipconfig /renew
C:\Windows\System32>ipconfig
    ……// 省略部分行
    IPv4 地址 . . . . . . . . . . . . : 10.0.0.64
    ……// 省略部分行
```

（5）查看 Linux 客户端网卡接口能否获得分配的固定 IP 地址。

```
[root@dhcpclient ~]# dhclient -r
[root@dhcpclient ~]# dhclient
[root@dhcpclient ~]# ip addr show ens33
  ……// 省略部分行
inet 10.0.0.65/24 brd 10.0.0.255 scope global dynamic ens33
```

提示：DHCP 服务分配地址的工作工程如图 10-8 所示。

图 10-8　DHCP 服务分配地址工作流程

描述如下：

➢ 客户端向 DHCP 服务器发送广播请求消息，申请 IP 地址等参数，请求消息中有客户端网卡的 MAC 地址。

➢DHCP 服务器根据客户端请求消息的 MAC 地址查看客户保留是否为客户端设置了固定 IP 地址。

➢如果为客户端设置了固定 IP 地址，则将该 IP 地址发送给客户端；如果没有设置固定 IP 地址，则将地址池中的一个 IP 地址发送给客户端。

➢客户端收到 DHCP 服务器响应消息后，客户端再次发送消息给服务器，告诉服务器确定使用其分配的 IP 地址。

➢服务器将相关租约信息存入数据库文件，成功完成地址分配。

任务五 配置 DHCP 中继代理服务为多个子网分配 IP 地址

为什么需要 DHCP 中继代理服务？由于 DHCP 客户端与 DHCP 服务器之间是通过广播包的通信方式，来寻找对方并获得 IP 地址等网络参数的，当服务器和客户端处在不同网段或子网时，必须通过路由器或具有路由功能的三层交换机实现连接，但广播包是不能直接穿过路由器或三层交换机的 (即路由器/三层交换机不能转发广播包)。因此，当 DHCP 客户端与 DHCP 服务器之间有路由器时，无法完成 IP 地址的申请和获取。其解决问题的方法有以下 3 种：

为多个子网分配IP地址

（1）在每个子网中分别部署一台 DHCP 服务器，让服务器为各自子网中的客户端分配 IP 地址等网络参数。此方法管理分散且投入成本较大，在实际中很少采用。

（2）在网络中部署一台 DHCP 服务器，在路由器的每个子网接口或三层交换机的每个 VLAN 端口启动 DHCP 中继代理功能。此方法在实际工作中被广泛使用。

（3）在网络中部署一台 DHCP 服务器，在每个子网的 Linux/Windows Server 主机中部署一台 DHCP 中继代理服务器。此方法管理集中但投入成本较大，实际中较少采用。不过由于本书主要讲述 Linux 系统，仍然以该方法为例，介绍使用 RHEL 7/CentOS 7 发行版的主机搭建 DHCP 中继代理的方法。

具体要求：某学校有 300 台实训用的计算机，分布在两个机房。构建 DHCP 服务器、DHCP 中继代理服务，为两个机房的计算机提供动态地址分配服务。其中默认租约时间 21 600 s，最大租约时间 43 200 s，客户端使用的 DNS 服务器地址为 202.102.192.68 和 114.114.114.114。IP 地址范围分别为 192.168.1.10 ~ 192.168.1.160 和 192.168.2.20 ~ 192.168.2.170，子网 1 和子网 2 的默认网关分别为 192.168.1.254、192.168.2.1。具体参数规划见表 10-6。

表 10-6 参数规划

角色	操作系统	IP 地址	连接网络
虚拟机 1：DHCP 服务器	CentOS 7.9	192.168.1.1/24 网关地址：192.168.1.254	ens33 连接 VMnet1 网络
虚拟机 2：DHCP 中继代理	CentOS 7.9	虚拟网卡 ens33：192.168.1.254/24 虚拟网卡 ens36：192.168.2.1/24	ens33 连接 VMnet1 网络 ens36 连接 VMnet2 网络
宿主机：Windows 客户端	Windows 10	虚拟网卡 VMnet1：获得子网 1 地址 虚拟网卡 VMnet2：获得子网 2 地址	vmnet1 连接 VMnet1 网络 vmnet2 连接 VMnet2 网络

任务网络拓扑图：按照图 10-9 所示，使用 VMware 虚拟机管理界面构建实训网络环境，ens33 和 ens36 是虚拟机 Linux 系统识别网卡的设备名，以读者实际环境为准，具体操作

见下面步骤（1）~（4）。

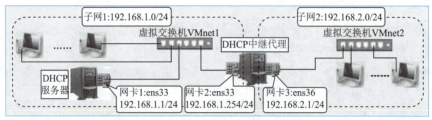

图 10-9　任务网络拓扑图

（1）在 VMware 虚拟机管理界面中，打开要配置 DHCP 中继代理服务的虚拟机设置窗口，按图 10-10 中的提示，添加一块网卡接口，启动 Linux 系统能自动识别所添加的网卡接口设备。

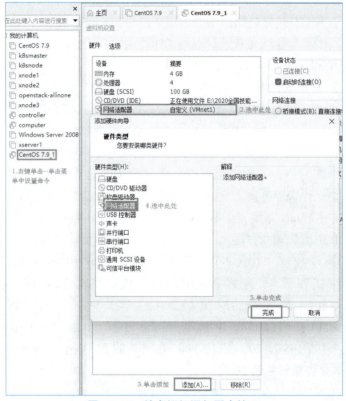

图 10-10　给虚拟机添加网卡接口

（2）通过虚拟机管理界面，通过选择"编辑"命令打开"虚拟网络编辑器"窗口，如图 10-11 所示。通过单击"添加网络"按钮，选择添加虚拟网络 VMnet2。

（3）如图 10-12 提示，分别选中 vmnet1 和 vmnet2 网络，分别设置为"仅主机模式"，取消选中"使用本地 DHCP 服务将 IP 地址分配给虚拟机"单选按钮，并应用设置。此时在宿主机 Windows 10 系统中多出一块虚拟网卡接口 VMnet2。

（4）打开作为 DHCP 服务器的虚拟机设置窗口，设置网卡接口连接自定义虚拟网络 VMnet1，如图 10-13 所示。

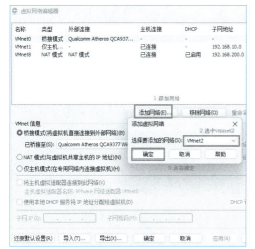
图 10-11　虚拟机管理界面添加网络

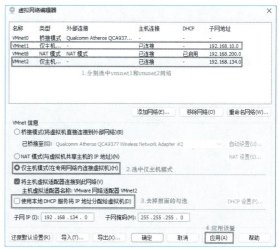
图 10-12　配置网络通信模式

图 10-13　设置 DHCP 服务器网卡连接 VMnet1 网络

（5）设置作为中继代理服务器的虚拟机第一块网卡接口连接自定义网络 VMnet1，添加的第二块网卡接口连接自定义网络 VMnet2，如图 10-14 所示。

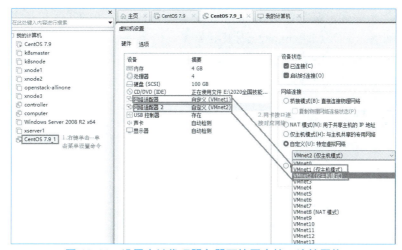
图 10-14　设置中继代理服务器两块网卡接口连接网络

（6）配置 DHCP 服务器网卡接口 IP 地址、子网掩码和网关地址等连接参数。

```
[root@dhcpserver ~]#vim  /etc/sysconfig/network-scripts/ifcfg-ens33
  ……// 省略部分行
  BOOTPROTO=static
  ONBOOT=yes
  IPADDR=192.168.1.1
  NETMASK=255.255.255.0
  GATEWAY=192.168.1.254
[root@dhcpserver ~]#systemctl restart network
[root@dhcpserver ~]#ip addr show ens33
```

（7）配置 DHCP 中继代理服务器两块网卡接口的 IP 地址和子网掩码等连接参数。

```
[root@dhcprelay ~]#vim  /etc/sysconfig/network-scripts/ifcfg-ens33
  ……// 省略部分行
  BOOTPROTO=static
  ONBOOT=yes
  IPADDR=192.168.1.254
  NETMASK=255.255.255.0
[root@dhcprelay ~]#systemctl restart network
[root@dhcprelay ~]#ip addr show ens33
// 配置添加的第二块网卡 IP 地址和子网掩码
[root@dhcprelay ~]#cd  /etc/sysconfig/network-scripts/
[root@dhcprelay ~]#cp  ifcfg-ens33 ifcfg-ens36    // 生成第二块网卡接口配置文件
[root@dhcprelay ~]#vim ifcfg-ens36
  ……// 省略部分行
  NAME=ens36                                       // 修改为 ens36
  UUID=8cb13d11-b21b-4bca-83a9-79bf1474431c        // 修改其中一位值即可，避免冲突
  DEVICE=ens36                                     // 修改为 ens36
  IPADDR=192.168.2.1
  NETMASK=255.255.255.0
[root@dhcprelay ~]#systemctl restart network
[root@dhcprelay ~]#ip addr show ens36
```

（8）配置 DHCP 服务器建立两个作用域，为子网 1（192.168.1.0/24）和子网 2（192.168.2.0/24）中客户端分配 IP 地址等参数。如图 10-9 所示的实验拓扑图，子网 1 即 vmnet1 虚拟网络，子网 2 即 vmnet2 虚拟网络。

```
[root@dhcpserver ~]#mount /dev/cdrom  /mnt
[root@dhcpserver ~]#rpm -ivh  /mnt/Packages/dhcp-4.2.5-82.el7.centos.x86_64.rpm
[root@dhcpserver ~]# vi /etc/dhcp/dhcpd.conf
// 全局配置选项被两个作用域继承
default-lease-time  21600;
max-lease-time  43200;
option domain-name "afc.edu.cn";
option  domain-name-servers  202.102.192.68, 114.114.114.114;
// 建立作用域对应子网 1（192.168.1.0/24）
subnet  192.168.1.0  netmask  255.255.255.0{
    range  192.168.1.10  192.168.1.160;
    option  routers   192.168.1.254;
}
```

```
// 建立作用域对子网 2（192.168.2.0/24）
subnet  192.168.2.0  netmask  255.255.255.0{
    range   192.168.2.20  192.168.2.170;
    option  routers   192.168.2.1;
}
[root@dhcpserver ~]#dhcpd -t
[root@dhcpserver ~]#systemctl restart dhcpd
[root@dhcpserver ~]#systemctl stop firewalld           // 关闭 Firewalld 防火墙
[root@dhcpserver ~]#setenforce 0                       //SElinux 放行服务
```

（9）配置 DHCP 中继代理服务器，通过中继代理功能为子网 2，即 VMnet2 网络中客户端完成地址分配。

```
[root@dhcprelay ~]#mount /dev/cdrom  /mnt
[root@dhcprelay ~]#rpm -ivh  /mnt/Packages/dhcp-4.2.5-82.el7.centos.x86_64.rpm
// 复制中继代理配置文件到指定的目录
[root@dhcprelay ~]#cp /lib/systemd/system/dhcrelay.service  /etc/systemd/system/
[root@dhcprelay ~]#vim /etc/systemd/system/dhcrelay.service// 编辑配置文件
......// 省略部分行
[Service]                                              // 找到此节
Type=notify
// 只需修改此行，指派 DHCP 服务器的 IP 地址以及侦听 DHCP 请求的网络接口
ExecStart=/usr/sbin/dhcrelay -d --no-pid  192.168.1.1 -i ens33 -i ens36
......// 省略部分行
[root@dhcprelay ~]#systemctl restart dhcrelay   // 启动中继代理服务
[root@dhcprelay ~]#systemctl enable  dhcrelay   // 开机自启
[root@dhcprelay ~]# systemctl stop firewalld
[root@dhcprelay ~]# setenforce 0
// 开启 IP 包转发功能
[root@dhcprelay ~]#echo "net.ipv4.ip_forward=1">> /etc/sysctl.conf
[root@dhcprelay ~]#sysctl -p                    // 立即生效
```

（10）验证连接子网 1 的 Windows 10 客户端网卡 VMnet1 获得的 IP 地址。

```
C:\Windows\System32>ipconfig /all
    ......// 省略部分行
以太网适配器 VMware Network Adapter VMnet1:
    连接特定的 DNS 后缀 . . . . . . . : afc.edu.cn
    ......// 省略部分行
    IPv4 地址 . . . . . . . . . . . . : 192.168.1.11(首选)
    子网掩码 . . . . . . . . . . . . : 255.255.255.0
    获得租约的时间 . . . . . . . . . : 2023 年 9 月 10 日 23:41:07
    租约过期的时间 . . . . . . . . . : 2023 年 9 月 11 日 5:41:07
    默认网关. . . . . . . . . . . . . : 192.168.1.254
    DHCP 服务器 . . . . . . . . . . . : 192.168.1.1
    DHCPv6 IAID . . . . . . . . . . . : 83906646
    DHCPv6 客户端 DUID . . . . . . . : 00-01-00-01-28-64-4B-BD-00-F4-8D-DC-B4-5B
    DNS 服务器 . . . . . . . . . . . : 202.102.192.68
                                        114.114.114.114
```

（11）验证连接子网 2 的 Windows 10 客户端网卡 VMnet2 获得的 IP 地址。

```
C:\Windows\System32>ipconfig /all
      ......// 省略部分行
以太网适配器 VMware Network Adapter VMnet2:
   连接特定的 DNS 后缀 . . . . . . . : afc.edu.cn
      ......// 省略部分行
   IPv4 地址 . . . . . . . . . . . . : 192.168.2.20(首选)
   子网掩码  . . . . . . . . . . . . : 255.255.255.0
   获得租约的时间 . . . . . . . . . : 2023 年 9 月 10 日 23:41:32
   租约过期的时间 . . . . . . . . . : 2023 年 9 月 11 日 5:41:32
   默认网关. . . . . . . . . . . . . : 192.168.2.1
   DHCP 服务器 . . . . . . . . . . . : 192.168.1.1
      ......// 省略部分行
   DNS 服务器 . . . . . . . . . . . : 202.102.192.68
                                      114.114.114.114
```

（12）在 DHCP 服务器的租约文件 /var/lib/dhcpd/dhcpd.leases 中，能查看到分配给两个子网中客户端的 IP 地址和租约时间。

```
[root@dhcpserver ~]# cat /var/lib/dhcpd/dhcpd.leases
# The format of this file is documented in the dhcpd.leases(5) manual page.
# This lease file was written by isc-dhcp-4.2.5
lease 192.168.1.11 {
    starts 0 2023/09/10 18:26:59;
    ends 1 2023/09/11 00:26:59;
    cltt 0 2023/09/10 18:26:59;
    binding state active;
    next binding state free;
    rewind binding state free;
    hardware ethernet 00:50:56:c0:00:01;
    uid "\001\000PV\300\000\001";
    client-hostname "DESKTOP-AQ2E5IG";
}
lease 192.168.2.20{
      ......// 省略部分行
```

项目小结

本项目首先讲述了 DHCP 服务的功能和优点，以及 DHCP 服务动态分配地址参数的工作过程，其次分析了中继代理服务解决为多个子网分配地址的工作过程，最后通过实践任务介绍了配置 DHCP 服务为直连子网分配 IP 地址、为客户端分配固定 IP 地址的知识和技能，进一步介绍了 DHCP 中继代理服务的功能和配置。

项目实训

【实训目的】

掌握配置 DHCP 服务为直连子网分配 IP 地址、为客户端分配固定 IP 地址的知识和技能，理解并掌握超级作用域的配置，并通过 Windows 客户端验证 DHCP 服务能否正确分配 IP 地址。

【实训环境】

一人一台 Windows 10 物理机,物理机中安装了 RHEL 7/CentOS 7 的两台 VMware 虚拟机,虚拟机通信模式设置为仅主机模式,其中虚拟机 2 网络通信设置参考本项目任务 5 的(1)~(5)步完成,参数规划见表 10-7。

表 10-7 网络环境参数规划

主 机 名 称	操 作 系 统	IP 地 址	通 信 模 式
虚拟机 1:DHCP 服务器	CentOS 7	192.168.11.11/24	仅主机模式,连接 VMnet1 网络
虚拟机 2:DHCP 服务器两块虚拟网卡	CentOS 7	192.168.8.8/24 192.168.9.8/24	仅主机模式,连接 VMnet1 网络 仅主机模式,连接 VMnet2 网络
宿主机:Windows 客户端有两块虚拟网卡	Windows 10	192.168.16.101/24	网卡 vmnet1 连接 VMnet1 网络; 网卡 vmnet2 连接 VMnet2 网络

【实训内容】

任务一:配置 DHCP 服务器单个作用域,为校内某个机房中的客户机提供 DHCP 服务。具体规划的参数如下:

(1)IP 地址段:192.168.11.101 ~ 192.168.11.200。

(2)子网掩码:255.255.255.0。

(3)网关地址:192.168.11.254。

(4)DNS 服务器:192.168.10.1。

(5)子网所属域的名称:smile60.cn。

(6)默认租用有效期:1 天。

(7)最大租用有效期:3 天。

请写出配置代码,并上机实现。

任务二:配置 DHCP 服务器超级作用域来管理多个作用域。

(1)企业内部建立 DHCP 服务器,为子网 192.168.8.0/24 建立一个作用域,将 192.168.8.20 ~ 192.168.8.100 范围之内的 IP 地址动态分配给客户机,网关地址为 192.168.8.254。

(2)随着企业规模扩大,设备数量增多,现有的一个子网无法满足网络需求,需要增加一个子网 192.168.9.0/24,要求在 DHCP 服务器上建立对应的作用域,将 192.168.9.10 ~ 192.168.9.100 范围之内的 IP 地址动态分配给客户机,网关地址为 192.168.9.254。

(3)两个作用域的默认租用有效期 3 600 s,最大租用有效期 7 200 s,主 DNS 服务器使用 192.168.10.1,备份 DNS 服务器使用国内公用的 114.114.114.114,两个子网所属域的名称为 smile.com。

(4)要求通过超级作用域来建立两个作用域。

课后习题

一、选择题

1. DHCP 是动态主机配置协议的简称,其作用是通过一台服务器管理一个网络系统,自动地为一个网络中的客户端分配(   )地址。

A. 网络　　　　　　B. MAC　　　　　　C. TCP　　　　　　D. IP

2. DHCP 保存租约信息的文件默认在（　　）目录中。

   A. /etc/dhcp　　　　　　　　　　　B. /etc
   C. /var/log/dhcp　　　　　　　　　D. /var/lib/dhcpd

3. 配置完 DHCP 服务器，运行（　　）命令可以启动 DHCP 服务。

   A. systemctl enable dhcpd　　　　　B. systemctl start dhcpd
   C. systemctl status dhcpd　　　　　D. systemctl reload dhcpd

4. DHCP 服务配置中通过客户保留可为客户端分配固定 IP 地址，建立客户保留应该知道客户端的（　　）。

   A. IP 地址　　　　　　　　　　　　B. MAC 地址
   C. IP 地址和 MAC 地址　　　　　　D. IP 地址或 MAC 地址

5. DHCP 服务进程使用的端口号为（　　）。

   A. 67　　　　　B. 68　　　　　C. 69　　　　　D. 70

6. 下列（　　）参数用于定义 DHCP 服务地址池。

   A. subnet　　　　B. range　　　　C. host　　　　D. ignore

7. DHCP 服务器分配给客户端的参数不包括（　　）。

   A. 子网掩码　　　B. 根 DNS 信息　　　C. IP 地址　　　D. 网关地址

8. DHCP 服务器用于向客户端分配固定 IP 地址的关键字（　　）。

   A. MAC-address　　　　　　　　　B. fixed-address
   C. MAC　　　　　　　　　　　　　D. hardware

二、填空题

1. DHCP 工作过程包括_____、_____、_____、_____4 种信息包。

2. 如果 DHCP 客户端无法获得 IP 地址，将自动从_____地址段中选择一个作为自己的地址。

3. 在 Windows 环境下，使用_____命令可以查看 IP 地址配置，释放 IP 地址使用_____命令，续租 IP 地址使用_____命令。

4. DHCP 是一个简化主机 IP 地址分配管理的 TCP/IP 标准协议，英文全称是_____，中文名称是_____。

5. 当客户端注意到它的租用期到了_____以上时，就要更新该租用期。这时它发送一个_____信息包给它所获得原始信息的服务器。当租用期达到期满时间的近_____时，客户端如果在前一次请求中没能更新租用期，它会再次试图更新租用期。

6. 配置 Linux 客户端需要修改网卡配置文件，将 BOOTPROTO 项设置为_____。

三、简答题

1. 简述 DHCP 服务的功能和优点。
2. 简述 DHCP 分配 IP 地址的工作过程。
3. 简述 DHCP 服务器默认的租期为多长时间？如何查看哪些 IP 地址被租用？
4. 简述 DHCP 服务器分配给客户端的 IP 地址类型。

拓展阅读：天眼之父

南仁东，1945年2月19日，出生于吉林辽源市，满族，中国天文学家、中国科学院国家天文台研究员、人民科学家、中国天眼之父。"中国天眼"，简称FAST，坐落于贵州省，用时22年建造，有着500 m口径的球面射电望远镜，在2016年9月25日落地使用。

FAST凝聚了四代科学家的智慧和心血，目前它已经成为地球上最强大的单天线射电望远镜。它不仅体现了国家的综合实力和强大的科技创新能力，而且在一定程度上提高了中国的国际地位。南仁东曾任FAST工程首席科学家兼总工程师，主要研究领域为射电天体物理和射电天文技术与方法，负责国家重大科技基础设施500 m口径球面射电望远镜的科学技术工作。2017年5月，获得全国创新争先奖，2018年党中央、国务院授予南仁东改革先锋称号，颁授改革先锋奖章，2019年9月17日，国家主席习近平签署主席令，授予南仁东"人民科学家"荣誉称号。

1963年，南仁东是吉林省高考理科状元，被清华大学建筑系录取。1977年全国恢复高考制度后，南仁东被中科院的天体物理研究所录取，并获得物理学硕士和博士学位。

1993年，南仁东参加国际无线电科学联盟大会，萌生了建造"中国天眼"的想法，并完成了对"天眼"的基本构思，他放弃国外抛来的橄榄枝，向中科院提交建立500 m口径"超级天眼"的申请，获国家批复立项。南仁东为"天眼"建造选址，从1994年开始，踏遍了贵州的山山水水，通过对几百张卫星遥感图像和3 000多个洼地进行测算与考察之后，经过10年努力，终于找到最理想的台基。

"天眼"项目正式启动后，南仁东每天都奋战在一线，大大小小环节都不错过，生怕出现丝毫问题，他说："天眼如果有一点瑕疵，我们对不起国家，对不起人民。"2016年，"天眼"工程全面竣工。借助"中国天眼"的高灵敏度，国家天文台已经将脉冲星的计时精度提升至世界原有水平的50倍左右，这将会使人类首次具备极低频的纳赫兹引力波的探测力，让我国的天文科学研究领先世界30年。

"天眼"建成一年后，南仁东因肺癌离世，他把一辈子贡献给了"天眼"事业，让中国成为世界上看得最远的国家。2018年，中科院将79694号小行星命名为"南仁东星"。向中国最伟大的科学家南仁东致敬！

项目十一
配置 FTP 服务实现文件传输

知识目标
- 理解 FTP 服务的功能和优点。
- 理解 FTP 服务的工作原理。
- 理解 FTP 服务主配置文件内容。

技能目标
- 掌握 FTP 服务基于匿名用户访问的配置。
- 掌握 FTP 服务基于本地用户身份访问的配置。
- 掌握 FTP 服务基于虚拟用户访问的配置。

素养目标
- 通过配置 FTP 服务安全性培养学生树立谨慎、安全的防范意识。
- 通过拓展阅读培养学生树立预估预防、防患于未然的危机意识。

项目导入

在某学校的校园网升级改造之前,校内用户下载数据和软件资源主要从互联网上下载,不但下载速率受限,也占据了网络出口大量带宽,为了在校园网内为师生提供便捷的资源下载服务,决定在本次校园网升级改造中部署 FTP 服务。

FTP 服务通过 FTP 协议可提供高速站点下载服务,也可用来管理和维护校园网中的网站和文件服务器,用于实现大文件的上传、下载、共享。作为网络运维管理人员掌握 FTP 服务的配置和管理是必备技能之一。

知识准备

一、FTP 服务概述

FTP(file transfer protocol,文件传输协议),是 TCP/IP 协议栈中应用层最重要协议之一,基于 C/S(client/server)工作模式,实现两台计算机之间文件的高速可靠传输,两台计算机分别称为 FTP 服务器和 FTP 客户机,FTP 服务器集中提供和管理资源,客户机可通过 FTP 协议下载服务器的资源。用户经过身份验证满足一定权限时，FTP 客户机也可上传资源到服务器。

FTP 服务器和客户机可以位于不同网络中，使用不同的操作系统，但一般在同一局域网中使用 FTP 服务更高效快速。FTP 服务可以提供高速下载站点，在不同类型计算机之间高速传输文件，组建文件服务器，实现远程网站维护和更新。可通过 ftp://ftp.internic.net/domain/ 站点地址，体会访问和下载 FTP 服务器中的资源。

二、FTP 服务工作原理

FTP 服务采用客户端/服务端模式，FTP 服务端使用两个熟知端口 21 和 20，端口 21 对应的是控制进程，用来和客户端连接进程交互信息建立 TCP 连接，维持连接状态及最后释放 TCP 连接；端口 20 对应的是数据传输进程，用来和客户端数据传输进程进行数据传输，但服务进程也可以用随机端口传输数据。具体通信过程如图 11-1 所示。

图 11-1　FTP 服务通信示意图

（1）FTP 服务器控制进程在 21 端口监听客户端连接请求，FTP 客户连接进程使用临时端口 1028 向 FTP 控制进程发送一个 TCP 连接请求消息。

FTP 控制进程通过端口 21 在负载允许下响应连接请求，返回确认消息给客户端，可靠 TCP 连接建立。

（2）FTP 客户连接进程和 FTP 控制进程维持 TCP 会话连接。

（3）FTP 客户数据传输进程通过临时端口 1032 和 FTP 服务端数据传输进程端口 20 建立数据传输连接，并通过数据通道传输数据。

（4）数据传输结束，释放数据传输连接通道。

（5）最后释放 TCP 会话连接。

三、FTP 服务的主动模式和被动模式

FTP 是一个比较特殊的服务，使用传输层可靠 TCP 协议建立 FTP 客户端和服务端通信的控制连接通道和数据传输通道，同时 FTP 服务端使用 21 和 20 两个端口，21 端口标识服务端控制连接进程，控制通道传输客户端向服务器端发送的操作命令和服务器返回的应答信息；20 端口表示服务端数据传输进程，数据通道传输服务端和客户端的文件和文件列表数据。但 FTP 服务对数据传输是否使用 20 端口根据服务器和客户机网络部署和安全规划具有可选性，所有 FTP 协议有两种工作方式：主动方式和被动方式。

主动方式是指在控制通道建立后，客户端向服务器端发送 PORT（IP Addr,N1,N2）命令，其中 IP Addr 表示客户机 IP 地址，N1 和 N2 参数告诉服务端传输数据客户端使用的临时端口号为表达式 N1×256+N2 的值，设为 Pc。服务端在传输数据时使用 20 端口主动发起到客

户端 PC 端口的数据连接，完成数据传输，服务器在数据通道建立时处于主动方式。

被动方式又称 PASV 方式，是指在控制通道建立后，客户端向服务端发送 PASV 命令，宣告下面数据传输进入被动方式，服务器收到 PASV 命令，返回的响应信息为 entering passive mode（IP Addr，N1，N2），其中 IP Addr 表示服务器 IP 地址，N1 和 N2 参数告诉客户端传输数据服务端使用的临时端口号为表达式 N1×256+N2 的值，设为 Ps。客户端在传输数据时用操作系统临时分配的大于 1024 端口号主动发起到服务器端 Ps 端口的数据连接，完成数据传输，服务器在数据通道建立时处于被动方式。

两种模式传输数据时服务端使用的端口不同，主动方式开启服务器的 21 和 20 端口，而被动方式需要开启服务器所有大于 1024 端口号的 TCP 高端口和 21 端口。

（1）主动方式适合部署在内网的 FTP 服务器对外网提供服务，因为内网出口处安装的防火墙一般会屏蔽外网客户机主动发起到服务器的数据连接请求，而不会屏蔽服务器发起到外网的连接请求。外网客户机通过主动方式下的 port 命令，把传输数据端口通知服务器，客户机在此端口监听，等待内网 FTP 服务器从 20 端口主动发起到外网的数据连接请求完成数据传输通道建立。

（2）被动方式适合内网客户机主动访问外网的 FTP 服务器，因为内网出口处安装的防火墙或客户机自己安装的防火墙会屏蔽外网 FTP 服务器主动发起到内网或客户机的数据连接请求。内网客户机通过发送 pasv 命令到服务器，服务器通过应答信息把数据传输的高端口通知客户机，服务器在此端口监听，客户机主动发起从内网到外网 FTP 服务器高端口的数据连接请求完成数据传输通道建立。

（3）从网络安全的角度分析，通过主动方式使用知名端口 20 进行传输数据，黑客容易使用一些抓包工具窃取 FTP 数据，获得数据中的敏感信息，造成安全威胁，因此使用 PASV 方式来架设 FTP 服务器是比较安全的选择。但 PASV 方式需要开启服务器大于 1024 的所有 TCP 高端口，对服务器来说存在安全隐患。可通过防火墙的状态检测功能，检测到客户端连接 FTP 服务器的 21 端口，就允许数据传输进程使用 FTP 服务高端口，其他方式是无法打开到 FTP 服务高端口的通道。通过状态检测防火墙就可以保证 FTP 服务高端口只对 FTP 服务开放。

四、FTP 服务配置准备知识

如图 11-2 所示，FTP 服务系统由服务器软件、客户端软件和 FTP 通信协议三部分组成。服务端软件主要有基于 Windows 服务器自带的 IIS(Internet information server) 服务组件和基于 Linux 系统 vsftpd 软件实现 FTP 服务。访问 FTP 服务的客户端软件有 DOS 命令行、浏览器、资源管理器等。

图 11-2　FTP 服务系统组成

项目十一　配置 FTP 服务实现文件传输 213

vsftpd 软件是基于 GPL 发布基于 Linux/UNIX 系统的 FTP 服务器软件，是一个完全免费的、开放源代码的 FTP 服务器软件，支持很多其他的 FTP 服务器所不支持的特征，具有非常高的安全性需求、效率高、带宽限制、良好的可伸缩性、可创建虚拟用户、支持 IPv6、速率高等。

vsftpd 软件实现文件的传输模式有文本模式和二进制模式。文本模式在传输文件时使用 ASCII 字符序列传输数据，只适合传输用 HTML 和文本编辑器编写的文件。二进制模式以二进制序列传输数据，适合传输程序、压缩包、图片等文件。FTP 服务端和 FTP 客户端软件能自动识别文件类型，并采用相应的传输模式。vsftpd 软件实现 FTP 服务的用户访问类型分为 3 种：

（1）匿名用户：即客户端匿名访问 FTP 服务，默认用户名为 anonymous 或 ftp，密码默认为 guest。

（2）本地用户：即客户端访问 FTP 服务时，输入的用户名、密码等信息基于服务端的 /etc/passwd、/etc/shadow 文件进行身份验证。

（3）虚拟用户：在 FTP 服务端建立独立的认证文件保存用户名和密码中，客户端访问 FTP 服务时输入的用户名和密码基于服务端建立的独立认证文件来进行身份验证，与系统用户信息完全分离，系统安全性进一步提高。

项目实施

项目实施分解为 8 个任务进行，基于 8 个任务使读者掌握配置 FTP 服务的知识和技能，重点掌握基于匿名用户、本地用户和虚拟用户访问 FTP 服务的配置。

任务一　准备实训环境

具体要求：两台计算机构建实训环境。一台 CentOS 7.9 虚拟机配置为 FTP 服务器；一台 Windows 10 系统作为客户端，测试能否访问 FTP 服务器；虚拟机通信模式设置 Nat 模式，手动配置 IP 地址等参数，见表 11-1。

表 11-1　参数规划

角　　色	操 作 系 统	IP 地　址	通　信　模　式
虚拟机 1：FTP 服务器	CentOS 7.9	192.168.200.11/24	Nat 通信模式，连接 VMnet8 网络
宿主机：Windows 客户端	Windows 10	192.168.200.10/24	网卡接口 VMnet8 连接 VMnet8 网络

（1）设置网络通信和配置 IP 地址，具体参考项目八任务一的第 1 步。
（2）配置 yum 工具使用环境，具体参考项目八任务一的第 2 步。

任务二　安装和启动 vsftpd 服务包

（1）vsftpd 软件包的安装。观察安装成功提示信息，操作如下：

```
[root@ftpserver ~]# rpm -qa | grep vsftpd              //查询是否安装 vsftpd 包
[root@ftpserver ~]# yum -y install vsftpd
……// 省略部分安装信息
已安装：
  vsftpd.x86_64 0:3.0.2-28.el7
完毕！
```

（2）启动 FTP 服务和设置下次开机自启。

```
[root@ftpserver ~]# systemctl start vsftpd
[root@ftpserver ~]# systemctl enable vsftpd
```

（3）关闭 Firewalld 防火墙，设置 SELinux 安全子系统放行所有访问。

```
[root@ftpserver ~]# systemctl stop firewalld
 //或设置firewalld防火墙允许客户端访问FTP服务
[root@ftpserver ~]# firewall-cmd --permanent --add-service=ftp
success
[root@ftpserver ~]# firewall-cmd --reload
Success
[root@ftpserver ~]# setenforce 0
```

任务三　验证匿名用户访问 FTP 站点默认主目录

（1）使用 Windows 系统的资源管理器匿名访问 FTP 服务。访问成功的效果如图 11-3 所示，匿名用户可访问 FTP 服务器默认主目录 /var/ftp/ 中的资源，pub 是默认下载资源目录。匿名用户对主目录访问权限只能读取，对主目录没有写入权限。

（2）使用 Windows 系统的 DOS 命令行窗口匿名访问 FTP 服务。如图 11-4 所示，打开 Windows 系统的命令行，使用命令验证匿名访问 FTP 服务。匿名访问 FTP 服务不需要进行身份验证，但默认匿名用户名为 ftp 或 anonymous，密码默认为 guest。

图 11-3　匿名访问默认主目录

图 11-4　打开 DOS 命令行窗口

```
//windows客户端DOS命令行访问FTP服务操作
C:\Windows\System32>ftp 192.168.200.11
连接到 192.168.200.11。
220 (vsFTPd 3.0.2)
200 Always in UTF8 mode.
用户 (192.168.200.11:(none)): ftp    //输入用户名,此处ftp代表匿名用户
331 Please specify the password.
密码：                               // 输入用户密码,匿名用户的密码为空或guest
230 Login successful.                // 匿名访问登录成功
ftp> dir                             // 显示FTP服务器默认主目录下的文件列表
200 PORT command successful. Consider using PASV.
150 Here comes the directory listing.
drwxr-xr-x    2 0        0              6 Oct 13  2020 pub
226 Directory send OK.
```

```
ftp: 收到 64 字节，用时 0.00 秒 64.00 千字节/秒。
ftp> mkdir test            //在 FTP 服务器主目录下创建子目录
550 Permission denied.     //权限被拒绝，表明匿名用户在默认主目录下没有写入权限
ftp> help                  //查看 dos 命令行操作 FTP 服务可使用的命令
命令可能是缩写的。命令为：
!            delete         literal        prompt         send
?            debug          ls             put            status
......//省略部分
ftp> bye                   //退出访问 FTP 服务
221 Goodbye.
```

任务四　解读 FTP 服务主配置文件

主配置文件 vsftpd.conf 常用配置选项及功能说明见表 11-2。

表 11-2　常用配置选项及功能说明

类　别	配置选项和默认值	功　能　说　明
匿名用户访问配置选项	anonymous_enable=YES	设置是否允许匿名用户登录 FTP 服务器，默认值为 YES
	anon_world_readable_only=YES	设置是否只允许匿名用户下载可阅读文档。YES，只允许匿名用户下载可阅读的文件；NO，允许匿名用户浏览整个服务器的文件系统。默认值为 YES
	#anon_upload_enable=YES	在 write_enable=YES 时，是否允许匿名用户上传文件，而且匿名用户对相应的目录必须有写权限，默认为 NO
	#anon_mkdir_write_enable=YES	在 write_enable=YES 时，是否允许匿名用户创建目录，且匿名用户对上层目录有写入的权限，默认为 NO
	ftp_username=ftp	定义匿名用户的名称，默认值为 ftp，文件中默认无此项
	anon_root=/var/ftp	设置匿名用户的根目录，即匿名用户登录后所在的目录，默认值为 /var/ftp/，文件中默认无此项
	anon_max_rate=0	设置匿名用户的最大传输速率 (0 表示不限制)，单位为 B/s
	anon_umask=022	匿名用户所上传文件的默认权限掩码值，对应目录权限为 755(777-022 = 755)，文件权限为 644(666-022=644)
本地用户访问配置选项	local_enable=YES	设置是否允许本地用户登录 FTP 服务器，默认为 YES
	local_umask=022	本地用户上传文件的默认权限掩码值
	local_root=/var/ftp	设置本地用户登录后所在目录 (默认为用户家目录，如 user1 用户为 /home/user1)
	local_max_rate=0	设置本地用户的最大传输速率 (0 表示不限制)，单位为 B/s
	#chroot_local_user=YES	是否将本地用户锁定在宿主目录中
	#chroot_list_enable=YES	是否启用 chroot_list_file 配置项指定的用户列表文件
	#chroot_list_file=/etc/vsftpd/chroot_list	文件 /etc/vsftpd/chroot_list 需自己建立，当 chroot_list_enable=YES 时，列入其中的用户登录后，被锁定在宿主目录中
	write_enable=YES	设置是否允许本地用户具有写权限
全局配置选项	listen_port=21	设置控制连接的监听端口号，默认为 21
	max_clients= 数字	设置允许同时访问 vsftpd 服务的客户端最大连接数，默认为 0，表示不受限制
	max_per_ip= 数字	设置每个 IP 地址允许与 FTP 服务器同时建立连接的数目，防止同一个用户建立太多的连接，默认为 0，不受限制，只有在以 standalone 模式运行时才有效
	userlist_enable=YES	设置 /etc/vsftpd/user_list 文件是否启用生效，要建立此认证文件
	userlist_deny=YES	设置 /etc/vsftpd/user_list 文件中的用户是否允许访问 FTP 服务器。若为 YES，则 /etc/vsftpd/user_list 文件中的用户将不允许访问；若为 NO，则只有 vsftpd.user_list 文件中的用户，才能访问

续表

类别	配置选项和默认值	功 能 说 明
全局配置选项	listen_address=IP 地址	设置在指定的 IP 地址上侦听用户的 FTP 请求，若不设置，则对服务器所绑定的所有 IP 地址进行侦听，只在以 standalone(独立) 模式运行时才有效
	listen=NO listen_ipv6=YES	设置 vsftpd 是否以独立运行方式启动，设置为 NO 时以 xinetd 方式启动（xinetd 是管理守护进程的，将服务集中管理，可以减少大量服务的资源消耗）
	connect_from_port_20=YES	控制以 PORT 模式进行数据传输时服务器端是否使用 20 端口
	pasv_enable=YES	是否开启被动(PASV)工作模式；若设置为 NO，使用主动(PORT)模式。默认为 YES，即使用 PASV 模式，如果客户机在防火墙后(外网用户访问)，应设为 YES
	#ascii_upload_enable=YES	是否使用 ascii 码方式上传文件，默认为 NO
	#ascii_download_enable=YES	是否使用 ascii 码方式下载文件，默认为 NO
	virtual_use_local_privs= NO	当为 YES 时，虚拟用户使用与本地用户相同的权限；当为 NO 时，虚拟用户使用与匿名用户相同的权限，默认为 NO

任务五　改变匿名用户访问 FTP 站点的主目录

具体要求：搭建一台功能简单的 FTP 服务器，允许所有师生员工使用匿名用户身份下载指定主目录 /opt/test 中的文件，对目录不能有写入权限。

（1）建立匿名用户访问的主目录为 /opt/test，并在此主目录下建立测试文件 anon_test.txt 和测试子目录 mydir。

```
[root@ftpserver ~]# mkdir /opt/test
[root@ftpserver ~]# echo my test file > /opt/test/anon_test.txt
[root@ftpserver ~]# mkdir /opt/test/mydir
```

（2）在虚拟机 CentOS 7.9 系统打开 FTP 服务主配置文件，编辑此文件允许匿名用户访问指定目录。

```
[root@ftpserver ~]# vim /etc/vsftpd/vsftpd.conf
  anonymous_enable=YES        //查找此行已有，表示允许匿名用户访问
  anon_root= /opt/test        //添加此行：设置匿名用户登录访问的主目录
[root@ftpserver ~]# systemctl restart vsftpd              //重启 FTP 服务
```

（3）Windows 客户端验证匿名用户访问。如图 11-5 所示，匿名用户访问可读取主目录中的测试文件，但对主目录没有写入权限，如图 11-6 所示。

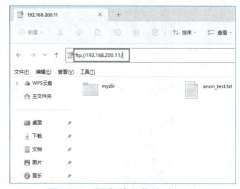

图 11-5　匿名访问指定主目录

图 11-6　匿名访问默认没有写入权限

任务六　配置本地用户身份访问 FTP 站点

配置本地用户访问FTP站点

具体要求：扩展学校 FTP 服务器的功能，使其能维护学校的 Web 网站，包括上传文件、创建目录、更新网页等。学校指派特定用户 (zhang) 予以维护，zhang 登录 FTP 服务器后直接进入 Web 网站的主目录 /var/www/aftvc 进行站点维护。

（1）在 FTP 服务器建立网站对应的主目录和测试文件。

```
[root@ftpserver ~]# mkdir -p /var/www/aftvc
[root@ftpserver ~]# echo "www.aftvc.edu.cn's web" > /var/www/aftvc/local_ftp.txt
```

（2）在 FTP 服务器上建立本地用户 zhang，对主目录有写入权限。

```
[root@ftpserver ~]# useradd  zhang
[root@ftpserver ~]# passwd zhang
[root@ftpserver ~]# chown -R zhang /var/www/aftvc/
[root@ftpserver ~]# ll -d /var/www/aftvc/
drwxr-xr-x. 2 zhang root 27 8月  16 04:15 /var/www/aftvc/
```

（3）打开 FTP 服务主配置文件，编辑此文件允许以本地用户 zhang 登录访问 FTP 服务器，并设置对主目录 /var/www/aftvc 有写入权限。

```
[root@ftpserver ~]# vim /etc/vsftpd/vsftpd.conf
// 查找以下各行并修改之，其他配置行保持默认
local_enable=YES                    // 默认已有：允许本地用户登录
local_root=/var/www/aftvc           // 添加此行：设置以本地用户登录访问的主目录
write_enable=YES                    // 默认已有：设置允许写入权限
[root@ftpserver ~]# systemctl restart vsftpd
```

提示：实现本地用户访问主目录有写入权限，除了在主配置文件中添加语句 write_enable=YES 设置对 FTP 站点主目录有写入权限外，还需要通过第 2 步中执行命令 #chown -R zhang /var/www/aftvc/ 实现 zhang 对主目录的系统权限有写入权限，即本地用户最终对主目录的访问权限为 ftp 站点权限和系统权限的交集，即取两者的最小权限。

（4）如图 11-7 所示通过 Windows 客户端资源管理器输入访问地址，验证以本地用户 zhang 身份访问 FTP 服务成功。

图 11-7　本地用户访问 FTP 服务

（5）打开 windows 系统 DOS 命令行，使用 DOS 命令验证本地用户访问 FTP 站点主目录有写入权限，包括上传文件和在主目录中新建子目录是否成功。

```
C:\Windows\System32>ftp 192.168.200.11
连接到 192.168.200.11。
220 (vsFTPd 3.0.2)
200 Always in UTF8 mode.
用户 (192.168.200.11:(none)): zhang          // 输入登录用户名
331 Please specify the password.
密码：                                        // 输入登录密码
230 Login successful.                         // 提示登录成功
ftp> ls                                       // 显示主目录下文件名列表
200 PORT command successful. Consider using PASV.
150 Here comes the directory listing.
local_ftp.txt
226 Directory send OK.
ftp: 收到 18 字节，用时 0.00 秒 18000.00 千字节/秒。
ftp> get local_ftp.txt                        // 使用 get 命令下载文件
200 PORT command successful. Consider using PASV.
150 Opening BINARY mode data connection for local_ftp.txt (23 bytes).
226 Transfer complete.
ftp: 收到 23 字节，用时 0.00 秒 23000.00 千字节/秒。
ftp> put local_ftp.txt aftvc.txt              // 使用 put 命令上传文件并改名
200 PORT command successful. Consider using PASV.
150 Ok to send data.
226 Transfer complete.                        // 上传成功
ftp: 发送 23 字节，用时 0.01 秒 2.30 千字节/秒。
ftp> mkdir mydata                             // 在主目录下新建子目录
257 "/var/www/aftvc/mydata" created           // 创建成功
```

任务七　配置用户访问 FTP 站点不能切换主目录

具体要求：在任务六的基础上，限制用户访问 FTP 站点主不能切换主目录。

视频
限制用户切换主目录

（1）编辑 FTP 服务主配置文件限制列表内用户不能切换目录。

```
[root@ftpserver ~]# vim  /etc/vsftpd/vsftpd.conf
// 查找以下各行并修改，其他配置行保持默认
chroot_local_user=NO          // 去掉 # 号，本地用户访问 FTP 服务都可切换目录
chroot_list_enable=YES        // 去掉 # 号，列表内用户访问 FTP 服务不能切换目录
chroot_list_file=/etc/vsftpd/chroot_list
                              // 去掉 # 号，设置限制用户的列表文件名
allow_writeable_chroot=YES    // 添加此行，被限的本地用户在主目录下有写权限
```

（2）编辑列表文件，添加受限用户，并重启 FTP 服务。

```
[root@ftpserver ~]# vim  /etc/vsftpd/chroot_list
zhang
[root@ftpserver ~]# systemctl  restart  vsftpd
```

（3）客户端通过 DOS 命令行验证列表内用户 zhang 受限不能切换目录。

```
C:\Windows\System32>ftp 192.168.200.11
连接到 192.168.200.11。
220 (vsFTPd 3.0.2)
```

```
200 Always in UTF8 mode.
用户(192.168.200.11:(none)): zhang
331 Please specify the password.
密码:
230 Login successful.
ftp> pwd                                    //查看当前主目录路径
257 "/"
ftp> cd /etc                                //切换到其他目录
550 Failed to change directory.             //提示用户 zhang 切换目录失败
```

(4) FTP 服务器上新建不属于受限列表文件内的用户 wang。

```
[root@ftpserver ~]# useradd wang
[root@ftpserver ~]# passwd wang
```

(5) Windows 客户端通过 DOS 命令行验证不在列表内用户 wang 可以切换目录。

```
C:\Windows\System32>ftp 192.168.200.11
连接到 192.168.200.11。
220 (vsFTPd 3.0.2)
200 Always in UTF8 mode.
用户(192.168.200.11:(none)): wang
331 Please specify the password.
密码:
230 Login successful.
ftp> pwd
257 "/var/www/aftvc"
ftp> cd /etc                                //切换目录
250 Directory successfully changed.         //提示用户 wang 切换目录成功
```

chroot_local_user 和 chroot_list_enable 组合功能见表 11-3。

表 11-3 chroot_local_user 和 chroot_list_enable 组合功能

组 合 项	chroot_local_user=YES	chroot_local_user=NO
chroot_list_enable=YES	chroot_list_file 指定的列表文件内用户访问主目录不被锁定，可切换目录，列表外用户都被锁定	chroot_list_file 指定的列表文件内用户访问FTP 服务主目录被锁定，不能切换，列表外用户不被锁定
chroot_list_enable=NO	chroot_list_file 指定的用户列表无效，所有本地用户都被锁定	chroot_list_file 指定的用户列表无效，所有本地用户都不被锁定

任务八 配置虚拟用户访问 FTP 站点

具体要求：为了学校 FTP 服务器的安全，不直接使用本地用户账户登录访问 FTP 站点，使用虚拟用户验证机制，并对不同虚拟用户设置不同的访问权限。同时，为了保证服务器的整体性能，需要对上传/下载流量进行控制。具体参数见表 11-4。

表 11-4 本地用户和虚拟用户映射信息

本 地 用 户	对应虚拟用户	虚拟用户访问的主目录	访 问 权 限
user1	zhang3	/ftp/aftvc	读取
	li4	/var/www/myweb	读写

视 频

配置虚拟用户访问FTP站点

(1) 创建虚拟用户对应的本地用户，并设置用户对主目录有写权限。

```
[root@ftpserver ~]# useradd -s /sbin/nologin user1
```

```
[root@ftpserver ~]# mkdir -p /ftp/aftvc /var/www/myweb
[root@ftpserver ~]# echo "aftvc in hefei" > /ftp/aftvc/zhang3.txt
[root@ftpserver ~]# echo "my website" > /var/www/myweb/li4.txt
[root@ftpserver ~]# chown user1 /ftp/aftvc/ /var/www/myweb/
[root@ftpserver ~]# ll -d /ftp/aftvc/ /var/www/myweb/
```

（2）创建保存虚拟用户名和密码信息的文件 vusers.txt。

```
[root@ftpserver ~]# vim /etc/vsftpd/vusers.txt
zhang3
12345
li4
12345
```

（3）检查、安装 db_load 转换工具（RHEL7 中已默认安装）→将虚拟用户明文文件 vusers.txt 转化为数据库文件 vusers.db →修改数据库文件访问权限，以防止被非法用户盗取。db_load 命令参数说明：

-T：允许应用程序能够将文本文件转换并载入数据库文件。

-t hash：追加在 -T 选项后，用来指定转译载入的数据库类型，常用类型有 btree、hash、queue 和 recon 等。

-f：用于指定用户名/密码列表文件。

```
[root@ftpserver ~]# cd /etc/vsftpd/
[root@ftpserver vsftpd]# db_load -T -t hash -f vusers.txt vusers.db
[root@ftpserver vsftpd]# file /etc/vsftpd/vusers.db        //查看密码数据文件
/etc/vsftpd/vusers.db: Berkeley DB (Hash, version 9, native byte-order)
[root@ftpserver vsftpd]# chmod 600 /etc/vsftpd/vusers.*
```

（4）建立用户登录时进行身份验证的 PAM 认证文件。为了使服务器能够使用数据库文件对客户端进行身份验证，需要对 PAM(plugable authentication module, 可插拔认证模块) 认证程序的位置、认证方式和认证对象等进行配置。存放 PAM 认证文件的目录为 /etc/pam.d/，此目录下保存了与认证有关的多个配置文件，其中 /etc/pam.d/vsftpd 为 FTP 服务使用的默认 PAM 认证文件，用户可复制该文件后建立自己的 PAM 认证配置文件。

```
[root@ftpserver vsftpd]# cp -p /etc/pam.d/vsftpd /etc/pam.d/vuser.vu
[root@ftpserver vsftpd]# vim /etc/pam.d/vuser.vu
#%PAM-1.0
//在原文件内容前添加两行用于控制虚拟用户的验证配置行
auth       sufficient /lib64/security/pam_userdb.so  db=/etc/vsftpd/vusers
account    sufficient /lib64/security/pam_userdb.so  db=/etc/vsftpd/vusers
//保留以下原文件中所有默认内容（用于控制本地用户的验证配置行）
session    optional   pam_keyinit.so  force revoke
auth       required   pam_listfile.so item=user sense=deny file=/etc/vsftpd/ftpusers onerr=succeed
......// 省略部分
```

（5）修改 vsftpd.conf 主配置文件，添加对虚拟用户的支持，设置符合每个虚拟用户要求的共同配置。

```
[root@ftpserver vsftpd]# vim /etc/vsftpd/vsftpd.conf
local_enable=YES                  //默认已有，使用虚拟用户要启用本地用户
```

项目十一 配置 FTP 服务实现文件传输

```
pam_service_name=vuser.vu        //修改对虚拟用户进行 PAM 认证的文件名为 vuser.vu
guest_enable=YES                 //添加：启用虚拟用户功能，允许虚拟用户登录
guest_username=user1             //添加：指定虚拟用户对应的本地用户
user_config_dir=/etc/vsftpd/vconfig   //添加：指定虚拟用户配置文件存放路径
virtual_use_local_privs=YES      //添加：虚拟用户和本地用户有相同的权限
allow_writeable_chroot=YES       //添加：修复对用户家目录因有写权限而使访问出错
```

（6）为虚拟用户分别建立满足各自要求的专用配置文件。由于多个虚拟用户有不同的访问权限，若使用同一个配置文件则无法实现，需要为每个虚拟用户建立专属的配置文件。为此在 user_config_dir 指定路径下，建立与虚拟用户同名的配置文件，并根据需要添加相应的配置项。

```
[root@ftpserver vsftpd]#mkdir  /etc/vsftpd/vconfig/
[root@ftpserver vsftpd]#vim /etc/vsftpd/vconfig/zhang3
                                 //确保文件名与虚拟用户同名
local_root=/ftp/aftvc/            //指定用户登录以后访问的目录
write_enable=NO                   //禁止写入权限
local_max_rate=500000             //限定传输速率为 500 KB/s
[root@ftpserver vsftpd]# vim /etc/vsftpd/vconfig/li4
                                 //确保文件名与虚拟用户同名
local_root=/var/www/myweb         //指定登录以后的位置
write_enable=YES                  //允许写入
local_max_rate=1000000            //限定传输速率为 1 000 KB/s
```

（7）使用虚拟用户访问 FTP 站点的测试。

➢ 虚拟用户 zhang3 能访问到 /ftp/aftvc 主目录，可以读取文件，但不能上传文件或新建子目录，如图 11-8 所示。

图 11-8　虚拟用户 zhang3 访问 FTP 站点

➢ 虚拟用户 li4 访问到 /var/www/myweb 主目录，可以读取、上传文件，或在主目录中新建子目录，如图 11-9 所示。

图 11-9　虚拟用户 li4 访问 FTP 站点

项目小结

本项目首先讲述了 FTP 服务的功能及工作原理、主动模式和被动模式的特点及区别；其次介绍了 FTP 服务系统组成、vsftpd 软件包的特点和适用的系统；最后通过具体实践任务介绍了基于匿名用户、本地用户和虚拟用户访问 FTP 服务的 3 种主要配置。

项目实训

【实训目的】

掌握基于匿名用户、本地用户和虚拟用户访问 FTP 站点的配置，并能控制用户对主目录的访问权限，通过 Windows 客户端验证对 FTP 站点的访问效果。

【实训环境】

一人一台 Windows 10 物理机，物理机中安装了 RHEL 7/CentOS 7 的两台 VMware 虚拟机，虚拟机通信设置为 NAT 模式，参数规划见表 11-5。

表 11-5 网络环境参数规划

主 机 名 称	操 作 系 统	IP 地址	通 信 模 式
虚拟机 1：FTP 服务器（任务一）	CentOS7	192.168.10.10/24	NAT 模式，连接 VMnet8 网络
虚拟机 2：FTP 服务器（任务二）	CentOS7	192.168.10.11/24	NAT 模式，连接 VMnet8 网络
宿主机：Windows 客户端	Windows10	192.168.10.1/24	网卡 VMnet8 连接 VMnet8 网络

【实训内容】

任务一：在 VMWare 虚拟机中启动一台 Linux 服务器作为 FTP 服务器，在该系统中添加用户 user1 和 user2。

（1）安装了 vsftpd 软件包。

（2）设置匿名用户访问只能下载主目录 /opt/aftvc 中的文件。

（3）利用 /etc/vsftpd/ftpusers 文件设置禁止本地 user1 用户登录 FTP 服务器。

（4）设置本地用户 user2 登录 FTP 服务器之后，在进入 /home/dir 目录时显示提示信息 "welcome to user's dir！"。

（5）设置将所有本地用户访问都锁定在 /home 目录中。

（6）设置只有在 /etc/vsftpd/user_list 文件中指定的本地用户 user1 和 user2 才能访问 FTP 服务器，其他用户都不可以。

任务二：建立仅允许本地用户访问的 FTP 服务器，并完成以下任务。

（1）禁止匿名用户访问。

（2）建立 s1 和 s2 用户账号，对主目录 /home 有读、写权限。

（3）限制 s1 和 s2 用户账号访问 /home 目录资源不能切换目录。

课后习题

一、选择题

1. ftp 命令的参数（ ）可以与指定的机器建立连接。

A．connect　　　　B．close　　　　　C．cdup　　　　　D．open

2．FTP 服务端建立和客户端的控制连接使用的端口是（　　）。

A．21　　　　　　B．23　　　　　　C．25　　　　　　D．20

3．在主动模式下，FTP 服务器利用（　　）端口建立与客户端的数据连接。

A．21　　　　　　B．20　　　　　　C．25　　　　　　D．23

4．使用 vsftpd 的默认配置，匿名用户登录 FTP 服务器访问的目录（　　）。

A．/home/ftp　　　B．/var/ftp　　　　C．/ftp　　　　　D．/opt/ftp

5．禁止客户端登录到 FTP 服务器切换到 FTP 站点主目录以外的其他目录，相关配置语句为（　　）。

A．chroot_local_user=NO　 chroot_list_enable=NO

B．chroot_local_user=YES　chroot_list_enable=NO

C．chroot_local_user=YES　chroot_list_enable=YES

D．chroot_local_user=NO　 chroot_list_enable=YES

6．在 CENTOS 7/RHEL 7 中，重启 vsftpd 服务的命令为（　　）。

A．systemctl vsftp restart　　　　　　B．systemctl restart vsftp

C．systemctl restart vsftpd　　　　　　D．systemctl vsftpd restart

二、填空题

1．FTP 服务就是_____服务，FTP 的英文全称是_____。

2．FTP 服务通过使用一个共同的用户名_____和密码不限的管理策略，让任何用户都以匿名身份很方便地从 FTP 服务器上下载资源。

3．FTP 服务有两种工作模式_____和_____。

4．vsftpd 配置代码 anon_root=/opt/ftp 功能_____，local_root=/var/www/html 功能_____。

三、简答题

1．FTP 站点权限和文件系统权限有何不同？如何进行设置？

2．FTP 服务的主动模式和被动模式有何区别？

3．使用 vsftpd 软件包搭建的 FTP 服务器有哪几种用户类型？

4．FTP 服务的 20 和 21 端口有何区别？

拓展阅读：墨菲定律

如果事情有变坏的可能，不管这种可能性有多小，它总会发生。信息安全如同一个木桶，整个防护体系是否坚固完全取决于短板。因此，即使网络层、操作系统的安全防护已相对完善，但如果真正存放核心信息的数据库系统得不到应有的保护，照样会带来不好的影响。

数据库破坏产生的后果，不仅是机密数据泄露导致商业信誉受损，更多的是导致组织无法正常运转，影响业务运行。

BX 与 WY 公司旗下的某款游戏，就曾因为遭遇数据库故障而最终不得不选择服务器归档——意味着只保留历史归档数据。为什么 BX 与 WY 公司这样的游戏行业领导者，仍会遇到数据库破坏，并且没有进行数据备份这样的事故呢？

一、事件回顾

在某个周六下午，当时没有太多的人在加班。15:20 数据库由于供电意外中断的原因而产生故障，导致数据损坏。

BX 与 WY 的工程师来不及反思数据损坏发生的原因，第一时间着手进行抢修——重启数据库并且尝试恢复数据。看起来问题应该很快就能够解决。但不幸的是，由于相关备份数据库也出现故障，这些尝试均未成功。

BX 与 WY 尝试了各种解决方案仍未能有效解决数据损坏事故。此时，服务器的维护时间也已超过 24 小时。服务中断，用户仍焦急等待，直接收入损失预计达数百万美元。最终不得已通过数据归档——游戏回档的方式让服务器继续运转。事后，BX 与 WY 公司也认为出现这样的事故是不可接受的。

二、事件反思

回过头来看 BX 与 WY 的数据库事故，"周末""停电""数据库故障""备份数据库故障""数据恢复失败"一系列低概率的事件不约而同地在同一时刻发生。是不是认为太匪夷所思了？其实不然。

一开始提到了墨菲定律：如果事情有变坏的可能，不管这种可能性有多小，它总会发生。可以得出这样一个结论：技术风险能够由可能性变为突发性的事实。

项目十二
配置 Apache 部署 Web 服务

知识目标

- 理解 Web 服务相关概念。
- 理解 Web 服务系统的组成及工作原理。
- 了解 Apache 软件包的特点和优势。
- 理解虚拟目录和虚拟主机技术功能。

技能目标

- 掌握使用 Apache 部署 web 主网站。
- 掌握使用虚拟目录配置子网站。
- 掌握使用虚拟主机技术配置基于主机名的多个网站。
- 掌握基于用户和客户端 IP 地址的 Web 站点访问控制。

素养目标

- 通过了解 Web 技术特点结合拓展阅读培养学生开放共享的精神。
- 通过了解 Apache 软件发展历程培养学生精益求精的工匠精神。

项目导入

Web 服务是 Internet 最重要最热门的服务之一，它是信息发布的应用平台，是用户日常在网上查找、浏览信息的主要手段。它使得成千上万的用户通过简单的图形界面就可以访问各个大学、组织、公司等最新信息和各种资源服务。

某学校的校园网已有 Web 服务器，这次升级改为 Linux 网络操作系统平台，使用 Apache 开源软件包部署学校主网站实现宣传和信息发布，使用虚拟目录和虚拟主机技术部署 OA 应用系统、教务管理系统、财务管理系统、图书管理系统、学生信息管理系统等，同时基于用户身份实施访问控制。作为网络运维管理人员掌握 Linux+Apache 服务的配置和管理是必不可少的技能。

知识准备

一、Web 服务概述

Web 服务即 WWW 服务，又称 HTTP 服务，是 Internet 上最基本、最重要的网络服务。Web 服务通过网站运行发布信息，网站是网页或应用程序的有机集合，以集中的方式存储和管理要发布的信息，以页面的形式发布信息供用户通过浏览器或应用程序浏览。它起源于 1989 年 3 月由欧洲量子物理实验室所发展出来的主从结构分布式超媒体系统。到了 1993 年，Web 技术有了突破性的进展，它解决了远程信息服务中的文字显示、数据连接以及图像传递问题，使得 WWW 服务成为 Internet 上最流行的信息发布和传播方式。Web 服务器成为 Internet 上最大的计算机群，Web 文档之多、链接的网络之广，令人难以想象。可以说，WWW 服务为 Internet 的普及迈出了开创性的一步，是近年来 Internet 上取得的最激动人心的成就。

二、Web 系统组成

（1）Web 客户端：其作用是用户通过浏览器，如 IE、Firefox 和 chrome 浏览器等，或专门的客户端应用程序发起访问，以超文本传输协议（hypertext transfer protocol，HTTP）或超文本安全传输协议（HTTP secure，HTTPS）将请求消息发送到网络中的 Web 服务器，并将服务器的响应结果以页面显示出来。

（2）Web 服务端：其基本功能是侦听和响应客户端的 HTTP/HTTPS 请求，通过超文本标记语言（HTML）把信息组织成图文并茂的超文本，并返回页面信息给客户端。Web 服务器搭建网站使用的服务软件有 IIS、Apache、Nginx、Google 等。

（3）Web 服务的通信协议：实现 Web 客户端与 Web 服务器之间建立或关闭连接、传送网页信息的网络协议。主要有 HTTP 和 HTTPS 两种协议，它们是在 Internet 上发布多媒体信息的应用层协议。

（4）网页：静态网页纯粹用 HTML 代码编辑的，页面的内容和显示不会发生更改的、不可交互的网页，其文件的扩展名为 .htm、.html、.shtml、.xml 等；动态网页用脚本或高级语言和数据库等网页编程技术生成的网页，其文件名以 .jsp、.php、.perl、.cgi 等形式为扩展名的动态页面。

（5）应用程序服务模块：读取服务器动态网页中包含的脚本或高级语言编写的程序，并将访问数据库的结果全部转换为相应的 .html 或 .xml 标记符号，并插入到静态网页中。

（6）后台数据库：对动态页面中要处理的数据进行存储和管理，作为网站数据库主要有 MySQL/MariaDB、SQL Server、Oracle 数据库等。

三、Web 服务工作过程

Web 服务使用 B/S（browser/server）模式完成页面信息交互。浏览器进程和 Web 服务进程在通信时使用应用层超文本传输协议 HTTP 的约定和规则完成。在 Internet 上 Web 服务器上存放的都是超文本信息，客户机需要通过 HTTP 协议传输所要访问的超文本信息。它可以使浏览器更加高效，不仅保证计算机正确快速地传输超文本文档，还确定传输文档中的哪一部分，以及哪部分内容首先显示等，如文本先于图形显示。Web 服务工作过程如图 12-1 所示。

图 12-1　Web 服务工作过程

（1）服务端 Web 服务进程在 80 端口监听客户端请求；客户端浏览器向 Web 服务进程发送一个 TCP 连接请求消息，Web 服务进程在负载允许下响应一个连接确认消息，TCP 连接建立，并维持连接。

（2）浏览器发送一个 HTTP 请求消息给 Web 服务进程，请求一个网页资源。

（3）Web 服务进程响应请求，读取指定网站主目录下的网页文件；若服务器读取的是动态网页则通过应用程序服务模块执行其中的程序代码，读取数据库中数据，从而将动态网页转换为静态网页。

（4）服务器将读取或经转换生成的静态页面文件发送给浏览器，浏览器解析静态页面的 HTML 代码并将解析的结果显示出来。

（5）浏览器进程和 Web 服务进程释放建立的 TCP 连接和资源，继续响应其他客户端请求。

四、URL 含义

URL（uniform resource location，统一资源定位符）即访问互联网上一个资源的完整地址。在浏览器地址栏中输入的网址称为 URL，就像每家每户都有一个门牌地址一样，Internet 上的每个网页也都有一个唯一的 Internet 地址。当用户在浏览器的地址框中输入一个 URL 或者单击一个超链接时，URL 就确定了要浏览的地址。URL 可理解为获取一个 Internet 上网页的完整地址，一般由协议、主机完整域名或主机 IP 地址、端口号、网页文件路径及网页文件名等组成。格式可表示为：

协议：// 主机完整域名　或　IP 地址：端口号 / 网页文件路径 / 网页文件名

URL 默认传输协议为 HTTP 或 HTTPS，此协议默认访问端口为 80，同时网站设置了主目录和默认主页文档，所以 URL 书写往往省略了传输协议、端口号、主目录和默认主页文件名，例如简写 URL 为 www.baidu.com。

五、Apache 服务软件简介

Apache HTTP Server（简称 Apache）源于美国伊利诺伊大学香槟分校的国家超级计算机应用中心（NCSA）开发的 NCSAhttpd 服务器，它几乎可以运行在所有广泛使用的计算机平台上，具有跨平台和安全性，是最流行的 Web 服务器端软件之一，市场占有率达 60% 左右。世界上很多著名的网站都是 Apache 的产物，其成功之处主要在于它的源代码开放、有一支开放的开发队伍、支持跨平台应用，几乎可以运行在所有的 UNIX、Windows、Linux 系统平台上、可移植性强等方面。Apache 服务器软件还具有以下特点：

（1）可扩展性：Apache 支持模块化架构，可以通过加载不同的模块来添加功能。这些模块可以提供额外的功能，如 URL 重写、认证和授权、缓存等。

（2）高性能：Apache 被设计为高性能的 Web 服务器，在处理大量并发请求时表现优秀。它具有有效的资源管理和请求处理机制，可以快速响应用户的请求。

（3）安全性：Apache 提供了许多安全功能，如 SSL/TLS 支持、访问控制和日志记录，以确保 Web 站点的安全性。管理员可以配置访问控制规则，限制用户对敏感信息的访问，并监视和记录服务器上的活动。

（4）灵活性：Apache 具有丰富的配置选项，允许管理员根据具体需求进行定制配置。用户可以调整各种参数，如连接数、缓存大小和超时时间等，以优化服务器的性能和资源利用率。

项目实施

项目实施分解为 7 个任务进行，可使读者掌握配置 Web 站点的知识和技能，重点掌握使用虚拟目录、虚拟主机技术配置 Web 网站，配置基于本地用户身份和客户端 IP 地址访问控制的安全网站。

任务一　准备实训环境

具体要求：三台计算机构建实训环境，一台 CentOS 7.9 虚拟机配置 Web 服务器；另一台 CentOS 7.9 虚拟机配置为 DNS 服务器，解析客户端使用主机名访问网站的解析请求；一台 Windows 系统作为客户端，测试 Web 服务配置和 DNS 服务器配置；虚拟机通信模式设置为 Nat 模式，手动配置 IP 地址等参数，见表 12-1。

表 12-1　配置参数

角色	操作系统	IP 地址	通信模式
虚拟机 1：Web 服务器	CentOS 7.9	192.168.200.20	Nat 模式，连接 VMnet8 网络
虚拟机 2：主 DNS 服务器	CentOS 7.9	192.168.200.21	Nat 模式，连接 VMnet8 网络
宿主机：Windows 客户端	Windows 10	192.168.200.1	网卡接口 VMnet8 连接 VMnet8 网络

（1）设置网络通信和配置 IP 地址，具体参考项目八任务一的第 1 步。

（2）配置 yum 工具使用环境，具体参考项目八任务一的第 2 步。

任务二　解读 Apache 服务包安装和主配置文件

（1）安装 Apache 服务包，启动 Apache 服务并查看进程名和端口信息。

```
[root@localhost ~]#hostnamectl set-hostname web
[root@localhost ~]#bash
[root@web ~]#yum -y install httpd
[root@web ~]#systemctl start httpd
[root@web ~]# netstat -anp |grep httpd
tcp6       0      0 :::80                   :::*                    LISTEN      17984/httpd
```

（2）关闭 Firewalld 防火墙和允许 SELinux 安全子系统放行服务，测试访问默认站点。Windows 客户端浏览器地址栏输入 http://192.168.200.20，如图 12-2 所示，如浏览到默认主页则 Web 服务工作正常。

```
[root@web ~]#systemctl stop firewalld
```

```
[root@web ~]#setenforce 0
```

（3）在默认主目录 /var/www/html 下指定新的主页文件并重启 Web 服务，在浏览器地址栏中输入 http://192.168.200.20，便可访问到新的主页，如图 12-3 所示。

```
[root@web ~]#echo '<h3>Welcome to new website!</h3>' > /var/www/html/index.html
[root@web ~]#systemctl  restart  httpd
```

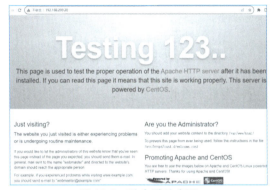

图 12-2　站点默认主页

图 12-3　站点新的主页

（4）Web 服务主配置文件 /etc/httpd/conf/httpd.conf 中主要参数功能解读见表 12-2。

表 12-2　httpd.conf 主配置文件的常用配置参数解读

配 置 参 数	功能说明及默认设置
ServerRoot	设置 httpd 启动后自动将进程的当前目录设置为此参数指定的目录；配置文件中出现的文件或目录相对路径以此参数指定的目录为根目录。默认 ServerRoot 为 /etc/httpd
Listen	设置 Web 服务进程在接口上监听的端口号，多个 Listen 可指定在多个接口上监听的端口，默认设置为 :Listen 80
include 参数	include conf.modules.d/*.conf， include Optional conf.d/*.conf 通过 include 设置主配置文件执行时调用子配置文件的目录路径和匹配的文件名，以 ServerRoot 定义的路径为根目录
User apache Group apache	用于指定在运行 httpd 守护进程对应的用户和组
ServerAdmin	Web 服务器运行时返回给客户端的错误信息中包含的管理员邮箱地址。默认为 ServerAdmin root@localhost
ServerName	设置网站主服务器的完全合格域名，也可以在这里指定 IP 地址。默认为 #ServerName www.example.com:80
DocumentRoot	设置服务器对外发布的网页文档存放的根目录。该目录必须允许访问用户读取和执行，否则客户端无法浏览目录内容。若需要客户端利用 http 协议向该目录中上传内容，则该目录必须允许用户写入。默认为 DocumentRoot "/var/www/html"
DirectoryIndex	用于设置站点默认主页的文件名及搜索顺序，文件名间用空格分隔，前面的文件优先。默认为 Directoryindex index.html
AddDefaultCharset	为发送出的所有页面指定默认的字符集。默认字符集设置为 AddDefaultCharset UTF-8
块标记符号 <>…</>	<Directory " 目录 ">…</Directory>：对指定的目录及子目录实施访控权限制； <IfModule dir_module>…</IfModule>：用于指定目录中默认的索引文件名； <Files " 文件名 ">…</Files>：基于文件名 (可含通配符) 的访问控制
KeepAlive on|off	设置是否保持连接。设为 On 时，表示保持连接，即一次访问完成后，客户端和服务器之间的 TCP 连接不会关闭，如果客户端再次访问这个服务器上的网页，会继续使用这一条已经建立的连接，这样可提高服务器传输文件的效率； 设为 Off 时，表示不保持连接，传输效率较低但这会增加服务器的并发连接数响应更多请求。默认设置为 :KeepAlive Off
MaxKeepAliveRequests	服务器支持的最大持久连接数。当 KeepAlive 为 On 时，该选项用于控制持久连接请求最大数，设置为 0 表示不限制。默认设置为 MaxKeepAliveRequests 100

配置Web静态
主网站

任务三 配置 Web 主网站

具体要求：某学校的校园网升级现有的 Web 服务器，IP 地址为 192.168.200.20，监听端口号为 80，网站发布资源保存在 /opt/test 主目录下，默认主页文件为 afc.html，管理员 E-mail 地址为 admin@afc.edu.cn，Web 服务进程工作目录为 /etc/httpd 目录。

（1）建立网站的主目录和主页测试文件。

```
[root@web ~]# mkdir /opt/test
[root@web ~]# echo "<h3>welcome to visit main website of AFC<h3>" > /opt/test/afc.html
```

（2）修改主配置文件 httpd.conf，在 vim 编辑器的命令模式下输入"/"进入搜索状态，输入关键字找到对应参数，修改参数对应值。

```
[root@web ~]# vim /etc/httpd/conf/httpd.conf
ServerRoot "/etc/httpd "              //31 行：默认值无须修改
Listen 80                             //42 行：默认值无须修改
ServerAdmin   admin@afc.edu.cn        //86 行：设置管理员 E-mail 地址
ServerName 192.168.200.20:80          //95 行：修改 Web 服务器的主机名和监听端口
DocumentRoot  "/opt/test"             //119 行：修改网页文档存放的主目录
DirectoryIndex  afc.html index.html   //164 行：修改添加一个默认主页文档
.......// 省略若干行
/DocumentRoot                         // 在搜索提示符下输入关键字查找对应参数，单击"n"可继续查找
```

（3）主配置文件中任意位置添加以下 5 行或在 DocumentRoot "/opt/test" 语句行下添加 5 行，设置访问用户对网站主目录下资源有读取权限。

```
<Directory "/opt/test">
//Indexes 允许客户端在浏览不到主目录下默认主页时显示主目录下的内容列表
//FollowSymLinks 允许主目录中使用符号连接，以访问其他目录
  Options Indexes FollowSymLinks
AllowOverride None            //.htaccess 文件不允许任何覆盖主配置文件中的设置
Require all granted           // 授权允许所有用户读取主目录资源
</Directory>
```

（4）测试修改主配置文件是否存在语法错误，并重启 httpd 服务。

```
[root@web ~]# apachectl  configtest          // 检测配置文件语法错误
[root@web ~]# systemctl  restart  httpd
```

（5）Windows 客户端浏览器地址栏输入 http://192.168.200.20 测试访问主站点，成功页面如图 12-4 所示。

图 12-4　主站点

任务四 使用虚拟目录配置子网站

虚拟目录是指在 Web 服务器上设置的目录，它不是真实存在的物理目录，而是通过

配置 Web 服务器虚拟目录映射到网站的物理主目录。以下是虚拟目录的一些优势。

➤ 方便灵活管理网站：使用虚拟目录可以更方便、更灵活地移动一个网站对应的物理主目录，只需要更改虚拟目录映射的物理主目录即可，无须更改网站的访问地址。

➤ 节约 IP 地址资源：允许将多个网站建立在一台服务器上，共享服务器的一个 IP 地址，每个网站虚拟目录名称即一个网站的标识，以名称区别不同的网站。

视 频

使用虚拟目录
配置子网站

➤ 提高网站安全性：虚拟目录隐藏掩盖了有关网站物理主目录结构的真实路径信息。因为在浏览器中，客户通过选择"查看源代码"，很容易就能获取页面的文件路径信息。如果在 Web 页中使用物理路径，将暴露有关网站主目录路径和文件的重要信息，容易导致 Web 系统受到攻击。

具体要求：在任务三创建的学校 Web 主网站基础上，通过虚拟目录为"信息工程学院"和"学生处"建立子站点，配置参数见表 12-3。

表 12-3 子网站参数配置

名　　称	子网站标识	物 理 路 径	主 页 文 件	访 问 地 址
学校主网站		/opt/test	afc.html	192.168.200.20
信息工程学院	/xxgc	/opt/xxgc	index.html	192.168.200.20/xxgc
学生处	/xsc	/opt/xsc	index.html	192.168.200.20/xsc

（1）创建子网站对应的物理目录及默认主页文件。

```
[root@web ~]#mkdir /opt/xxgc /opt/xsc
[root@web ~]#echo  "<h3>Welcome to main pages of xxgc<h3> " > /opt/xxgc/index.html
[root@web ~]#echo "<h3>welcome to main pages of xsc<h3>" > /opt/xsc/index.html
```

（2）创建、编辑虚拟目录子配置文件。默认情况下位于 /etc/httpd/conf.d/ 目录下的子配置文件都会被主配置文件调用执行，为此在 /etc/httpd/conf.d/ 下新建子配置文件 vdir.conf 来单独配置虚拟目录。使用 Alias 参数设置虚拟目录映射到子网站的物理目录，虚拟目录名称即子网站的访问标识。

```
[root@web ~]# vim  /etc/httpd/conf.d/vdir.conf
Alias /xxgc  "/opt/xxgc"    // 定义虚拟目录 /xxgc 映射到子网站物理目录 /opt/xxgc
<Directory "/opt/xxgc">
Options  Indexes  FollowSymLinks
AllowOverride  None
Require  all  granted
</Directory>
Alias /xsc "/opt/xsc"       // 定义虚拟目录 /xsc 映射到子网站物理目录 /opt/xsc
<Directory "/opt/xsc">
Options  Indexes  FollowSymLinks
AllowOverride  None
Require  all  granted
</Directory>
[root@web ~]# systemctl  restart  httpd
```

（3）验证 Windows 客户端浏览器访问两个部门子网站的主页，效果如图 12-5 所示。

图 12-5　两个子站点

任务五　使用虚拟主机技术配置多个网站

虚拟主机技术实现在一台服务器上运行多个 Web 站点，实质就是基于主机名、IP 地址或端口 3 个标识区别不同虚拟主机上的站点。

1. 基于主机名的虚拟主机

只需要服务器有一个 IP 地址即可，使用默认端口号 80，所有的虚拟主机共享同一个 IP，各虚拟主机之间通过主机名进行区分。这种方式已经成为建立虚拟主机的标准主流方式。

2. 基于 IP 地址的虚拟主机

需要在服务器上绑定多个 IP 地址，用 IP 地址区别虚拟主机，把多个网站绑定在不同的 IP 地址上，访问服务器上不同的 IP 地址，就可以浏览到不同的网站。

3. 基于端口号的虚拟主机

只需要服务器有一个 IP 地址即可，所有的虚拟主机共享同一个 IP，各虚拟主机之间通过不同的端口号进行区分。在配置基于端口号的虚拟主机时，通过 Listen 语句配置监听的多个端口。

具体要求：在 Web 服务器上建立主机名不同的两个虚拟主机，在不同的虚拟主机上配置两个 Web 应用站点，根据表 12-4 中的配置参数完成任务。

表 12-4　两个网站参数配置

名　称	IP 地址和端口	主机名（访问地址）	站点主目录	默认主页文件
web1	192.168.200.20:80	www1.afc.edu.cn	/var/www/web1	index.html
Web2	192.168.200.20:80	www2.afc.edu.cn	/var/www/web2	

（1）创建两个站点的主目录和默认主页文件。

```
[root@web ~]# mkdir  -p  /var/www/web1  /var/www/web2
[root@web ~]# echo   "<h3>this is www1   website</h3>" > /var/www/web1/index.html
[root@web ~]# echo   "<h3>this is www2   website</h3>" > /var/www/web2/index.html
```

（2）通过复制虚拟主机配置文件的模板文件产生虚拟主机配置文件，使用块标记 <VirtualHost>…</VirtualHost> 定义两个虚拟主机，并在虚拟主机中建立两个站点。

```
[root@web ~]# cp /usr/share/doc/httpd-2.4.6/httpd-vhosts.conf  /etc/httpd/conf.d/
[root@web ~]# vim  /etc/httpd/conf.d/httpd-vhosts.conf
<VirtualHost  192.168.200.20>
    DocumentRoot  /var/www/web1
    ServerName  www1.afc.edu.cn
```

项目十二 配置 Apache 部署 Web 服务   233

```
    </VirtualHost>
    <VirtualHost  192.168.200.20>
        DocumentRoot   /var/www/web2
        ServerName   www2.afc.edu.cn
    </VirtualHost>
[root@web ~]# systemctl   restart   httpd
```

（3）为了实现客户端使用主机名访问两个虚拟主机上的站点，需要对主机名进行解析，可通过以下两种方法实现。

➤ 通过编辑客户机 hosts 文件实现主机名解析。若是 Linux 客户机，则修改 /etc/ 路径下 hosts 文件；若是 Windows 客户机，则修改 c:\WINDOWS\system32\drivers\etc\ 路径下 hosts 文件，添加 IP 地址和主机名映射信息即可。

192.168.200.20   www1.afc.edu.cn   www2.afc.edu.cn

💡 提示：如客户机为 Windows 系统，可能默认限制了 hosts 的修改权限，无法直接修改 hosts 文件的内容，需要在文件安全属性中调整文件操作权限，如图 12-6 所示。

➤ 通过配置一台 DNS 服务器（192.168.200.11）来完成主机名解析，具体参考项目九的任务三，建立 192.168.200.11 和 www1 和 www2 的映射关系，具体过程省略。

（4）通过 Windows 客户机进行测试。在浏览器的地址栏分别输入两个虚拟主机的主机名 www1.afc.edu.cn 和 www2.afc.edu.cn，访问成功效果如图 12-7 所示。

图 12-6　设置对 Windows 的 hosts 文件有修改权限

图 12-7　虚拟主机站点

任务六　配置基于本地用户访问控制的网站

具体要求：使用虚拟目录在学校主网站下建立教师园地子网站，子网站虚拟目录 /jsyd 映射到物理目录 /opt/jsyd，配置其只允许被本地用户 zhang3 和 li4 访问。

配置 Web 站点对客户端的访问控制，使用的配置参数见表 12-5。其中使用 <Directory "目录"> 和 </Directory> 这对语句为主目录或虚拟目录设置用户访问权限时，它们是一对块标记语句，必须成对出现，其中的语句仅对被设置目录及其子目录起作用。

视　频

配置基于本地用户访问网站

表 12-5　Web 网站配置访问控制使用的参数

配　置　参　数	功　能　说　明
AuthName 认证名称	定义认证区域的名称
AuthType Basic | Digest	设置认证方式。Basic 基本方式、Diges 摘要方式

续表

配 置 参 数	功 能 说 明
AuthUserFile	设置用于存放用户账号、密码的认证文件的路径
AuthGroupFile 文件名	设置认证组文件的路径及文件名
Require user 用户名… Require group 组名… Require valid-user Require all granted | denied	授权给指定的一个或多个用户； 授权给指定的一个或多个组； 授权给认证文件中所有用户，开启用户验证机制； 允许或拒绝所有访问
AllowOverride None	表示 .htaccess 文件中的所有指令都会被忽略，即不允许任何覆盖主配置文件中的设置
AllowOverride All	示允许 .htaccess 文件中的所有指令都可以覆盖主配置文件中的设置
Order ① Order Allow Deny ② Order Deny Allow	设置 Apache 默认访问权限及允许和拒绝语句的顺序。 ①先允许后拒绝，默认拒绝所有未被允许的客户端地址 ②先拒绝后允许，默认允许所有未被拒绝的客户端地址
Allow|Deny from 地址 1 地址 2…	设置允许或拒绝的客户端地址，地址形式可以是主机名、域名、IP 地址、网络地址和 all(任意地址)
Options 选项值	Indexes：允许目录浏览。当客户仅指定要访问的目录，但没有指定要访问目录下的哪个文件，而且目录下不存在默认文档（如 index.html）时，浏览器会显示所设目录下的文件和子目录（虚拟目录除外）
	FollowSymLinks：可以在该目录中使用符号连接，以访问其他目录

（1）使用 htpasswd 工具创建 zhang3 用户，并保存在 .teacherwd 文件中。

```
[root@web ~]# htpasswd  -c /etc/httpd/.teacherwd  zhang3
New password:                              //输入用户密码
Re-type new password:                      //确认密码
Adding password for user zhang3
[root@web ~]# htpasswd  /etc/httpd/.teacherwd  li4    //继续添加用户
[root@web ~]# cat  /etc/httpd/.teacherwd   //显示所创建的用户名及密码
```

提示：htpasswd 命令中的"-c"选项表示无论认证文件是否存在，都重新写入文件并删除文件中原有的内容，因此向认证文件中添加第二个用户时，就不要再使用"-c"选项。若要修改 zhang3 用户的密码，可使用"htpasswd -m .teacherwd zhang3"命令实现。

（2）创建子网站的主目录及默认主页文件。

```
[root@web ~]# mkdir /opt/jsyd
[root@web ~]# echo  "<h3>Welcome to visit 教师园地</h3>" > /opt/jsyd/index.html
```

（3）设置站点虚拟目录映射到物理目录，设置用户访问站点的身份验证方式及认证使用的文件，重新启动 httpd 服务。

```
[root@web ~]# vim  /etc/httpd/conf/httpd.conf
……// 在文件末尾添加以下各行：
Alias  /jsyd  "/opt/jsyd"      // 定义站点虚拟目录/jsyd 并映射到主目录/opt/jsyd
<Directory  "/opt/jsyd/">
    AuthType  Basic                      // 设置为基本身份验证
    AuthName  "please input username:"   // 设置认证区域名称
    AuthUserFile  /etc/httpd/.teacherwd  // 使用 .teacherwd 文件作为用户认证依据
    Require  valid-user                  // 开启用户身份验证机制
</Directory>
[root@web ~]# systemctl  restart  httpd
```

（4）在客户端浏览器的地址栏中输入 http://192.168.200.20/jsyd，打开如图 12-8 所示的登录界面，提示输入有效的用户名和密码。

任务七　配置基于客户端 IP 地址访问控制的网站

具体要求：针对建立的教师园地子网站 /jsyd，配置除了 192.168.200.12 的客户机禁止访问，其他客户机都允许访问。

（1）编辑主配置文件 httpd.conf，在任务六基础上修改配置如下，重新启动 httpd 服务。

```
[root@web ~]# vim  /etc/httpd/conf.d/vdir.conf
Alias  /jsyd  "/opt/jsyd"
<Directory  "/opt/jsyd">
   AuthType  Basic
   AuthName  "please input username:"
   AuthUserFile  /etc/httpd/.teacherwd
   <RequireAll>
       Require  valid-user
       Require  not  ip 192.168.200.12       //禁止此IP地址的客户机访问
   </RequireAll>
</Directory>
 [root@web ~]# systemctl  restart  httpd
```

（2）在 Windows 客户端先后配置 IP 地址为 192.168.200.2 和 192.168.200.12，启动浏览器在地址栏键入 http:192.168.200.20/jsyd，观察前后两次访问页面能否成功，客户端 IP 地址为 192.168.200.12 的访问效果如图 12-9 所示。

图 12-8　访问站点的用户身份验证

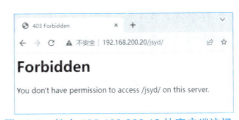

图 12-9　禁止 192.168.200.12 的客户端访问

项目小结

本项目讲述了 Web 服务相关的概念、Web 服务系统的组成部分及工作原理，以及 Apache 软件包的特点和优势。通过具体实践任务介绍了 Apache 服务器配置和管理；虚拟目录的配置方法和过程；基于域名、IP 地址和端口号的虚拟主机的配置方法，基于用户和客户机 IP 地址的访问控制等。

项目实训

【实训目的】

掌握通过 Aapche 配置主网站、使用虚拟目录配置子网站、虚拟主机技术配置多个网站的知识和技能，以及基于本地用户身份和客户机 IP 地址配置对网站的访问控制。

【实训环境】

一人一台 Windows 10 物理机，物理机中安装了 RHEL 7/CentOS 7 的两台 VMware 虚拟机，虚拟机通信设置为 NAT 模式，参数设置见表 12-6。

表 12-6 网络环境参数设置

主 机 名 称	操 作 系 统	IP 地址	通 信 模 式
虚拟机 1：Web 服务器	Centos 7	192.168.200.10/24	NAT 模式，连接 VMnet8 网络
虚拟机 2：DNS 服务器	Centos7	192.168.200.11/24	NAT 模式，连接 VMnet8 网络
宿主机：Windows 客户端	Windows 10	192.168.200.1/24	网卡 VMnet8 连接 VMnet8 网络

【实训内容】

任务一：建立 Web 服务器主网站并完成以下基本设置。

（1）设置主目录的路径为 /opt/web。

（2）设置首页名称为 test.html。

（3）设置客户端连接超时时间为 240 s。

（4）设置客户端连接数为 500。

（5）设置默认字符集为 GB2312。

（6）设置管理员 E-mail 地址为 root@afc.edu.cn。

任务二：在 Web 服务器中建立一个名为 private 的虚拟目录，其对应的物理路径是 /usr/local/private，并配置 Web 服务器对该虚拟目录启用用户认证，只允许用户名为 abc 和 xyz 的用户访问。

任务三：在 Web 服务器中建立一个名为 test 的虚拟目录，其对应的物理路径是 /usr/local/test，并配置 Web 服务器仅允许来自网络 192.168.200.0/24 客户机的访问。

任务四：在 DNS 服务器中建立 www.example1.com 和 www.test1.com 两个域名，使它们解析到同一个 IP 地址 192.168.200.10 上；然后在 Web 服务器中创建基于主机名的虚拟主机，其中主机名为 www.example1.com 的虚拟主机对应的主目录为 /usr/www/web1，主机名为 www.test1.com 的虚拟主机对应的主目录为 /usr/www/web2，两个网站默认主页文件为 mysite.html，首页内容自己设置。

课后习题

一、选择题

1. 以下（　　）是 Apache 的主配置文件。

    A．httpd.conf　　　B．srm.conf　　　C．mime.type　　　D．apache.conf

2. 在 CentOS 7 中手动安装 Apache 服务器时，默认 Web 站点的目录为（　　）。

    A．/etc/httpd　　　B．/var/www/htm　　　C．/etc/home　　　D．/home/httpd

3. 若要设置站点的默认主页，可在配置文件中通过（　　）配置项来实现。

    A．RootIndex　　　B．ErrorDocument　　　C．DocumentRoot　　　D．DirectoryIndex

4. 世界上排名第一的 Web 服务软件是（　　）。

    A．Apache　　　B．IIS　　　C．SunONE　　　D．NCSA

5. 用户主页存放的目录由文件 httpd.conf 的参数（　　）设置。
   A. UserDir　　　　B. Directory　　　　C. public_html　　　　D. DocumentRoot
6. 设置 Apache 服务器时，一般将服务的端口绑定到系统的（　　）端口上。
   A. 10000　　　　B. 23　　　　C. 80　　　　D. 53
7. 下面（　　）不是 Apache 基于主机的访问控制命令。
   A. allow　　　　B. deny　　　　C. order　　　　D. all
8. apache 主配置文件中用来设置服务器管理员 E-mail 地址的参数是（　　）。
   A. Servername　　　　B. ServerAdmin　　　　C. ServerRoot　　　　D. DocumentRoot
9. 在 Apache 基于用户名的访问控制中，生成用户密码文件的命令是（　　）。
   A. smbpasswd　　　　B. htpasswd　　　　C. passwd　　　　D. Password
10. 不能构成 Web 站点访问地址的是（　　）。
    A. 主机名　　　　B. 端口号　　　　C. 主目录　　　　D. IP 地址
11. 启动 Apache 服务器的命令是（　　）。
    A. systemctl start apache　　　　B. systemctl start http
    C. systemctl start thttpd　　　　D. systemctl start httpd
12. 若要设置 Web 站点根目录位置，应在配置文件中通过（　　）配置语句来实现。
    A. ServerRoot　　　　B. ServerName　　　　C. DocumentRoot　　　　D. DirectoryIndex

二、填空题

1. Web 服务器使用的协议是_____，英文全称是_____，中文名称是_____。
2. HTTP 请求的默认端口是_____。
3. Apache 服务器默认 Web 站点根目录是_____。Apache 服务器默认的首页名称为_____。
4. Apache 主配置文件是_____，主配置文件默认在_____目录下。

三、简答题

1. 简述 Web 服务系统的组成。
2. Apache 服务软件有哪些特征？
3. 使用虚拟目录、虚拟主机的优点分别有哪些？
4. 简述 Apache 配置文件的组成结构及其关系。

拓展阅读：万维网之父

2004 年 4 月 15 日，在芬兰的埃斯波市，芬兰技术奖基金会将全球最大的技术类奖"千年技术奖"授予了 49 岁的英国物理学家蒂姆·伯纳斯 - 李（Tim Berners-Lee）。这位万维网的发明人在成为世界上首位"千年技术奖"得主的同时，也获得了生平最大的一笔 100 万欧元的奖金。当人们每天打开计算机，感叹着互联网强大的同时，很少有人想到这一切竟是由一人之力创造的。

从牛津大学毕业后，伯纳斯 - 李先后进入了 Plessey 通信公司和 D.G. Nash 技术公司工作，但他真正开始研究互联网是在加入日内瓦的 CERN（欧洲粒子物理研究所）后。作为一名软件工程顾问，他编写了一个名为 Enquire 的信息处理工具，它就是 WWW 的最初概念。经过一番努力，1989 年，伯纳斯-李在 Enquire 的基础上提出了利用超文本重新构造信息系统的设想，并设计出供多人在网络中同时管理信息的超文本文件系统。1990 年，他在当时的 NextStep 网络系统上开发出了世界上第一个网络服务器 Httpd（Web Server）和第一个客户端浏览编辑程序 WWW。同年 12 月，CERN 首次启动了万维网并成立了全球第一个 WWW 网站，第二年万维网开始得到广泛应用。在此之后，伯纳斯-李又相继制定了互联网的 URIs、HTTP、HTML 等技术规范，并在美国麻省理工学院成立了非营利性互联网组织 W3C，一直致力于互联网技术的研究。

因为在互联网技术上的杰出贡献，伯纳斯-李被业界公认为"互联网之父"。他的发明改变了全球信息化的传统模式，带来了一个信息交流的全新时代。然而比他的发明更伟大的是伯纳斯-李并没有像其他人那样为 WWW 申请专利或限制它的使用，而是无偿地向全世界开放。他的这一举措为互联网的全球化普及翻开了里程碑式的篇章，让所有人都有机会接触到互联网。即便如此，伯纳斯-李仍然十分谦虚，总是以一种平静的口气回应："我想，我没有发明互联网，我只是找到了一种更好的方法。"

《时代》周刊将伯纳斯-李评为了 20 世纪最杰出的 100 位科学家之一，并用极为推崇的文字向大家介绍他的个人成就："与所有推动人类进程的发明不同，这是一件纯粹个人的劳动成果……万维网只属于伯纳斯-李一个人……很难用语言来形容他的发明在信息全球化的发展中有多大的意义，这就像古印刷术一样，谁又能说得清楚它为全世界带来了怎样的影响？"

项目十三
配置 MariaDB 实现数据库服务

知识目标

- 了解数据库服务的基本概念。
- 了解 MariaDB 的功能和特点。
- 理解数据库的初始化、用户权限和备份的重要性。

技能目标

- 掌握 MariaDB 服务的安装与配置。
- 掌握 MariaDB 数据库和表的基本操作。
- 掌握 MariaDB 数据库的用户和权限管理。
- 掌握 MariaDB 数据库的备份与恢复。

素养目标

- 通过数据库初始化、管理用户授权培养学生的数据安全防范意识。
- 通过拓展阅读培养学生树立自主可控的安全意识。

项目导入

某学校的校园网已部署相关的数据库服务器,这次数据库服务器升级改造为 Linux 网络操作系统平台,使用 MariaDB 作为学校网站和其他应用部署的后台数据库管理系统。作为网络管理与运维人员,针对数据库管理系统开展的安装和初始化、配置优化、备份策略、数据恢复、数据迁移、故障排除等一系列操作是必不可少的技能。

当前 MariaDB 是最受欢迎的网络数据库,也是最受关注的 MySQL 数据库衍生版,被视为开源数据库 MySQL 的替代品。

知识准备

一、数据库服务相关概念

在当今这个大数据技术迅速崛起的年代,互联网上每天都会生成海量的数据信息,数据库技术也从最初只能存储简单的表格数据的单一集中存储模式,发展到了现如今存储海量数据的大型分布式模式。在信息化社会中，能够充分有效地管理和利用各种数据，挖掘其中的价值，是进行科学研究与决策管理的重要前提。同时，数据库技术也是管理信息系统、办公自动化系统、决策支持系统等各类信息系统的核心组成部分，是进行科学研究和决策管理的重要技术手段。下面讲解一下数据库相关概念。

1. 数据库

数据库（database，DB）是按照数据结构组织、存储和管理数据的仓库。数据库能为各种用户共享，具有较小冗余度、数据间联系紧密而又有较高的数据独立性。

2. 数据库管理系统

数据库管理系统（database management system，DBMS）是一种操纵和管理数据库的大型软件，用于建立、使用和维护数据库。它对数据库进行统一的管理和控制，以保证数据库的安全性和完整性。DBMS 是一个能够提供数据录入、修改、查询的数据操作软件，具有数据定义、数据操作、数据存储与管理、数据维护、通信等功能。用户通过 DBMS 访问数据库中的数据，数据库管理员也通过 DBMS 进行数据库的维护工作。目前比较流行的数据库管理系统有 Oracle、MySQL、SQL Server、DB2 等。

3. 数据库应用系统

数据库应用系统（database application system，DBAS）是在数据库管理系统基础上，使用数据库管理系统的语法，开发的直接面对最终用户的应用程序，如图书管理系统、学生管理系统、人事管理系统等。

4. 数据库管理员

数据库管理员（database administrator，DBA）是指对数据库管理系统进行操作的人员，其主要负责数据库的运营和维护。

5. 最终用户

最终用户（user）指的是数据库应用程序的使用者。用户面向的是数据库应用程序（通过应用程序操作数据），并不会直接与数据库打交道。

6. 数据库系统

数据库系统（database system，DBS）一般由数据库、数据库管理系统、数据库应用程序、数据库管理员和最终用户构成。其中 DBMS 是数据库系统的基础和核心。

二、MariaDB 简介

既然讲解数据库管理技术，肯定绕不开 MySQL。MySQL 是一款市场占有率非常高的数据库管理系统，其技术成熟、配置步骤相对简单，而且具有良好的可扩展性。但是，Oracle 公司在 2009 年收购了 MySQL 的母公司 Sun，MySQL 逐步演变为开源软件，且申请了多项商业专利软件系统，为了防范闭源的潜在风险，MySQL 的创始人麦克尔·维德纽斯（Michael Widenius）主导开发了一款名为 MariaDB 的全新数据库管理系统。MariaDB 名称来自麦克尔·维德纽斯的女儿玛丽亚（Maria）的名字。

MariaDB 基于 MySQL 并遵循 GPLv2 授权使用，与另一分支 MySQL 保持同步更新。MariaDB 当前由开源社区进行维护，是 MySQL 的分支产品，而且几乎完全兼容 MySQL，是目前最受关注的 MySQL 数据库衍生版，也被视为开源数据库。

在 MariaDB 工作与在 MySQL 下工作几乎一模一样，它们有相同的命令、界面，以及在 MySQL 中的库与 API，所以 MariaDB 可以说是为替换 MySQL 量身定做的，两者在性能上基本保持一致，操作命令也十分相似。所以，它们之间是相互通用（兼容）的，换用后连数据库都不必转换，并可以获得 MariaDB 提供的许多更好的新特性。从务实的角度来讲，在掌握了 MariaDB 数据库的命令和基本操作之后，在今后的工作中即使遇到 MySQL 数据库，也可以快速上手。本书以 MariaDB 数据库进行讲解。

三、SQL 简介

SQL（structured query language，结构化查询语言）是一种数据库查询和程序设计语言，用于存取数据以及查询、更新和管理关系数据库系统，是关系型数据库的标准语言，所有的关系型数据库管理系统（RDBMS），如 MariaDB、MySQL、Oracle、SQL Server、MS Access、Sybase、Informix 等，都将 SQL 作为其标准处理语言。下面将从数据库管理、表结构管理和记录操作了解 SQL。SQL 的语法注意事项如下：

（1）每条 SQL 语句以分号（;）结束。

（2）一条 SQL 语句可以占多行，一行也可以写多条 SQL 语句。

（3）SQL 语句中起语义作用的符号必须为英文字符符号，如分号、逗号、引号、括号等。

（4）SQL 可以不区分大小写，但是一般采取系统的命令、关键字大写，自定义变量名称小写的书写规范。

数据库、表、记录和权限基本操作命令及说明见表 13-1 ~ 表 13-4，供实训过程查阅使用。

表 13-1 数据库管理常用命令

命 令	功 能 说 明	命 令	功 能 说 明
CREATE DATABASE 数据库名	创建数据库	SHOW CREATE DATABASE 数据库名	显示某个数据库的详细信息
USE 数据库名	打开已创建成功的数据库	DROP DATABASE 数据库名	删除数据库
SHOW DATABASES	显示当前服务器上所有的数据库		

表 13-2 数据表结构管理命令

命 令	功 能 说 明
CREATE TABLE 表名;	创建表
SHOW TABLES;	显示当前数据库中有哪些表
DESCRIBE [数据库名.] 表名;	显示当前或指定数据库中指定表的结构(字段)信息
DROP TABLE 表名;	删除表

表 13-3 表中记录查询、插入、更新与删除命令

命 令	语 法 构 成	功 能 说 明
INSERT	INSERT [INTO] 表名 (字段 1, 字段 2,……) VALUES(字段 1 的值, 字段 2 的值,……);	插入新的记录到指定的表中
SELECT	SELECT 字段名 1, 字段名 2……FROM 表名 WHERE 条件表达式;	查询指定表中符合条件的记录
UPDATE	UPDATE 表名 SET 字段名 1= 字段值 1[, 字段名 2= 字段值 2] WHERE 条件表达式;	更新指定表中符合条件的记录
DELETE	DELETE FROM 表名 WHERE 条件表达式;	删除指定表中满足条件的记录
	DELETE FROM 表名;	清空指定表内的所有记录

表 13-4 grant 和 revoke 操作使用的权限关键字说明

权限关键字	权 限 说 明	权限关键字	权 限 说 明
SELECT	允许读取(查询)表中任意字段	INSERT	允许向指定表中插入记录
UPDATE	允许更新指定表中任意字段	DELETE	允许删除指定表中的记录
INDEX	允许创建或删除指定表的索引	CREATE	允许创建新的数据库和表
ALTER	允许修改表的结构	GRANT	允许将自己拥有的某些权限授予其他用户
DROP	允许删除现存的数据库和表	PROCESS	允许查看当前执行的查询

项目实施

项目实施分解为 8 个任务进行，基于 8 个任务使读者掌握 MariaDB 的安装和初始化，会配置数据库的字符集和校对规则，会创建用户和管理用户授权，会备份和恢复数据库，会使用 MariaDB 创建数据库和表。

任务一 准备实训环境

具体要求：一台 CentOS7.9 系统配置为数据库服务器，虚拟机通信模式设置为 Nat 模式，手动配置 IP 地址等参数，参数自己设置。

（1）网络通信设置和配置 IP 地址，具体参考项目八任务一的第 1 步。

（2）配置 yum 工具使用环境，具体参考项目八任务一的第 2 步。

任务二 安装和初始化 MariaDB

（1）安装 mariadb 和 mariadb-server 包。mariadb 客户端程序，管理数据库存储服务，mariadb-server 服务端程序，提供数据库存储服务。

```
[root@localhost ~]#yum -y install mariadb mariadb-server
```

（2）启动 MariaDB 数据库服务，查看进程端口信息。

```
[root@localhost ~]#systemctl start mariadb        //启动 MariaDB 服务
[root@localhost ~]#ss -tulpn | grep mysql        //查看 MariaDB 进程及端口信息
tcp    LISTEN 0 50 *:3306    *:*    users:(("mysqld",pid=8305,fd=14))
```

（3）MariaDB 数据库使用前的安全初始化。

为了确保数据库的安全性和正常运转，需要先对数据库程序进行初始化操作，使用 mysql_secure_installation 命令完成。初始化步骤如下：

➢ 输入 root 管理员在数据库中的原密码，原密码值默认应该为空，直接按【Enter】键（注意该密码并非 root 管理员在系统中的密码）。

➢ 确认是否 root 管理员设置密码，从安全考虑应该设置密码。

➢ 为 root 管理员设置的数据库新密码；再次输入新密码。

➢ 删除匿名访问账户。

➢ 禁止或允许 root 管理员能否从远程登录。

➢ 删除默认的 test 数据库，取消测试数据库的一系列访问权限。

➢ 刷新授权列表，让初始化的设置立即生效。

```
[root@localhost ~]#mysql_secure_installation
```

项目十三　配置 MariaDB 实现数据库服务　243

```
......// 省略若干行
// 首次运行时 root 用户密码为空，直接回车
Enter current password for root (enter for none):
......// 省略若干行
Set root password? [Y/n]y              // 确认是否设置密码，输入 y
New password:                          // 要为 root 管理员设置登录数据库新密码
Re-enter new password:                 // 再次确认密码
......
Remove anonymous users? [Y/n]y         // 删除匿名账户，输入 y
......
Disallow root login remotely? [Y/n]y   // 禁止 root 管理员从远程登录，输入 y
......
Remove test database and access to it? [Y/n]y  // 删除 test 数据库，输入 y
......
Reload privilege tables now? [Y/n]y    // 刷新授权表，让初始化后立即生效，输入 y
......
```

（4）更改 MariaDB 管理员 root 账号的密码。root 账号具有管理 MariaDB 的最高权限，为了安全应定期修改其密码，其命令格式如下：

```
mysqladmin -u 用户名 [-h 服务器主机名] [-p] password '新密码'
```

➢ -h 主机名：用于指定被登录的主机，若未指定则默认表示登录本地主机直接修改。

➢ -u 用户名：用于指定修改密码的用户名。

➢ -p[用户密码]：用于指定用户旧密码，若未设置，为空。

管理员 root 账户密码修改操作如下：

```
[root@localhost ~]#mysqladmin -uroot -p000000 password '123456'
```

（5）MariaDB 数据库的登录及退出。登录数据库服务的客户端程序是 mysql。命令格式如下：

```
mysql -h 主机地址 -u 用户名 -p 用户密码 -P 端口 -D 数据库 -e"SQL 内容"
```

➢ -h 主机地址：指定要访问的数据库服务器的域名或者 IP 地址。

➢ -u 用户名：指定使用什么用户进行登录。

➢ -p 用户密码：指定用户的登录密码，通常留空不写，执行时再手动交互输入，这样密码不会显示，安全一点。

➢ -P 端口：指定要访问的数据库服务的端口号，默认是 3306 号端口。

➢ -D 数据库：指定目标数据库。

登录和退出 MariaDB 数据库管理系统操作如下：

```
[root@localhost ~]# mysql -uroot -p
Enter password:                        // 输入用户登录密码
......// 省略若干行
Type 'help;' or '\h' for help. Type '\c' to clear the current input statement.
MariaDB [(none)]>                      //MariaDB [(none)]>说明登录数据库成功
MariaDB [(none)]> quit                 // 使用 quit 或者 exit 命令退出数据库
Bye
```

任务三　配置 MariaDB 数据库字符集和校对规则

MariaDB 数据库服务器默认的字符集为 latin1，只可以用来表示拉丁文字，不能表示其他语言中的字符，如汉字，这样使用特别不方便，而现在程序中应用比较广泛的字符集是 utf8，因此建议 MariaDB 数据库的字符集设为 utf8，校对规则设为 utf8_general_ci。以便能够更好地处理包括中文在内的各种语言文字。

通过修改数据库 3 个配置文件 /etc/my.cnf、/etc/my.cnf.d/client.cnf、/etc/my.cnf.d/mysql-clients.cnf 将数据库字符集和服务器字符集改为 utf8；字符校对方式改为 utf8_genenral_ci。修改配置文件后启动数据库服务时，主配置文件 /etc/my.cnf 配置代码首先被执行，通过主配置文件中的参数 "!includedir" 调用 /etc/my.cnf.d 目录下的两个子配置文件执行配置代码。操作步骤如下：

（1）查看数据库当前字符集编码标准和数据库校对规则。

```
MariaDB [(none)]> show variables like 'character%';
+--------------------------+----------------------------+
| Variable_name            | Value                      |
+--------------------------+----------------------------+
| character_set_client     | utf8                       |
| character_set_connection | utf8                       |
| character_set_database   | latin1                     |
| character_set_filesystem | binary                     |
| character_set_results    | utf8                       |
| character_set_server     | latin1                     |
| character_set_system     | utf8                       |
| character_sets_dir       | /usr/share/mysql/charsets/ |
+--------------------------+----------------------------+
8 rows in set (0.01 sec)
MariaDB [(none)]> show variables like 'collation%';
+----------------------+-------------------+
| Variable_name        | Value             |
+----------------------+-------------------+
| collation_connection | utf8_general_ci   |
| collation_database   | latin1_swedish_ci |
| collation_server     | latin1_swedish_ci |
+----------------------+-------------------+
3 rows in set (0.01 sec)
```

（2）更改主配置文件 /etc/my.cnf，在文件中 [mysqld] 节下的 symbolic-links 值由 0 改为 1，再添加三行配置。具体命令和参数修改如下：

```
[root@localhost ~]# vim  /etc/my.cnf
[mysqld]                             //在 mysql 节下修改
datadir=/var/lib/mysql
socket=/var/lib/mysql/mysql.sock
# Disabling symbolic-links is recommended to prevent assorted security risks
symbolic-links=1                     //将原文的 symbolic-links=0 改为 symbolic-links=1
# 在此处添加下面三行代码
default-storage-engine=InnoDB        //设置默认存默认储引擎为 InnoDB
character-set-server=utf8            //设置服务器的默认字符集为 utf8
```

项目十三　配置 MariaDB 实现数据库服务 245

```
collation-server=utf8_general_ci  //设置服务器的默认校对规则为utf8_general_ci
......// 省略若干行
!includedir /etc/my.cnf.d            // 调用此路径下子配置文件
```

（3）更改配置文件 /etc/my.cnf.d/client.cnf，再添加一行配置代码 default-character-set=utf8。具体命令和参数修改如下：

```
[root@localhost ~]# vim  /etc/my.cnf.d/client.cnf
[client]                                    //在 client 节下修改
......// 省略若干行
default-character-set=utf8                  //设置客户端默认字符集为utf8
```

（4）更改配置文件 /etc/my.cnf.d/mysql-clients.cnf 文件，再添加一行配置代码 default-character-set=utf8。具体命令和参数修改如下：

```
[root@localhost ~]# vim  /etc/my.cnf.d/mysql-clients.cnf
[mysql]                                     //在 mysql 节下修改
......// 省略若干行
default-character-set=utf8                  //设置数据库默认字符集为utf8
// 重启数据库服务使更改的配置生效
[root@localhost ~]# systemctl  restart  mariadb.service
```

（5）检查确认数据库字符集和校对规则是否配置成功。登录数据库系统后，输入显示系统字符集和校对规则命令，输出结果显示修改 MariaDB 数据库字符集和服务器默认字符集都是 utf8，对应的字符校对方式都是 utf8_general_ci。

```
MariaDB [(none)]> show variables like 'character%';
+--------------------------+----------------------------+
| Variable_name            | Value                      |
+--------------------------+----------------------------+
| character_set_client     | utf8                       |
| character_set_connection | utf8                       |
| character_set_database   | utf8                       |
| character_set_filesystem | binary                     |
| character_set_results    | utf8                       |
| character_set_server     | utf8                       |
| character_set_system     | utf8                       |
| character_sets_dir       | /usr/share/mysql/charsets/ |
+--------------------------+----------------------------+
8 rows in set (0.01 sec)
MariaDB [(none)]> show variables like 'collation%';
+----------------------+-----------------+
| Variable_name        | Value           |
+----------------------+-----------------+
| collation_connection | utf8_general_ci |
| collation_database   | utf8_general_ci |
| collation_server     | utf8_general_ci |
+----------------------+-----------------+
3 rows in set (0.00 sec)
```

提示：新更改的设置只对后期新建的数据库生效，之前已经建立的数据库各项设置，包括字符集还维持原来的设置，无法自动更新。

视频
操作数据库

任务四 使用 SQL 语句操作数据库

具体要求：新建两个数据库，名称分别为 student 和 xs，显示当前服务器上的所有数据库。打开使用 student 数据库，使用命令显示 student 数据库的详细信息，删除 xs 数据库（其他数据库保留）。

（1）创建 student 和 xs 数据库。看到 Query OK 信息时，说明此条 SQL 语句执行成功。

```
MariaDB [(none)]> CREATE DATABASE student;
Query OK, 1 row affected (0.00 sec)
MariaDB [(none)]> CREATE DATABASE xs;
Query OK, 1 row affected (0.00 sec)
```

（2）显示当前服务器上的所有数据库。

```
MariaDB [(none)]> SHOW DATABASES;
+--------------------+
| Database           |
+--------------------+
| information_schema |
| mysql              |
| performance_schema |
| student            |
| xs                 |
+--------------------+
5 rows in set (0.00 sec)
```

从上面的结果可看出，当前总共 5 个数据库，除了 student 和 xs 两个数据库是刚刚用命令创建的以外，还有 information_schema、mysql、performance_schema 三个系统数据库，其中 mysql 数据库是 MariaDB 的核心库，主要存储数据库用户、权限等 MariaDB 自身需要使用的信息；information_schema 数据库提供数据库的元数据，如数据库名、表名、索引等，可以当作字典表；performance_schema 用于收集数据库服务器的性能数据，以便分析问题。例如，SQL 的执行次数、耗时、锁等信息。总之三个数据库对于数据库系统的正常运行，功能实现非常重要，用户在不了解的情况想下万不要对其进行改动，更不能删除，否则可能导致 MariaDB 数据库无法运行。

（3）打开 student 数据库作为当前操作数据库。

```
MariaDB [(none)]> USE student;
Database changed
MariaDB [student]>
```

（4）显示 student 数据库的详细信息。

```
MariaDB [(none)]> SHOW CREATE DATABASE student;
+----------+-----------------------------------------------------------------+
| Database | Create Database                                                 |
+----------+-----------------------------------------------------------------+
| student  | CREATE DATABASE `student` /*!40100 DEFAULT CHARACTER SET utf8 */ |
+----------+-----------------------------------------------------------------+
1 row in set (0.00 sec)
```

（5）删除数据库 xs。

```
MariaDB [student]> DROP DATABASE xs;
Query OK, 0 rows affected (0.00 sec)
MariaDB [student]>SHOW DATABASES           // 查看确认是否删除表
```

任务五　使用 SQL 语句创建表

具体要求：在 student 学生数据库创建一个名为 course 的课程表，course 表包括两个字段 Cid、Cname，这两个字段均为非空字符串值，初始学号值设为 20240000。其中，Cid 字段被设为主键（PRIMARY KEY），查询表是否创建成功，并显示 course 课程表各字段的信息。

视 频

创建表

（1）在 student 学生库中创建一个名为 course 的课程表。

```
MariaDB [student]> CREATE TABLE course(
    -> Cid   CHAR(8)  NOT NULL  DEFAULT '20240000',
    -> Cname VARCHAR(20) NOT NULL,
    -> PRIMARY KEY(Cid)
    -> );
Query OK, 0 rows affected (0.05 sec)
// 或直接输入完整一行
MariaDB [student]> CREATE TABLE  course  (Cid char(8) not null  default '20240000', primary key (Cid), Cname char(20) not null);
MariaDB [student]> SHOW TABLES;            // 查看创建的 course 表
```

💡**提示**：创建数据表字段列表的语法几点说明：每个字段之间使用逗号隔开；每个字段按字段名称，字段数据类型，字段约束条件顺序书写，各项使用空格隔开；每个字段至少含有字段名称和数据类型，其他根据要求添加；为了提高程序可读性，建议每个字段占一行。

（2）显示 course 课程表各字段的信息。

```
MariaDB [student]> DESCRIBE course;
+-------+-------------+------+-----+----------+-------+
| Field | Type        | Null | Key | Default  | Extra |
+-------+-------------+------+-----+----------+-------+
| Cid   | char(8)     | NO   | PRI | 20240000 |       |
| Cname | varchar(20) | NO   |     | NULL     |       |
+-------+-------------+------+-----+----------+-------+
2 rows in set (0.00 sec)
```

任务六　使用 SQL 语句对表进行增删改查

视 频

记录操作

具体要求：向 course 表中插入两条记录，记录值为"20240101，操作系统"和"20240102，MySQL 数据库"；记录添加成功后使用 SELECT 语句将其显示出来；将"操作系统"的课程名称改为"Linux 操作系统"；将"MySQL 数据库"课程记录删除。

（1）向 course 表中插入两条记录。

```
MariaDB [student]> INSERT INTO course (Cid,Cname)VALUES('20240101','操作系统');
Query OK, 1 row affected (0.00 sec)
```

```
MariaDB [student]> INSERT course VALUES('20240102','MySQL 数据库');
Query OK, 1 row affected (0.00 sec)
```

> 提示：insert 语句几点说明：字段值必须和字段定义的数据类型相匹配；字段名称项可以省略，如果省略时，字段值项必须按表中字段的顺序依次全部给出；一条 INSERT 语句添加一条记录，也可以添加多条记录；INSERT INTO 可以简写为 INSERT。

（2）使用 SELECT 语句查询插入的记录。

```
MariaDB [student]> SELECT Cid,Cname FROM course;
+----------+----------------+
| Cid      | Cname          |
+----------+----------------+
| 20240101 | 操作系统       |
| 20240102 | MySQL 数据库   |
+----------+----------------+
2 rows in set (0.00 sec)
```

（3）将"操作系统"的课程名称改为"Linux 操作系统"。

```
MariaDB [student]> UPDATE course SET Cname='Linux 操作系统'WHERE  Cname='操作系统';
Query OK, 1 row affected (0.04 sec)
Rows matched: 1  Changed: 1  Warnings: 0
MariaDB [student]> SELECT * FROM  course;           //"*"表示数据表的所有字段
+----------+--------------------+
| Cid      | Cname              |
+----------+--------------------+
| 20240101 | Linux 操作系统     |
| 20240102 | MySQL 数据库       |
+----------+--------------------+
2 rows in set (0.00 sec)
```

（4）将"MySQL 数据库"课程记录删除。

```
MariaDB [student]> DELETE FROM course WHERE  Cname='MySQL 数据库';
Query OK, 1 row affected (0.00 sec)
MariaDB [student]> SELECT * FROM  course;
+----------+--------------------+
| Cid      | Cname              |
+----------+--------------------+
| 20240101 | Linux 操作系统     |
+----------+--------------------+
1 row in set (0.00 sec)
```

任务七　创建、授权和撤销授权数据库用户

具体要求：以 root 账户登录 MariaDB 数据库，在系统中创建一个名为 user1，密码为 000000 的账户，并且只允许账户在本地登录；以 root 账户登录对新账户 user1 授予对数据库 student 的 course 表拥有记录查看 (SELECT) 和插入 (INSERT) 的操作权限，完成授权后查看该账户的操作权限；最后撤销 user1 用户对 course 表的插入权限。

MariaDB 是一个多用户数据库，具有功能强大的访问控制系统，可以为不同用户指定不同访问的权限。在现实生产环境中，为了保障数据库系统的安全性，不能一直使用

root 管理员账户，以及让其他用户协同管理数据库，可以在 MariaDB 数据库管理系统中使用 root 管理员创建多个专用的数据库用户账户，然后再分配合理的权限，以满足他们的工作需求。创建数据库用户账户的语法格式如下：

```
MariaDB [(none)]>CREATE USER 用户名@来源地址 IDENTIFIED BY [password] '密码';
```

来源地址的几种形式：

➢ localhost 表示只能从本地主机上登录数据库。

➢ "%" 表示可以从任何主机上登录，包含网络登录，省略来源地址时相当于 "%"。

➢ "192.168.1.%" 表示可以从任何属于网络 192.168.1.0 的任何主机上登录。

➢ "%.abc.com" 表示可以从主机名后缀为 .abc.com 的任何主机上登录。

（1）创建用户 user1 并设置密码。

```
MariaDB [(none)]> CREATE USER user1@LOCALHOST IDENTIFIED BY '000000';
Query OK, 0 rows affected (0.01 sec)
```

（2）通过查看 MariaDB 数据库中的 user 表查看新创建用户信息。MariaDB 数据库用户账户的信息保存在主数据库 mysql 的 user 表中。

```
MariaDB [(none)]> SELECT user,host FROM mysql.user;
+-------+-----------------------+
| user  | host                  |
......// 省略若干行
| user1 | localhost             |
| root  | localhost.localdomain |
+-------+-----------------------+
5 rows in set (0.00 sec)
```

新创建的用户 user1 没有数据库的任何操作权限，仅仅是一个普通账户。需要对其进行授权，才能操作数据库。GRANT 命令用于对账户进行收授权，具体命令格式如下：

```
MariaDB [(none)]>GRANT 权限列表  ON 数据库名.表名  TO 用户名@来源地址;
```

➢ 权限列表：是以逗号分隔的权限关键字，主要权限关键字说明见表 13-4。

➢ ON 数据库名.表名：要针对哪些表授予权限。可使用通配符 "*"，例如 "student.*" 表示 student 数据库中的所有表；"*.*" 表示所有数据库中的所有表。

➢ TO 用户名 @ 来源地址：要被授予权限的用户。

（3）给 user1 账户授予对 student 数据库的 course 表的查询和插入权限。

```
MariaDB [(none)]> GRANT SELECT,INSERT ON student.course TO user1@LOCALHOST;
Query OK, 0 rows affected (0.01 sec)
```

（4）查看 user1 账户的操作权限。

```
MariaDB [(none)]> SHOW GRANTS FOR user1@LOCALHOST;
+......// 省略若干行
| GRANT USAGE ON *.* TO 'user1'@'localhost' IDENTIFIED BY PASSWORD '*032197AE5731D4664921A6CCAC7CFCE6A0698693' |
| GRANT SELECT,INSERT ON 'student'.'course' TO 'user1'@'localhost'
|+--------------------------------------------------------------
2 rows in set (0.00 sec)
```

（5）撤销 user1 账户对 student.course 表的记录插入权限。

```
MariaDB [(none)]> REVOKE INSERT ON student.course FROM user1@LOCALHOST;
Query OK, 0 rows affected (0.00 sec)
```

（6）再次查看 user1 账户的 INSERT 权限已经被撤销。

```
MariaDB [(none)]> SHOW GRANTS FOR user1@LOCALHOST;
......// 省略若干行
| GRANT USAGE ON *.* TO 'user1'@'localhost' IDENTIFIED BY PASSWORD '*032197AE5731D4664921A6CCAC7CFCE6A0698693' |
| GRANT SELECT ON 'student'.'course' TO 'user1'@'localhost'
|+-------------------------------------------------------------------
2 rows in set (0.00 sec)
```

任务八　备份与恢复数据库

具体要求：将服务器中的所有数据库内容备份到 root 用户的家目录下，备份文件名为 back_all.dump；将服务器中的所有 student 数据库内容备份到 root 用户的家目录下，备份文件名为 back_student.dump；将服务器中的所有 student 数据库中 course 内容备份到 root 用户的家目录下，备份文件名为 back_course.dump；然后进入 MariaDB 数据库管理系统，彻底删除 student 数据库，这样 course 数据表也将被彻底删除；利用 root 账户家目录下的 back_student.dump 文件将其恢复。

通过 mysqldump 命令备份数据库数据，命令格式如下：

```
mysqldump -u 用户名 -p[密码] [选项] [数据库名] [表名] > /备份路径/备份文件名
```

➢ -u 参数：用于定义登录数据库的账户名称。

➢ -p 参数：代表密码提示符。

➢ 选项的常见情况：

all-databases：备份服务器中的所有数据库内容。

opt：对备份过程进行优化，此项为默认选项。

no-data：仅备份数据库结构，不备份数据内容（记录）。

（1）备份所有数据库内容。

```
[root@localhost~]# mysqldump -u root -p --all-databases >/root/back_all.dump
Enter password:                    // 输入 MariaDB 数据库 root 账户的密码
```

（2）备份 student 数据库。

```
[root@localhost ~]# mysqldump -u root -p student >/root/back_student.dump
Enter password:
```

（3）备份数据库中 course 表。

```
[root@localhost~]#mysqldump -u root -p student course >/root/back_course.dump
Enter password:
```

（4）查看备份文件是否成功创建。

```
[root@localhost ~]# ll /root/back*
-rw-r--r--. 1 root root 515544 9月  26 17:29 /root/back_all.dump
-rw-r--r--. 1 root root   1908 9月  26 17:34 /root/back_course.dump
-rw-r--r--. 1 root root   1908 9月  26 17:29 /root/back_student.dump
```

为了演示数据库恢复的效果，首先将 student 数据库删除，然后新建一个空数据库 xs；利用 /root/back_student.dump 文件将 xs 数据库内容恢复和之前 student 数据库一样。操作步骤如下：

（1）先删除 student 数据库。

```
MariaDB [(none)]> DROP DATABASE student;    //删除 student 数据库
Query OK, 1 row affected (0.01 sec)
```

（2）新建 xs 空数据库。

```
MariaDB [(none)]> CREATE DATABASE xs;
Query OK, 1 row affected (0.00 sec)
```

（3）通过 student 数据库备份文件把数据恢复到 xs 数据库。

```
MariaDB [(none)]> quit
/利用 back_student.dump 备份文件把数据恢复到 xs 数据库
[root@localhost ~]# mysql -uroot -p xs < /root/back_student.dump
Enter password:
```

（4）查看 xs 数据库中是否有恢复的数据。

```
MariaDB [(none)]> USE xs;                   //打开 xs 数据库
MariaDB [xs]> SHOW TABLES;                  //显示 xs 库中所有数据表 course
+--------------+
| Tables_in_xs |
+--------------+
| course       |
+--------------+
1 row in set (0.00 sec)
MariaDB [xs]> SELECT * FROM course;         //查看 course 表记录内容
+----------+------------------+
| Cid      | Cname            |
+----------+------------------+
| 20240101 | Linux 操作系统    |
+----------+------------------+
1 row in set (0.00 sec)
```

> 提示：在恢复指定数据库时，可以新建一个空数据库对其进行恢复，也可以针对现有的数据库进行恢复，但使用现有数据库时，数据库原有的内容将会被覆盖。

项目小结

本项目首先介绍了数据库服务的基本概念、数据库管理系统 MariaDB 的功能和特点；其次详细介绍了 MariaDB 服务器的安装与配置方法，包括 MariaDB 数据库系统的安装、初始化、字符集的配置以及数据库系统的登录和退出。在此基础上介绍了数据库的基本操作，包括数据库的基本操作、数据表的基本操作；最后介绍了 MariaDB 用户权限管理方法和 MariaDB 数据库的备份与恢复方法。

项目实训

【实训目的】

掌握 Linux 系统中 Mariadb 的安装和初始化、设置字符集和校对规则，掌握数据库的备份和恢复，会创建数据库和表，会对表进行简单操作。

【实训环境】

一人一台 Windows 10 物理机，物理机中安装了 RHEL 7/CentOS 7 的 1 台 VMware 虚拟机。

【实训内容】

任务一： 在 CentOS 7 虚拟机系统中安装 MariaDB 数据系统，对其进行初始化配置，并将数据库服务器和数据库的字符集修改为 utf8，将校对规则设为 utf8_general_ci。

任务二： 在 MariaDB 数据库系统中建立两个数据库，名称分别为 Library 和 back_Lib。然后完成以下操作：

表 13-5 book 表结构

字段名称	数据类型	长度	属性
图书编号	CAHR	9	主键
图书名称	VARCHAR	20	非空
出版社	VARCHAR	20	
作者	VARCHAR	10	
价格	DECIMAL	(5,2)	默认值为 0

（1）在 Library 数据库中建立名称为 book 的读书表，book 表的结构见表 13-5。

（2）先将表 13-6 中的 3 条记录通过 INSERT 命令添加到 book 表中。然后把图书编编号为 97870011 图书名称改为"Linux 操作系统应用"，价格改为 56.00 元。

表 13-6　3 条记录值信息

图书编号	图书名称	出版社	作者	价格
"97870011"	操作系统应用	清华大学出版社	葛伟伦	46.00
"97870022"	C 语言程序设计	高等教育出版社	张成叔	48.90
"97870033"	MySQL 数据库	高等教育出版社	吕凯	50.00

（3）将 Library 数据库备份到 root 用户的家目录下，备份文件名为 back_Lib.dump（/root/back_Lib.dump）。

（4）利用 back_Lib.dump（/root/back_Lib.dump）将空数据库 back_Lib 内容恢复和 Library 数据库一样。

课后习题

一、选择题

1. 下面软件不是数据库管理系统 (DBMS) 的是（　　）。
   A. Linux　　　　B. Oracle　　　　C. MySQL　　　　D. MariaDB
2. 每条 SQL 语句结束标志符是（　　）。
   A. 回车符　　　B. 句号　　　　　C. 分号　　　　　D. 逗号
3. 在 SQL 中注释符是（　　）。
   A. *　　　　　　B. #　　　　　　C. @　　　　　　D. $

4. 在 SQL 中打开或者切换数据库的命令是（　　）。
   A. USE　　　　B. OPEN　　　　C. IN　　　　D. ON
5. 在 SQL 中创建数据库的命令是（　　）。
   A. NEW DATABASE　　　　B. CREATE DATABASE
   C. MAKE DATABASE　　　　D. FIND DATABASE
6. 在 SQL 中删除数据表的命令是（　　）。
   A. DROP　　　B. DELETE　　　C. DESCRIBE　　　D. ALTER
7. 在 SQL 中为数据库用户授权的命令是（　　）。
   A. MYSQLDUMP　B. CREATE　　C. GRANT　　　D. REVOKE
8. 查看 book 表单中价格大于 75 元的图书的书名和价格信息，应该执行的命令是（　　）。
   A. WHERE 书名, 价格 FROM book SELECT 价格 >75
   B. FROM 书名, 价格 SELECTbook WHERE 价格 >75
   C. WHERE 价格 >75SELECT 书名, 价格 FROM book
   D. SELECT 书名, 价格 FROM book WHERE 价格 >75

二、填空题

1. MariaDB 数据库服务使用 TCP 默认端口号是_____。
2. 为了使 MariaDB 数据库系统能够支持更多的语言和文字，应该将其字符集设置成_____。
3. 登录 MariaDB 数据库系统的指令格式为_____。
4. 关系数据库的通用标准语言是_____。
5. 初始化配置 MariaDB 数据库服务的命令_____。

三、简答题

1. 数据库系统由哪些部分组成？
2. RHEL 7/CentOS 7 系统为何选择使用 MariaDB 替代 MySQL 数据库管理系统？
3. 要想把 studentDB 数据库中的内容导出为一个文件，文件名为 back_studentDB.dump，位置保存到 root 管理员的家目录中，应该执行什么命令？

拓展阅读：国产数据库

一、华为 GaussDB

GaussDB 是基于华为 20 余年战略投入、软硬全栈协同所创新研发的分布式关系型数据库，是企业核心业务数字化转型升级的坚实数据底座。GaussDB 是国内首个软硬协同、全栈自主的国产数据库。GaussDB 不仅实现了核心代码 100% 自主研发，还做到了从芯片、操作系统、存储、网络、到数据库软件全栈自主的软硬件协同优化。

二、阿里云数据库

阿里云数据库阿里巴巴集团开发的云数据库系统。阿里云拥有国内强大且丰富的云数据库产品家族，涵盖关系型数据库、非关系型数据库、数据仓库、数据库生态工具四大板块，可以为企业数据生产和集成、实时处理、分析与发现、开发与管理提供全链路生命周期的服务。

三、腾讯云数据库

腾讯云数据库是由腾讯公司开发的云数据库系统（Tencent Distributed SQL，TDSQL），是腾讯打造的一款分布式数据库产品。目前 TDSQL 已经为超过 500 的政企和金融机构提供数据库的公有云及私有云服务，客户覆盖银行、保险、证券、互联网金融、计费、第三方支付、物联网、互联网、政务等领域。TDSQL 亦凭借其高质量的产品及服务，获得了多项国际和国家认证，得到了客户及行业的一致认可。

四、达梦数据库

达梦数据库管理系统是达梦公司推出的具有完全自主知识产权的高性能数据库管理系统，简称 DM。DM8 采用全新的体系架构，在保证大型通用的基础上，针对可靠性、高性能、海量数据处理和安全性做了大量的研发和改进工作，极大提升了达梦数据库产品的性能、可靠性、可扩展性，能同时兼顾 OLTP 和 OLAP 请求，融合了分布式、弹性计算与云计算的优势，对灵活性、易用性、可靠性、高安全性等方面进行了大规模改进，从根本上提升了 DM8 产品的品质。

数据库的国产化意味着数据库软件的研发、生产和销售环节都在国内完成，不再依赖国外厂商的技术和产品，这样可以降低对国外技术的依赖，提高国内技术的自主创新能力，同时也可以提高国内数据库软件的安全性和可控性。关键行业必须数据库国产化的原因主要有以下几点：

（1）数据安全：关键行业的数据涉及国家安全和经济安全，如果使用国外的数据库软件，可能存在数据泄露和被窃取的风险。

（2）数据库可控性：使用国产数据库可以保证数据的可控性，避免因为技术原因无法对数据进行有效管理和控制。

（3）技术创新：国产数据库软件的研发和生产可以促进国内技术的创新和发展，提高国内企业的竞争力。

（4）国家战略：数据库是信息化建设的基础设施之一，国家需要加强对数据库软件的自主研发和掌控，以保障国家信息化建设的安全和可持续发展。

参考文献

[1] 阮晓龙，冯顺磊，董凯伦，等．Linux 服务器构建与运维管理从基础到实战（基于 CentOS 8 实现）[M]．北京：中国水利水电出版社，2020．

[2] 夏笠芹．Linux 网络操作系统配置与管理 [M]．4 版．大连：大连理工大学出版社，2022．

[3] 杨云，魏尧，王雪蓉．网络服务器搭建、配置与管理：Linux（RHEL 8/CentOS 8）（微课版）[M]．4 版．北京：人民邮电出版社，2022．

[4] 杨云，吴敏，马玉英，等．Linux 网络操作系统项目教程（RHEL 7.4/CentOS 7.4）（微课版）[M]．4 版．北京：人民邮电出版社，2023．

[5] 金京犬，杨寅冬．Linux 系统管理基础项目教程（CentOS 7.2）（微课版）[M]．北京：人民邮电出版社，2021．

[6] 张勤，鲜学丰．Linux 从初学到精通 [M]．北京：电子工业出版社，2011．

[7] 谢希仁．计算机网络 [M]．8 版．北京：电子工业出版社，2021．